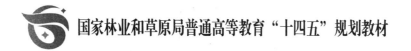
国家林业和草原局普通高等教育"十四五"规划教材

生物信息学应用教程
（第2版）

孙清鹏　主编

中国林业出版社

内容简介

全书分为绪论、生物信息数据库、数据库查询、序列比对与数据库相似性搜索、DNA 序列分析、蛋白序列分析、生物信息学软件及使用、R 与 Bioconductor、GEO2R、富集分析、文献信息检索、EndNote 20 参考文献管理软件 12 部分。编者根据自己的教学实践，以图文并茂的方式介绍相关内容，以期使学生了解和掌握一些较常用的生物信息资源和工具。

本书是一本简明且实用性较强的生物信息学教程，适合生物学相关的非生物信息专业的学生使用，也可为从事生物学相关的教学、科研人员参考使用。

图书在版编目（CIP）数据

生物信息学应用教程/孙清鹏主编.—2 版.—北京：中国林业出版社，2022.4(2023.12 重印)
国家林业和草原局普通高等教育"十四五"规划教材
ISBN 978-7-5219-1476-4

Ⅰ.①生… Ⅱ.①孙… Ⅲ.①生物信息论-应用-高等学校-教材 Ⅳ.①Q811.4

中国版本图书馆 CIP 数据核字（2021）第 274015 号

中国林业出版社·教育分社

| 策划编辑：高红岩 | 责任编辑：曹鑫茹 | 责任校对：苏　梅 |

电　　话：(010) 83143554　　传　　真：(010) 83143516

出版发行　中国林业出版社（100009　北京市西城区刘海胡同 7 号）
　　　　　E-mail：jiaocaipublic@ 163.com　电话：(010) 83143500
　　　　　http：//www.forestry.gov.cn/lycb.html
印　　刷　北京中科印刷有限公司
版　　次　2012 年 6 月第 1 版（共印 7 次）
　　　　　2022 年 9 月第 2 版
印　　次　2023 年 12 月第 2 次印刷
开　　本　787mm×1092mm　1/16
印　　张　14
字　　数　360 千字
定　　价　39.00 元

未经许可，不得以任何方式复制或抄袭本书之部分或全部内容。

版权所有　侵权必究

《生物信息学应用教程》（第 2 版）编写人员

主　编：孙清鹏

副主编：贾　栋　于涌鲲

编　委：（以姓氏笔画为序）

于涌鲲（北京农学院）

孙清鹏（北京农学院）

赵彦宏（鲁东大学）

胡　军（山西农业大学）

贾　栋（山西农业大学）

第 2 版前言

生物信息学是一新兴学科。得益于数据科学的快速发展，生物信息学相关的知识及相应软件更新速度较快。本次修订在坚持基础性、实用性及面向非生物信息学专业本科生教学特点的基础上，更新了部分章节中软件或在线分析工具的使用，删除了部分不再提供技术支持的在线工具。为了让学生了解数据科学在生物信息分析中的重要作用，本次修订增加了 R 与 Bioconductor、GEO2R、DAVID 富集分析等内容。本教材所使用的软件均在 windows 环境中运行。

本书是编者在多年讲授生物信息学的基础上，参考国内外优秀教材和相关文献编写而成。编写分工如下：第 1、6、7、8、9、10 章由孙清鹏老师编写；第 2 章由胡军老师编写；第 5、12 章由于涌鲲老师编写；第 3、11 章由贾栋老师编写；第 4 章由赵彦宏老师编写。全书由孙清鹏和于涌鲲老师统稿。

本书编写过程中，中国林业出版社给予了热情的支持和帮助，同时对本书的编写提出了许多宝贵的意见和建议。在此，编者对本书的编写、出版提供过帮助的老师致以衷心的感谢。

限于我们的水平，书中肯定会有许多不妥之处，敬请读者批评和指正，我们将集思广益，不断修订完善。

编　者
2022 年 3 月

第 1 版前言

生物信息学是 20 世纪 80 年代末诞生的一门新的交叉学科。生物信息学的兴起得益于人类基因组计划及其他基因组计划的实施和开展，而其在新药开发和设计方面的广泛应用更使其充满生机与活力。时至今日，生物信息学已经广泛应用于生物学、医学、农学、军事及仿生学等领域。

参与编写本书的几位教师一直从事以本科生为主的生物信息学的教学工作。但一直苦于寻找一本适合非生物信息专业本科学生的教材。纵观现有的有关生物信息学的书籍，多数侧重于生物信息学领域的新理论、新方法和新发现。要读懂书中内容需要有较强的数学或计算机基础，对多数非生物信息专业的本科生而言，数学和计算机基础相对薄弱。鉴于以上原因，自 2009 年始，我们计划编写一本着重介绍生物信息学基本知识，同时又能够让学生掌握一些常用的生物信息学资源、软件及工具的使用方法，能够解决学生实验过程中遇到的实际问题。基于以上想法，编者在编写教材时，注意吸收国际同类教材和国内现有教材的优点。同时，列举的例子多是生物化学、分子生物学或基因工程课程中较常涉及的内容，使同学们深切感受到生物信息学可以解决学习和实验中遇到的实际问题。从而可以使学生学到的相关的生物学知识在生物信息学的学习中达到融会贯通。

本书是编者在多年讲授生物信息学的基础上，参考国内外优秀教材和相关文献编写而成。编写分工：第 1、5、7、9 章由孙清鹏老师编写；第 2、8 章由贾栋老师编写；第 3 章由于涌鲲老师编写；第 4 章由赵彦宏老师编写；第 6 章由张彬老师编写；第 10 章由万善霞老师编写。全书由孙清鹏和万善霞老师统稿。本书编写过程中，于涌鲲老师和周蓉同学对全书进行了文字校对。在此，编者对其付出的辛勤工作深表谢意。

本书编写过程中，中国林业出版社对本书的编写给予了热情的支持和帮助。中国林业出版社杜建玲老师在本书编写之初对本书的编写提出了许多宝贵的意见和建议。在此，编者对杜建玲老师致以衷心的感谢。

限于我们的水平，书中肯定会有许多不妥之处，敬请读者批评和指正。

编　者
2011 年 10 月

目 录

第 2 版前言
第 1 版前言

第 1 章 绪论 ··· 1
  1.1 生物信息学的概念及研究对象 ··· 1
  1.2 生物信息学的研究内容 ·· 1
  1.3 生物信息学的应用 ·· 3
  1.4 我国生物信息学的发展 ·· 3

第 2 章 生物信息数据库 ··· 5
  2.1 生物信息数据库的发展简史 ·· 5
  2.2 核酸序列数据库 ··· 7
  2.3 蛋白质序列数据库 ··· 17
  2.4 生物大分子结构数据库 ··· 24
  2.5 基因功能注释数据库 ·· 25
  2.6 其他生物分子数据库 ·· 28

第 3 章 数据库查询 ··· 33
  3.1 NCBI 查询系统 Entrez ··· 33
  3.2 基因组数据库 Ensembl ··· 45
  3.3 蛋白质序列数据库 UniProt ··· 51

第 4 章 序列比对与数据库相似性搜索 ·· 56
  4.1 概述 ·· 56
  4.2 序列比对的打分系统 ·· 57
  4.3 序列比对的算法 ·· 61
  4.4 双序列比对及基本操作 ··· 63
  4.5 多序列比对及基本操作 ··· 69
  4.6 数据库相似性搜索——BLAST ·· 82

第 5 章 DNA 序列分析 ·· 93
  5.1 核酸序列组成成分分析 ··· 93
  5.2 限制性内切酶酶切位点分析 ·· 96
  5.3 重复序列分析 ··· 100
  5.4 基因结构分析 ··· 105
  5.5 序列同源性分析 ·· 115

第 6 章 蛋白质序列分析 ·· 119
  6.1 蛋白质的一级结构分析 ·· 119

6.2 蛋白质二级结构分析 …… 122
6.3 蛋白质三级结构分析 …… 123
6.4 蛋白质功能预测 …… 126

第7章 生物信息学软件及使用 …… 128
7.1 引物设计软件 …… 128
7.2 综合序列分析软件 …… 133

第8章 R 与 Bioconductor …… 143
8.1 Bioconductor 简介 …… 143
8.2 Bioconductor 包的安装 …… 144
8.3 Bioconductor 包应用举例 …… 147

第9章 GEO2R …… 150

第10章 富集分析 …… 155
10.1 DAVID 简介 …… 155
10.2 DAVID 富集分析 …… 156

第11章 文献信息检索 …… 162
11.1 学术搜索引擎 …… 162
11.2 文摘数据库检索 …… 165
11.3 全文数据库检索 …… 179
11.4 Web of Science 引文数据库 …… 189

第12章 EndNote 20 参考文献管理软件 …… 195
12.1 EndNote 20 的主要功能 …… 195
12.2 EndNote 20 数据库的建立 …… 195
12.3 EndNote 数据库的管理 …… 204
12.4 EndNote 数据库的应用 …… 205

参考文献 …… 210
附录 Windows 环境下 R 与 RStudio 的安装 …… 214

第1章 绪论

生物信息学是随着人类基因组计划的实施而兴起的一门学科，它综合运用数学、计算机和生物学的相关知识，处理海量的生物信息。众所周知，生物学是一门实验科学，生物学的结论都是奠定在实验和观察的基础之上。生物信息学的诞生，已经或正在改变着生物学的研究方式，尤其是生物信息学与数据科学和人工智能的融合，正在把生物学的研究由传统的实验观察阶段推进到推理演算阶段。2021年，AlphaFold2和RoseTTAFold两种蛋白质结构AI预测算法的相继开源，标志着生物学研究正式进入推理演算时代。生命活动和生命现象是错综复杂的，目前的研究已经证实错综复杂的生命现象遵循着一些共同的规则，也为采用生物信息学的方法研究生命现象提供了理论基础。但生物信息学不可能替代生物学实验，因为生物信息学推算出的结果只能作为生物学研究的辅助手段，生命现象的真谛最终还是需要实验室工作的具体验证。

1.1 生物信息学的概念及研究对象

生物信息学是利用信息学的理论、方法和技术，对生物分子中的信息进行获取、加工、储存、分配、分析和解读。具体地说，生物信息学是综合运用信息学、数学、计算机和生物学的方法和技术，管理、分析和利用生物分子数据。

DNA或RNA是遗传信息的携带者，而蛋白质则是生命的体现者。蛋白质的一级结构决定蛋白质的高级结构，而高级结构又决定了蛋白质的功能。与生物体的生长、发育和进化密切相关的遗传信息、结构信息和进化信息主要存在于DNA(或RNA)和蛋白质中。目前已建立了很多关于核酸和蛋白质的生物学数据库。因此，生物信息学的研究对象主要包括核酸序列、蛋白质序列及由此而产生的各种数据库。

1.2 生物信息学的研究内容

生物信息学的最终目的是揭示生物分子数据的内涵，从而加快人类了解生物界的进程。

1.2.1 序列比对

序列比对是指通过两个或多个核酸或蛋白质序列进行比对，显示出其中相似性区域，而这些相似性的区域可能是与蛋白质的功能、结构或进化相关的关键序列。通过比较未知序列和已知序列的相似性，可以进一步预测未知序列的功能。

1.2.2 基因预测

基因预测是指通过生物信息学的方法寻找基因组DNA中的编码序列。目前，基因预测既包括预测为蛋白质编码的DNA或RNA基因，还包括其他功能区域的预测，如调控区域的预测等。基因组测序完成后，基因预测是了解一个物种的基因组信息的重要环节。

1.2.3 药物(配体)设计

人类基因组计划诞生的背景之一是"美国肿瘤十年计划"的失败。而人类基因组计划的终极目的是"读懂"人类基因。即确定约 30 亿个碱基对的人类基因组完整核苷酸顺序，找出人类全部约 10 万个基因在染色体上的位置以及包括基因在内的各种 DNA 片段的功能，为基因治疗和个体化治疗提供理论依据。

药物分子通常为一些小的有机分子，它能够激活或抑制体内某种生物分子(如蛋白等)的功能进而起到治疗疾病的作用。药物设计是指依据已知的潜在的生物靶标(biological target)，参考其他同源性配体或天然产物的化学结构特征，设计出合理的药物分子，如设计一些在形状或电荷方面同生物靶标相互补的小分子等。从严格意义上来说，药物设计称为配体设计(ligand design)更为合适。

1.2.4 蛋白质结构预测

虽然蛋白质结构测定技术有了较大改进，但用实验的方法获得蛋白质的结构仍然比较困难。蛋白质结构预测方法通常可分为 3 类：同源模建方法、折叠识别方法和从头预测方法。同源模建(homologous modeling)是目前应用较成功的一种方法。同源蛋白质通常具有相似的结构和功能，因此利用结构已知的同源蛋白质可以建立待预测序列的结构模型，然后用理论计算进行优化。研究证实，许多序列同源性较差的蛋白质存在相同的折叠类型，因此折叠识别(fold recognition)方法成为蛋白质结构预测的另一重要方法。同源建模和折叠识别方法都需要由结构已经测定的蛋白质结构作为模板，而且不能产生全新结构。同源建模和折叠识别方法也可称为结构比对(structure alignment)。

从头预测(denovo predition)方法是一种不需要已知结构信息，直接依据蛋白质的一级结构预测其高级结构并能够产生全新结构的预测方法。

2021 年，AlphaFold2 和 RoseTAAFold 两种 AI 预测蛋白质结构算法开源，且通过其预测的蛋白质结构与通过实验测定的蛋白质结构非常相近，必将对结构生物学的研究产生深远影响。

1.2.5 基因调控网络的预测

基因调控网络及特定基因与其他基因的调控关系的研究对于深入研究发育的分子机理具有重要意义。根据识别策略和搜索对象的不同，已有的基因调控预测方法可大致分为基于保守基元(motif)的方法和基于比较基因组学的方法两类。前者主要在同一物种基因组的协同调控基因的调控区域内通过寻找保守基因来预测可能的结合位点。后者则利用比较基因组学方法，通过比对多个相关物种基因组的对应区域来发现具有公共保守特性的基元。

1.2.6 蛋白质相互作用预测

蛋白质相互作用研究方法大致分为两类：生物实验方法和计算预测方法。

生物实验方法主要有酵母双杂交系统、质谱技术、蛋白质芯片等，但随着基因和蛋白质数据的高速增长，这些实验方法的局限性越来越明显，不仅耗时耗力、成本高，而且还存在很高的假阳性结果。

作为实验手段的重要补充，用计算预测方法预测蛋白质相互作用是目前生物信息学中最具吸引力的目标，这比大部分的实验方法快得多，同时花费更少。可以分成5类：①基于基因组信息的方法；②基于遗传进化关系的方法；③基于蛋白质一级结构的预测方法；④基于蛋白质三维结构信息的方法；⑤基于 PPI 网络分析的方法。以上5种方法均有一定的局限性和适应范围，但都日益成为对传统实验方法的一个很好的辅助补充手段。

1.2.7 分子进化分析

分子进化分析主要用于研究生物体在分子水平的进化方式、方向、速率以及各种分子机制对基因和基因组的结构和功能的影响。

科学家认为，现今世界上存在的核酸和蛋白质分子都是从共同的祖先经过不断的进化而形成的，作为生物遗传物质的核酸和作为生命机器的蛋白质分子中存在着关于生物进化的信息，可用于系统发生关系的研究。在分子水平上进行分析具有许多表型分析所没有的优势，所得到的结果更加科学、可靠。分子系统发生分析直接利用从核酸序列或蛋白质分子提取的信息，作为物种的特征，通过比较生物分子序列，分析序列之间的关系，构造系统发生树，进而阐明各个物种的进化关系。当然，这些分子不仅在序列上保留进化的痕迹，它们的结构也保留着进化的痕迹。

1.3 生物信息学的应用

生物信息学(Bioinformatics)这一名词最早在1991年的电子出版物文献中出现，到现在虽然只有30年的时间，但已被广泛应用于生物学、医学、生物制药、农业及军事领域。

迅速发展的生命科学以及相关生物技术产业对处理大量生物数据的迫切需求是生物信息学产生和发展的重要基础，也是生物信息学应用的主要领域。人类各种遗传性疾病、农作物抗病性及昆虫的抗药性乃至农副产品的营养价值等都与其基因结构有关。认识基因组结构和功能，是生物学、医学、农学等学科的根本。生物信息学的诞生和发展将对人类认识及防治各种疾病和研发新药、提高农副产品产量与品质等方面产生巨大的推动作用。

1.4 我国生物信息学的发展

1988年，陈润生院士在中国科学院研究生院(现为中国科学院大学)首次开设《生物信息学》课程，是国内生物信息学课程的创始人。8年之后，国内院校陆续开设该课程。

1999年9月，中国获准加入人类基因组计划，负责测定人类基因组全部序列的1%。2000年4月，中国科学家按照国际人类基因组计划的部署，完成了1%人类基因组的工作框架图。

2000年4月，中国正式启动水稻基因组计划。2002年12月，中国科学院、国家科技部、国家发展计划委员会和国家自然基金会联合宣布完成中国水稻基因组"精细图谱"。

2011年9月，中国启动"全球3000份水稻核心种质资源重测序计划"，对3010种亚洲稻进行了重测序。2014年5月，3010份水稻基因组测序数据于 NCBI、DDBJ 等数据库发布。2018年4月 Nature 杂志发表了该成果。更值得关注的是，本文中关于籼稻和粳稻的命名，恢复了 Oryza sativa subsp. Xian、Oryza sativa subsp. Geng，使中国源远流长的稻作文化得到正确认识和传承。

2019年6月，面向我国人口健康和社会可持续发展的重大战略需求，国家基因组科学数据中心正式成立，由中国科学院北京基因组研究所、中国科学院生物物理研究所和中国科学院上海营养与健康研究所共同建设和维护。

为推动我国生物信息学的学科发展和创新研究，充分展示和宣传我国生物信息学领域的重大研究成果。自 2018 年起，《基因组蛋白质组与生物信息学报》(Genomics, Proteomics & Bioinformatics, GPB)每年进行"中国生物信息学十大进展"评选。

高等教育与科技前沿联系紧密，是培养高层次人才的重要环节，"实施科教兴国战略，强化现代化建设人才支撑"，这就要求我们在全社会弘扬精益求精的工匠精神，广大青年走技能成才、技能报国之路。

本章小结

生物信息学是利用信息学的理论、方法和技术，对生物分子中的信息进行获取、加工、储存、分配、分析和解读，具体地说生物信息学是综合运用信息学、数学、计算机和生物学的方法和技术，管理、分析和利用生物分子数据。其研究对象主要包括核酸序列、蛋白质序列及由此而产生的各种数据库。主要研究内容包括序列分析、基因预测、药物设计、蛋白质结构预测、基因调控网络预测、蛋白质相互作用预测和分子进化分析模型的构建及分析等。目前，生物信息学已广泛应用于生物学、医学、生物制药、农业及军事领域。

思考题

1. 什么是生物信息学？
2. 生物信息学的研究对象是什么？
3. 生物信息学主要包括哪些方面的研究内容？

推荐参考资料

1. 生物信息学分析实践. 吴祖建，高芳銮，沈建国. 科学出版社，2010.
2. 生物信息学. 张阳德. 科学出版社，2009.
3. Bioinformatics(Methods Express Series). Paul Dear. Cold Spring Harbor Laboratory Press, 2007.

第 2 章 生物信息数据库

　　数据库是一切生物信息学工作的出发点，近年来大量生物学，尤其是分子生物学实验数据的积累，形成了当前数以千计的生物信息数据库。国际上已经建立起各类生物信息数据库，几乎覆盖了生命科学的各个领域，包括核酸序列数据库、蛋白质序列数据库、基因组图谱数据库及生物大分子结构数据库等。这些数据库由专门的机构建立和维护，它们负责收集、组织、管理和发布生物分子数据，并提供相关的数据查询、数据处理和分析工具，为生物学研究人员服务。目前，生物信息数据库大致可以分为 4 类：基因组数据库、核酸和蛋白质一级结构序列数据库、生物大分子（主要是蛋白质）三维空间结构数据库以及由这 3 类数据库和文献资料为基础构建的二级数据库。前 3 类数据库是生物信息的基本数据资源，直接来源于实验获得的原始数据，只经过简单的归类整理和注释，通常称为基本数据库或初始数据库，也称一级数据库。根据生命科学不同研究领域的实际需要，对原始生物分子数据进行整理和分类，即在一级数据库、实验数据和理论分析的基础上针对特定的目标而建立的数据库称为专门数据库、专业数据库或专用数据库，也称为二级数据库。一级数据库的数据量大、更新速度快、用户面广，但存在过多的冗余数据；二级数据库的容量比较小，更新速度没有一级数据库那样快，经过筛选后，避免了过多的冗余数据，其中与蛋白质相关的二级数据库较多。

2.1　生物信息数据库的发展简史

　　历史上，蛋白质数据库先于核苷酸数据库。蛋白质测序技术的发展（Sanger，Tuppy，1951）使得人们能对常见的蛋白质家族进行测序，如对来自不同生物的细胞色素进行测序。20 世纪 60 年代初期，Margaret Dayhoff 提出这样一个设想，将文献中所有的蛋白质序列汇总在一起，可能是研究中非常有用的工具。于是，Dayhoff 和她在华盛顿特区的美国生物医学研究基金会（National Biomedical Research Foundation，NBRF）的合作者们一道收集所有已知的序列组合成一个蛋白质序列图谱集。随后，每当新出现一种蛋白质序列，即与该图谱比对，以找出与其他蛋白质的关系，这就使一些不同蛋白质之间序列相识区域被鉴定出来。他们的收集中心即为后来的"蛋白质信息资源"（Protein Information Resource，PIR），曾被称为"蛋白质鉴定资源"（Protein Identification Resource）。NBRF 从 1984 年起开始负责维护该数据库。1988 年，NBRF 与慕尼黑蛋白质序列信息中心（Munich Information Center for Protein Sequences，MIPS）以及日本国际蛋白质信息数据库（Japan International Protein Information Database，JIPID）合作建立了一个 PIR-国际蛋白质序列数据库（PIR International Protein Sequences Database）。数年后，日内瓦大学与欧洲分子生物学实验室（European Molecular Biology Laboratory，EMBL）合作建立了著名的 SWISS-PROT，该数据库包含 PIR 的所有信息，同时也含有丰富的注释，并可链接到其他数据库。近年来，SWISS-PROT 数据库已经成为蛋白质数据库的标准。

　　核酸序列信息的快速增长起始于 EMBL 与 GenBank 核酸序列数据库的建立。EMBL 于

1974年由西欧国家及以色列等16国资助在德国海德堡市创建。1980年EMBL建立了世界上第一个核酸序列数据库,1992年建立了欧洲生物信息学研究所(European Bioinformatics Institute,EBI)。GenBank核酸序列数据库最早是由Walter Goad及其同事们在在位于美国新墨西哥州的Los Alamos国家实验室(LANL)建立。Goad在1979年确立了GenBank原型系统,1982年开始筹建所谓的Los Alamos序列文库,当时被命名为GenBank核酸序列数据库。1988年,美国建立了国家生物技术信息中心(National Center for Biotechnology Information,NCBI),并正式接管了GenBank。1984年,日本DNA数据库(DNA Data Bank of Japan,DDBJ)在三岛市建成。目前,GenBank、EMBL及DDBJ已组成国际核苷酸序列数据库合作体,每日进行数据交换。

在20世纪80年代早期,只有几个主要的数据库,1982年存放于GenBank中的序列仅有606条共680 338个核苷酸序列。当时没有人会预料到数据库会像今天这样如此庞大。那时的数据库主要靠用户自己管理,而不是集中管理,数据库中的信息由存放者自己修改。序列的注释也全由提交者负责,更新速度慢,且出现许多冗余序列。随着分子生物学技术的发展以及组学技术的建立,生物大分子数据呈指数增长。尤其在20世纪90年代初期,随着人类基因组计划的实施,核酸序列及碱基对数据存储量以惊人的速度增长,到2021年1月GenBank的序列已增加到129 902 276条,共计122 082 812 719碱基对。由于核酸序列的快速增长,蛋白质序列的数据库储量也飞速发展。随着结构蛋白质组学的提出与实施,生物大分子结构解析的数量也呈指数级的增长。图2-1是GenBank数据库中近年来数据量的统计,反映出DNA序列数据迅速增长的趋势。

生物分子数据的高速增长和为了满足分子生物学相关领域研究人员迅速获得最新实验数据的要求,导致了大量生物分子数据库的建立与快速增长。从1996年开始,*Nucleic Acids Research*(NAR,http://nar.oxfordjournals.org/)杂志在其每年的第一期中详细介绍最新版本的各种数据库(2004年开始出版数据库专辑),包括数据库内容的详尽描述与访问网址。至2017年,NAR收集了全世界1 901个主要分子生物学数据库,将它们分成15个大类(表2-1),从NAR的数据库分类列表中也可以直接了解数据库的信息、更新情况及访问网址。为了编辑的方便,NAR赋予每个数据库一个固定的入口编号,此编号不随它的存储位置、URL、作者或通讯人地址的变动而变化。

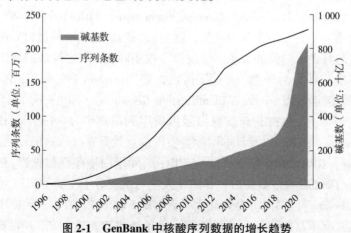

图2-1 GenBank中核酸序列数据的增长趋势

(引自 https://www.ncbi.nlm.nih.gov/genbank/statistics/)

表 2-1　NAR 数据库分类

核苷酸序列数据库(Nucleotide Sequence Databases)

RNA 序列数据库(RNA sequence databases)

蛋白质序列数据库(Protein sequence databases)

结构数据库(Structure Databases)

基因组数据库(非脊椎动物)[Genomics Databases(non-vertebrate)]

代谢与信号途径(Metabolic and Signaling Pathways)

人类及其他脊椎动物基因组(Human and other Vertebrate Genomes)

人类基因与疾病(Human Genes and Diseases)

微阵列数据和其他基因表达数据库(Microarray Data and other Gene Expression Databases)

蛋白质组学资源(Proteomics Resources)

其他分子生物学数据库(Other Molecular Biology Databases)

细胞器数据库(Organelle databases)

植物数据库(Plant databases)

免疫学数据库(Immunological databases)

细胞生物学数据库(Cell biology)

(引自 http://www.oxfordjournals.org/nar/database/c/)

2.2　核酸序列数据库

核酸序列是了解生物体结构、功能、发育和进化的出发点,故而在各种生物信息数据库中,最常见和最为重要的是核酸序列数据库。目前,国际上最权威也是最主要的三大核酸序列数据库是：GenBank 数据库、EMBL 数据库和 DDBJ 数据库,网址见表 2-2 所列。

表 2-2　三大核酸序列数据库网址

数据库	网址
GenBank	http://www.ncbi.nlm.nih.gov/Genbank/
EMBL	http://www.ebi.ac.uk/embl/
DDBJ	http://www.ddbj.nig.ac.jp/

GenBank、EMBL、DDBJ 三大组织互相合作,1998 年共同成立了国际核苷酸序列数据库协会(International Nucleotide Sequence Database Collaboration, INSDC, http://www.insdc.org/,图 2-2)。合作的目的就是加强联系收集全球范围内的核酸序列,对其进行分析及注释,并通过互联网每天将新测定或更新的数据进行交换共享,保证数据信息的完整与一致,每两个月更新一次版本。这三大数据库虽然具有各自不同的记录格式,但是对核酸序列均采用了相同的记录标准,对于特定的查询,三个数据库的响应结果一致。这三个数据库是综合性的核酸序列数据库,其数据来源于众多的研究机构、核酸测序小组和科学文献等。从地域角度而言,GenBank 主要负责收集美洲的数据,EMBL 负责欧洲,DDBJ 负责亚洲。但是由于国际互联网的发展,用户可以通过各种方式将核酸序列数据向

三个数据库中任意一个提交。所提交的序列也将从公布之日起同时在三大数据库中出现。数据库中的每条记录代表一个单独、连续、附有注释的 DNA 或 RNA 片段。另外，INSDC 为了保证信息的共享，建立了共享的原则，如向全世界用户免费开放，不限定访问次数，对生命科学期刊的出版商及发行人提出强制性要求，在文章发表时要求序列必须提交到国际核酸序列数据库中，这样大大提高了生物信息数据库的使用效率。

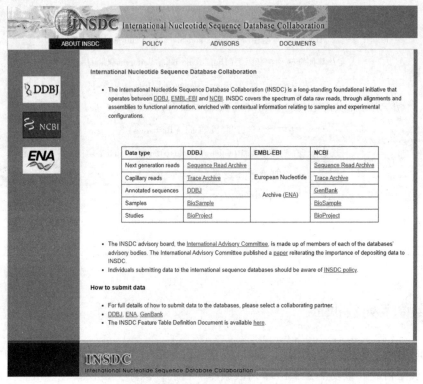

图 2-2　国际核苷酸序列数据库协会 INSDC 网站

2.2.1　GenBank 数据库

GenBank 是一个综合数据库，该数据库中包含了已经公开可获得的 38 万余种以属或属以下水平命名的生物核酸序列，这些数据主要来源于各研究人员独自递交和一些大的测序中心成批发送。大多数序列信息的提交是通过网络版的 BankIt 程序或独立的 Sequin 程序，GenBank 工作人员在接收序列数据后，赋予每条序列在数据库中一个特定的序列编号（登录号）。GenBank 数据库每天与欧洲分子生物学实验室核酸序列数据库（EMBL）和日本的 DNA 数据库（DDBJ）进行数据交换，以保证数据库信息在全世界范围的完整与同步性。GenBank 可以通过 NCBI 的 Entrez 检索系统进入，该系统整合了主要的 DNA 和蛋白质序列数据的分类学、基因组、图谱、蛋白质结构和结构（功能）域信息，还包括 PubMed 的生物医学文献信息。BLAST 程序提供 GenBank 和其他序列数据库的序列相似性搜索服务。通过 FTP 站点可以获得每两个月发布的和每天更新的 GenBank 数据。在 NCBI 的主页上提供了进入 GenBank 的路径、相关检索和分析服务。

GenBank 是具有目录和生物学注释的核酸序列综合公共数据库。GenBank 是由美国国立医学图书馆（the National Library of Medicine，NLM）下属的美国国家生物技术信息中心

(NCBI)构建和维护,该中心位于美国马里兰州贝塞斯达(Bethesda)国立卫生研究院(the National Institutes of Health,NIH)。GenBank 数据库的序列信息来源于序列发现者提交的序列、成批提交的表达序列标签(expressed sequence tag,EST)、基因组勘测序列(genome survey sequences,GSS)和其他测序中心提供的高通量数据,还包括美国专利商标局提供的已发表的序列数据。GenBank、EMBL、DDBJ 组成的国际核苷酸序列数据库协会(INSDC)每天交换数据,以确保在世界范围内收集序列信息的一致性和完整性。NCBI 通过 FTP 或基于 web 的更广范围的网络提供数据检索与分析服务,免费提供 GenBank 数据。

2.2.1.1 数据库的组织

自 1982 年 GenBank 建立以来,数据库的序列数据量持续呈指数增长,大约每 18 个月翻 1 倍。传统的 GenBank 组成部分包含 1.08 亿条序列,1 060 亿个碱基数据,在 2020 年大约 1 年的时间内增加了 1 万条新的序列信息,而碱基数增加近 1 倍。第 224 版 GenBank 的规模超过了 3 TB,包括 254 GB 的传统记录、2.61 TB 的 WGS 记录、208 GB 的转录组组装(TSA)记录和 4.53 GB 的靶向位点研究(TLS)记录。

(1)基于序列的分类

使用综合序列分类数据库检索系统(www.ncbi.nlm.nih.gov/sites/entrez?db=taxonomy),用户可以按生物类属检索不同种类的基因序列,该数据库是由 NCBI、EMBL 和 DDBJ 及合作组织之外的顾问和专家共同合作研发的。

(2)GenBank 记录和分类

每条 GenBank 记录包括简要的序列描述、学名、物种来源分类、参考文献和列举生物学意义的特征表(www.ncbi.nlm.nih.gov/collab/FT/),如编码区及其蛋白质翻译、转录单位、重复区域、突变或修饰位点等。GenBank 数据库的文件结构分布方式是按照传统方法分成不同的类,大致按分类学群体进行区分,如细菌(BCT)、病毒(VRL)、灵长类(PRI)和啮齿类(ROD)等 21 类。与 2010 年相比,10 年时间只增加了靶向位点研究(TLS)1 个大类。所有这些类别的规模及其增长情况见表 2-3。为了方便文件传输,GenBank 数据被分解成多个文件,在每两个月发布的 FTP 站点上,当前的数据库被分解为 2 467 个文件,需要占据 1 057 GB 的未压缩磁盘存储空间(第 233 版)。增长最快的是 2019 年 1 月提交给 SYN 的 57 个合成染色体和提交到 VRT 的 60 条染色体规模的真核生物序列。

表 2-3 GenBank 数据库的分类及其增长趋势(碱基对)

数据库类型	数据库描述	版本 Release 233 发布日期 8/2019	年增长(%)
SYN	Synthetic	7 701 613 755	545.96
VRT	Other vertebrates	46 205 911 214	342.51
PLN	Plant, fungal, and algal	59 248 524 178	157.29
UNA	Unannotated	548 041	84.71
WGS	Whole genome shotgun data	5 585 922 333 160	74.30
TLS	Targeted locus studies	10 531 800 829	73.28
INV	Invertebrates	12 578 394 104	46.31
PHG	Phages	637 015 044	37.58

(续)

数据库类型	数据库描述	版本 Release 233 发布日期 8/2019	年增长(%)
BCT	Bacteria	72 495 994 966	35.40
TSA	Transcriptome shotgun data	294 727 165 179	30.69
VRL	Viruses	4 782 719 535	17.40
PAT	Patent sequences	24 715 727 030	12.24
ENV	Environmental samples	6 139 560 312	5.51
PRI	Primates	8 491 950 612	2.78
HTC	High-throughput cDNA	728 868 423	1.03
MAM	Other mammals	6 258 926 080	0.71
EST	Expressed sequence tags	43 280 039 563	0.68
ROD	Rodents	4 554 525 905	0.43
HTG	High-throughput genomic	27 774 725 922	0.01
STS	Sequence tagged sites	640 918 572	0.01
GSS	Genome survey	26 339 260 641	0.00
TOTAL	All GenBank sequences	6 233 224 722 236	69.52

[引自 Nucleic Acids Res. 2020 Jan 8；48(D1)：D84-D86]

①表达序列标签（ESTs）。ESTs 曾经是新序列记录和基因序列的主要来源，在 GenBank 发行的第 179 版中包含超过 360 亿个碱基的 EST 序列。对于每条新的 ESTs 序列，NCBI 通过 BLAST 程序搜索所有相似性序列加以鉴定，然后将其加入 dbEST（www.ncbi.nlm.nih.gov/dbEST/）。在 dbEST 中的数据被进一步处理，生成 UniGene 数据库。由于被转录组测序取代，EST 数据量增速不断减慢，2018 年 7 月，NCBI 宣布退休 EST 和 GSS 数据库，将其数据转入 Nucleotide 数据库。目前，NCBI 仍然接受 EST 和 GSS 序列的提交，但不再为这些序列类型提供特殊流程。

②序列标签位点(STSs)、基因组勘测序列(GSSs)和环境样品序列(ENV)。GenBank 中的 STS(www.ncbi.nlm.nih.gov/dbSTS/)组成部分包括基于基因组序列的匿名 STSs 以及来源于基因和 ESTs 的 3′端基因 STSs。这些 STS 记录通常包含图谱信息，因此在进行图谱研究的时候有非常重要的作用。第 233 版 GenBank 中的 GSS(www.ncbi.nlm.nih.gov/dbGSS/)数据量超过 263 亿个碱基，但数据量并未增长。GSS 序列产生于 80 多种不同的实验技术，除了其来源于基因组 DNA，其他均与 EST 序列相似。人类的 GSS 数据与 STS 记录曾被用于人类基因组计划的 BAC 重叠拼接。GenBank 中的 ENV 组成部分的序列数据采用非 WGS 测序方式，获得环境样品序列的物种来源是未知的。许多 ENV 系列数据来自宏基因组样品，这些微生物样品是从不同动物组织如内脏、皮肤，或淡水沉积物、温泉、矿井污水排泄区的特殊环境中获取的。环境样品序列记录中在关键词字段表明"ENV"，并且在来源特征处标明"/environmental_sample"。NCBI 宣布从 2013 年 10 月 1 日起不再接收 STSs 序列的提交。

③高通量基因组(HTG)和高通量 cDNA(HTC)序列。GenBank 的 HTG 部分包含未完成的大规模基因组记录，这些基因组记录正在向最终状态转变，可以让科学界更快地了解到

目前还没有完成的基因组序列数据。这些记录根据数据质量被分为 0~3 四个阶段，其中第 0~2 阶段的数据是尚未完成的记录，第 3 阶段是处于完成状态的数据。当达到第 3 阶段时，HTG 记录便被移到 GenBank 相应的合适物种数据库。在 GenBank 2019 年发行的第 233 版中已超过 277 亿个碱基对，比上一年增加了 0.01%。

GenBank 的 HTC 数据库由高通量 cDNA 序列组成，HTC 序列是低质量序列，可能包含 5′端非编码区和 3′端非编码区，部分编码区和部分内含子。完成的高质量 HTC 序列，被移到 GenBank 的合适物种数据库。

④全基因组鸟枪测序序列（WGS）。在 GenBank 中有超过 1 480 亿个碱基的 WGS 序列形成 WGS 序列重叠大片段，给每个大片段分配 1 个登录号，该登录号由 4 个字母的项目代码、2 个数字的版本号和 6 个数字的大片段代码组成。因此，WGS 登录号 "AAAA01072744" 表示被分配给项目计划 "AAAA" 第一版本大片段编号为 "072744" 的序列。全基因组鸟枪测序计划已经为 GenBank 贡献了 1.59 亿条序列，12.7 万亿碱基对，比上一版增加 74.3%（图 2-3）。WGS 项目的完整列表和数据的链接参见 https：//www.ncbi.nlm.nih.gov/Traces/wgs/。

图 2-3　WGS 数据库数据增长趋势

（引自 https：//www.ncbi.nlm.nih.gov/genbank/statistics/）

尽管 WGS 计划序列可能被注释，但是许多低覆盖率基因组项目没有注释。因为这些测序项目正在进行或尚未完成，这些注释可能还没有从上一个拼接版本延续到下一个版本或者有些测序项目被认为是准备阶段。基因组序列，包括 WGS 序列，要求提交者使用"/experimental＝text"和"/inference＝TYPE：text"格式的显示标签，"TYPE"是多种标准推断类型的一种，"text"是由结构化文本组成。

⑤转录组鸟枪组装序列（transcriptome shotgun assembly sequences，TSAs）。TSA 包含转录组鸟枪组装序列，这些序列由储存于 NCBI 的测序迹线图数据库（Trace Archive，TA）、序列读段数据库（the Sequence Read Archive，SRA）和 GenBank 的 EST 序列组装而来。

SRA 数据库是用于存储二代测序原始数据，包括罗氏 454 GS System、Illumina Genome Analyzer、Applied Biosystems SOLiD System、Helicos Heliscope、Complete Genomics 和 Pacific Biosciences SMRT；其使命是向研究者提供原始序列数据，以提高可重复性并通过比较数据集实现新发现。根据 SRA 产生的特点，将 SRA 数据分为 4 类：研究课题（studies）；实验设计（experiments）；测序结果集（runs）；样品信息（samples）。其数据结构的层次关系：studies>experiments>samples>runs，一个研究课题可能包含多个实验设计，实验设计包含了样品信息、DNA 来源、测序平台、数据处理等信息。一个实验设计可能包含一个或者多个测序结果集，测序结果集表示测序仪运行所产生的读序。随着转录组测序成本的不断降低，SRA 的数据量快速增长（图 2-4）。

图 2-4 SRA 数据库数据增长趋势

(引自 https://trace.ncbi.nlm.nih.gov/Traces/sra/sra.cgi?view=announcement)

之前,测序迹线图数据库(TA)和序列读段数据库(SRA)都不是 GenBank 的一部分,但从版本 166 后,GenBank 增加了转录组鸟枪组装序列(TSAs)数据,这些鸟枪组装序列同时也存储在 TA、SRA 和 GenBank 的 EST 数据库中。TSA 记录(如:EZA000001)以"TSA"作为它们的关键词,并且提供用于 TSA 序列组装的碱基区间和序列标识。

⑥组装数据库(Assembly)。Assembly 数据库储存原核和真核生物的基因组序列,以及通过全基因组鸟枪(WGS)组装、基于克隆的组装或完全测序的基因组(无 Gap 的染色体)。其中,如果有核基因组序列则包括细胞器如线粒体基因组。当质粒与染色体序列相关时则含有质粒序列,也包含 NCBI 参考序列(RefSeq)数据库或已被 NCBI 病毒基因组选为病毒邻近基因组的病毒。此外,还包括宏基因组。该数据库包括组装到 4 个不同层次的基因组:完整装配的基因组;染色体或连锁群、Scaffolds、Contigs 的混合、包含 Scaffolds 和 Contigs 的混合;只含 Contigs(图 2-5)。该数据库中目前有病毒基因组 44 411 个,细菌基因组 956 524 个,真菌基因组 8 252 个,植物基因组 1 585 个,动物基因组 7 018 个。其中,有的物种可能完成了多个不同菌株或品系的测序。随着兼顾长读长和高准确度的三代 HiFi(high fidelity reads)测序和 Hi-C 成本的不断降低,最近几年,越来越多的物种获得了染色体级别的基因组序列。

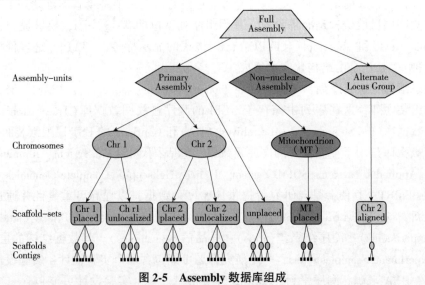

图 2-5 Assembly 数据库组成

[引自 Nucleic Acids Res. 2016 Jan 4;44(Database issue):D73-D80]

(3)特殊记录类型

①第三方注释(TPA)。在DDBJ/EMBL/GenBank的第三方注释(third party annotation, TPA)记录允许原始序列记录提交者以外的科学家对公开的序列加以注释(www.ncbi.nlm.nih.gov/Genbank/TPA.html)。TPA记录分为3种类型：experimental，在这种情况下，有直接实验数据表明注释分子的存在；inferential，在这种情况下，实验数据是间接的；assembly，主要提供原始阅读序列的较好的组合序列。TPA序列可能是由多条原始序列组合生成的。TPA记录的格式(如：BK000016)与常规GenBank记录相似，但标明"TPA_exp""TPA_inf"或"TPA_reasm"，在每个定义行和关键字段标明"Third Party Annotation, TPA"和"TPA：experimental""TPA：inferential"或"TPA：assembly"。TPA实验和推论记录如TSA记录一样也有原始栏。在国际权威生物学期刊发表前，TPA序列不会公开其序列号、序列数据和注释内容。TPA序列可以使用BankIt提交给GenBank。

②重叠群记录。一些小的基因组，像细菌基因组，用一条序列表示完整基因组，便于表示、数据传送和分析。但是对于非常长的序列，如真核生物的基因组，需要将长的序列分解成较小片段数据—系列重叠群(contig, CON)组合。这样就产生了完整基因组的CON分割记录，该记录包含组合指令可以无缝显示和下载全部序列，许多CON记录也含有注释内容。

2.2.1.2 构建数据库

数据库中的数据是由不同的序列发现者分别提交给GenBank、EMBL和DDBJ的，批量的EST、STS、GSS、HTC、WGS或HTG序列一般由测序中心提交，GenBank每天与DDBJ和EMBL进行数据交换，NCBI的服务器每天从全世界范围内收集序列数据。

(1)直接电子提交

几乎所有的记录都是直接通过电子提交的方式添加到GenBank数据库。自2021年1月，只能使用BankIt向GenBank提交原核或真核基因组序列。很多学术期刊要求作者在论文发表之前，必须提交序列到公开数据库中。工作人员在接到提交序列的两个工作日内，为提交的序列分配序列编号。序列编号的确认表明提交完成，可以在数据库中检索到该序列。序列直接提交后会收到质量保证评审，内容包括：载体污染检查、正确的编码区翻译验证、准确分类验证和文献出处检查。记录在进入数据库之前，GenBank记录的草稿返回给作者，作者在论文发表之前可要求保密。由于GenBank规定，序列或序列编号(登录号)在期刊发表后，存放在数据库中的数据必须公开。作者在论文发表后，应通知GenBank工作人员，以便能及时公布数据。尽管只允许提交序列的研究人员修改序列或注释内容，但鼓励所有用户在序列数据公布后通过update@ncbi.nlm.nih.gov对数据可能的错误或疏漏进行报告。

NCBI与测序中心密切合作，以确保他们的数据能及时编入GenBank数据库并公布。GenBank为大规模测序中心提供批量处理程序，如"tbl2asn"，以便于批量数据提交。

①使用BankIt提交。BankIt(www.ncbi.nlm.nih.gov/BankIt)是GenBank为用户提供的3个基于网络的序列数据提交工具之一。提交者可以直接在表格中填写序列信息，加入编码区或mRNA特征等生物学注释。BankIt具有自由格式文本栏、列表栏和下拉菜单，允许提交者不必学习格式规则和描述用语就可以进一步描述序列。在生成提交GenBank纯文本格式草稿前，提交者可以回顾检查。BankIt能够确认提交内容、标记常见错误和使用由BLAST转化的Vecscreen.BankIt工具。BankIt工具适用于简单提交，特别是只有一条或很

少几条序列需要提交时,应该选用 BankIt。提交者也可以通过 BankIt 更新他们在 GenBank 的数据记录。

②使用 tbl2asn 提交。对于包含基因和注释很多的基因组数据,使用 tbl2asn 提交比较方便。与直接提交不同,使用注释软件可以将注释表转换成 ASN.1(Abstract Syntax Notation One)码记录,提交给 GenBank。

③条形码序列提交。生命条形码联盟(Consortium for the Barcode of Life,CBOL)是开发 DNA 条形码技术作为物种鉴定工具的国际组织,DNA 条形码使用短的 DNA 序列。对于动物来说,通常为细胞色素氧化酶亚基Ⅰ(cytochrome oxidase subunit Ⅰ)基因一段长度为 648 bp 的片段,植物和真菌群落通过其他的位点。NCBI 与 CBOL(www.barcoding.si.edu/)合作,开发了在线提交给 GenBank 批量条形序列的工具(BarSTool),该工具可允许用户批量上传序列及其相关资源信息数据的文件。

④Genome Workbench 的提交向导提交。Genome Workbench 的 Submission Wizard(Version 3.6.0,March 04,2021)已经可以用于提交带注释的基因组,将成为未来用于带注释的基因组的提交工具。Submission Wizard 采用选项卡式对话框(图 2-6),类似于 BankIt 和 Sequin 使用的过程,用于指导序列和其他元数据的输入以创建完整的 GenBank 提交文件。在将文件提交到 GenBank 之前,可以采用 Genome Workbench 进一步编辑和验证待提交的文件。

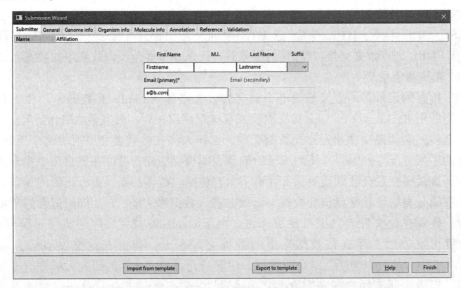

图 2-6 Genome Workbench 的 Submission Wizard 序列提交页面
(引自 https://www.ncbi.nlm.nih.gov/tools/gbench/manual6/#submitter)

(2)序列标识符和登录号

每条 GenBank 记录由序列及其注释组成,都被赋予了一个特有的标识符,该标识符被称作登录号。该号码在 3 个合作数据库(GenBank、DDBJ、EMBL)通用。登录号出现在 GenBank 记录的"ACCESSION"行,该登录号永远不会改变,甚至记录中序列和注释变动,登录号也不改变。如果序列本身发生改变,则序列的登录版本号会增加,登录版本号会出现在 GenBank flat file 的"VERSION"行,首次出现的序列登录版本号在登录号后面跟"1",表明这条记录序列是第一版本。另外,每个 DNA 序列的版本也被指定了唯一的 NCBI 标识符，称作"GI"号，GI 号出现在 VERSION 行，在登录版本号的后面。如：
ACCESSION AF000001
VERSION AF000001.1 GI：987654321

当 GenBank 记录中某一序列发生变化时，这条更新的序列会被赋予新的 GI 号和记录版本标识符增加的版本号。对于原来旧的登录编号全部保持不变，使用最初的登录版本号和 GI 号仍然可以检索到最初的序列。

用同样的方法可以追踪蛋白质翻译的改变。这些标识符在 GenBank 条目的 FEATURES 部分用来标识 CDS 特征，如：/protein_id = 'AAA00001.1'。蛋白质序列翻译也会获得自己特有的 GI 号，在 CDS 特征中作为第二个标识符出现，如：CDS feature：/db_xref = 'GI：1233445'。

2.2.1.3 检索 GenBank 数据

（1）Entrez 系统

通过 Entrez 检索系统可以访问 GenBank 中的序列记录。GenBank 中的 EST 和 GSS 序列信息储存在 Entrez 的 EST 和 GSS 数据库，其他的所有系列储存在 Entrez 核苷酸数据库。Entrez 的其他数据库包含来源于 GenBank 和其他数据库推导出的蛋白质序列、基因组图谱、种群、进化和环境序列数据集、基因表达数据、NCBI 分类学、蛋白质结构信息和来源于分子模型数据库（molecular modeling database，MMDB）的蛋白质结构数据库，每个数据库通过 PubMed 和 PubMed Central 与相关的学术文献链接。

（2）与测序计划相关的序列记录

确认所有 GenBank 记录提交的组织和他们的侧重目标是分析大量序列数据的基础，如宏基因组学调查。利用物种或提交者名字定义序列数据集是不可靠的。起始于 NCBI，后由 INSDC 接管的基因组计划数据库（www.ncbi.nlm.nih.gov/genomeprj），允许测序中心注册测序计划，并且测序计划有其特殊的标识符，以保证测序计划与该计划产生的数据建立可靠的连接。基因组计划数据库当前有些扩展，包括多种多样的测序计划，如：宏基因组和环境样品计划，比较基因组计划和转录组计划，专注于特有位点的计划（如 16S 核糖体 RNA），著名的医学事件（如 2009 年 H1N1 流感暴发）。

在 GenBank 纯文本文件中出现的"DBLINK"行用于确定测序计划与 GenBank 某条序列记录是关联的，该定义行是 GenBank 发行第 172 版后，用来替代早期的"PROJECT"行。例如，DBLINK 行把 GenBank 的序列记录同基因组计划记录 18787 联系起来：
DBLINK Project：18787

基因组计划记录"18787"提供了安乐蜥测序工作的详细进展。在 Entrez 系统内，这样的序列记录直接连接到相应的基因组计划记录，基因组计划记录也连接到相关联的序列记录。

（3）BLAST 序列相似性搜索

序列相似性搜索是 GenBank 数据最基本和使用最多的分析方法。NCBI 提供 BLAST 程序包（blast.ncbi.nlm.nih.gov），用于检测一条查询序列与数据库所有序列的相似性。BLAST 搜索可以在 NCBI 网站上运行，也可以在 FTP 站点上下载独立的程序包使用。

（4）通过 FTP 获取 GenBank 数据

NCBI 除了以用于内部维护的 ASN.1 格式之外，还以传统的纯文本文件格式发布 GenBank 数据。通过 NCBI 匿名 FTP（ftp.ncbi.nih.gov/genbank）站点可以获得每两个月发布的版本以及每天同 EMBL 和 DDBJ 更新交换的数据。通过 ftp. ncbi. nih. gov/daily-nc/可以获取全部版本的纯文本的更新数据的压缩文件。为了方便文件传输，GenBank 数据被分解成多个文件，在发布的第 239 版，数据库被分解为 3 131 个文件，未压缩的完整副本占 1 461 GB。在 GenBank 的 ftp. ncbi. nih. gov/tools/站点提供转换每日更新数据集的脚本。

2.2.2 EMBL 数据库

EMBL 核酸序列数据库由德国海德堡欧洲分子生物学实验室(European Molecular Biology Laboratory，EMBL)于 1980 年创建，其名称也由此而来，是欧洲最主要的也是世界上最早的核酸序列数据库，收集储存了欧洲大部分核酸序列生物等生物学数据，其序列来源于基因组测序中心、世界各地的研究人员、欧洲专利局及其合作伙伴 GenBank 和 DDBJ 交换的数据。该数据库目前由欧洲生物息学研究所(European Bioinformatics Institute，EBI)负责维护。

1994 年 9 月随着 EBI 在英国剑桥的建成，EMBL 数据库由海德堡迁移到剑桥。该数据库对欧洲及世界生命科学领域各个方面均发挥了重要的作用和深远的影响。随着生物信息学的发展，EMBL 数据库规模不断扩大。在 2020 年 3 月发布的第 142 版中，EMBL 数据库已保存了包含 387 071 790 478 个核苷酸的 262 294 587 条序列。可通过网址(http://www.ebi.ac.uk/embl/Services/DBStats/)了解数据库的最新统计信息。

EMBL 核酸序列数据库由关系数据库管理系统 ORACLE 来维护，在 DEC alpha VMS 系统下运行，用户可通过检索系统 SRS 检索所有数据库信息，数据库中的每一个序列数据被赋予一个登录号，它是一个永久性的唯一标识。数据库条目用 EMBL 平面文件格式发布，该格式为大多数序列分析软件包所支持，该格式提供了一种方便读者的结构，由不同的行类型(line type)组成，用来记录组成一个条目的不同类型的数据。典型的 EMBL 平面文件格式包括一系列严格控制的行类型和四大主要数据区。第一个区包括描述和标识符，如条目名称、分子类型、分类、序列长度等基本描述内容；标识符有登录号(AC)、序列版本(SV)、日期(DT)、描述(DE)、关键词(KW)、物种(OS)、分类(OC)、相关数据库链接(DR)等。第二个区是引文区，包括参考文献的编号(RN)、作者(RA)、题目(RT)、出处(RL)、注解(RC)和相关文献其他注释(RP)，RX 是到其他文献数据库的链接。第三个区是由许多特征(FT)行组成，包括序列的特征，如序列的长度、来自何种生物体、何种组织和染色体的定位等详细信息。第四个区由"SQ"开始，结束的标记是"//"，包括序列的长度、碱基组成及序列的详细信息。

向 EMBL 核酸序列数据库提交序列可以通过基于 Web 的 WEBIN 工具，也可以用 Sequin 软件来完成。WEBIN 是 EMBL 常用的递交工具，通过一系列交互式 WWW 表格指导用户发送和描述序列，包括发布日期信息、序列资料、源信息描述、参考文献信息和特征信息。Sequin 是由 NCBI 建立的一种适合多平台(Mac/PC/UNIX)提交软件，它不限于提交到 GenBank，也可以发送到 EMBL 和 DDBJ。

2.2.3 DDBJ 数据库

DDBJ 数据库是日本核酸序列数据库(DNA Data Bank of Japan)，也是亚洲唯一的核酸序列数据库，由日本国立遗传学研究所遗传信息中心维护。DDBJ 数据库首先是反映日本所产生的 DNA 数据，同时与 GenBank 和 EMBL 合作，互通有无，同步更新，每年 4 版。DDBJ 数据库采用与 GenBank 一致的格式。

2.3 蛋白质序列数据库

历史上蛋白质数据库先于核苷酸数据库，20 世纪 60 年代初期，Margaret Dayhoff 和她的同事们收集了当时所有已知的氨基酸序列，组合成一个蛋白质序列图谱集，该图谱集演化为后来的蛋白质信息资源(the protein information resource，PIR)。

蛋白质序列数据库目前已成为至关重要的数据资源，它是分子生物学家后阶段实验工作的起点。蛋白质序列数据库有很多，主要有 PIR-PSD、Swiss-Prot 和 TrEMBL 等。建立于 1984 年的 PIR 是较全面和权威注释的蛋白质序列数据库，具有非冗余、高质量和全面的分类等特点。Swiss-Prot 由瑞士日内瓦大学和欧洲生物学实验室合作建立于 1986 年，是一个注释蛋白质序列的数据库，通常认为 Swiss-Prot 中的蛋白质注释信息是黄金标准，该数据库的所有序列条目都经过有经验的分子生物学家和蛋白质化学家通过计算机工具并查阅相关文献资料仔细核实。Swiss-Prot 由瑞士生物信息学研究所(Swiss Institute of Bioinformatics，SIB)和欧洲生物信息学研究所共同维护。Swiss-Prot 数据库的特点是：可靠性与可信度高；序列注释详细，包括蛋白质的功能、序列及结构域的结构，翻译后的修饰及其位点，突变体等；由专家提供的计算分析注释结果对进一步实验具有指导意义；最大程度保证序列数据的非冗余性；高水平地集成了其他数据库信息。随着核酸序列的快速增加，由 DNA 序列翻译而来的蛋白质序列也日益增多，当意识到 Swiss-Prot 的人工注释方法无法跟上蛋白质序列的产生速度时，TrEMBL(Translated EMBL Nucleotide Sequence Data Library)在 1996 年创建了，它提供蛋白质序列的自动注释信息。TrEMBL 的最主要贡献是使 DDBJ/EMBL/GenBank 核酸数据库中 CDS 编码区的翻译序列(氨基酸序列)得到迅速发布。当然，由于采用计算机自动翻译和注释，序列错误率较大，具有较大的冗余度，注释信息的质量难以与 Swiss-Prot 相比，尽管如此，TrEMBL 仍然采用相关措施尽量提高其数据质量。

最初，PIR、EBI 和 SIB 都致力于各自蛋白质数据库的维护与注释，它们的数据也是不共享的，对于数据库的建立者，这必然导致大量重复性的工作，对于数据库使用者来讲，由于信息检索范围受到限制而导致大量重复性的检索及分析过程。因此，将 PIR、Swiss-Prot 和 TrEMBL 三大数据库合并为一个全面蛋白质数据库的呼声日益高涨。2002 年，PIR 与国际合作伙伴 EBI(欧洲生物信息学研究所)和 SIB(瑞士生物信息学研究所)在美国国立卫生研究院(NIH)的资助下，将 PIR-PSD、Swiss-Prot 和 TrEMBL 合并，建立了全球范围内统一的蛋白质序列和功能数据库——UniProt(Universal Protein Resource)。UniProt 的整合目标是提供丰富、有意义以及具有可靠证据的蛋白质注释信息，同时尽量消减重复、节省资源。

2.3.1 PIR 数据库

PIR(https://proteininformationresource.org/)是一个支持基因组学、蛋白质组学和系统生物学研究的公共生物信息学资源。PIR 是由美国生物医学研究基金会(NBRF)于 1984 年建立的，其目的是帮助研究者鉴别和解释蛋白质序列信息。从蛋白质序列和结构图谱开始，PIR 免费为科学界提供包括蛋白质序列数据库(Protein Sequence Database，PSD)在内的蛋白质数据库和分析工具。

2002年，PIR 与国际合作伙伴 EBI 和 SIB 在 NIH 的资助下，将 PIR-PSD、Swiss-Prot 和 TrEMBL 合并，建立了通用蛋白质资源数据库 UniProt。目前，PIR 主要由 iProClass、iPTMnet、PIRSF、iProLink、PRO 5 个子库组成。

2.3.1.1 UniProt——通用蛋白质资源数据库

UniProt 是一个集中收录蛋白质资源并能与其他资源相互联系的数据库，也是目前为止收录蛋白质序列目录最广泛、功能注释最全面的一个数据库。关于 UniProt 数据库将在后面做专门的介绍。

2.3.1.2 iProClass——蛋白质知识整合数据库

iProClass(Integrated Protein Knowledgebase, http://pir.georgetown.edu/pirwww/dbinfo/)是一个整合的资源，通过整合分散在网络中的各种蛋白质数据，为用户提供了一个全面的、有价值的蛋白质信息数据库。在 2021 年 6 月 16 日发布的 4.99 版本中，它收集提供 219 740 215 条 UniProtKB 的增值注释信息和 38 331 131 条独特的 NCBI Entrez 蛋白质序列信息，连接到 90 多个生物学数据库，包括蛋白质家族、功能和代谢途径、相互作用、结构和结构分类、基因和基因组、功能注释标准体系(ontologies)、文献和分类学数据库(图 2-7)。iProClass 由 ORACLE 系统来维护，支持蛋白质序列的注释和基因组/蛋白质组的研究，能够获取最新的蛋白质信息，另外，使用 iProClass 还可以检索蛋白质 ID 图谱、蛋白质词典和相关序列。

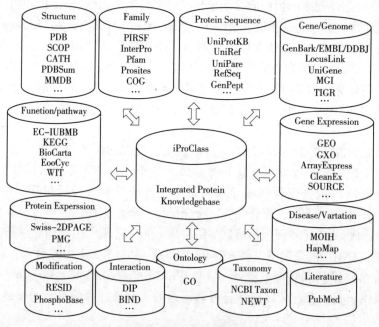

图 2-7 iProClass 数据库

2.3.1.3 iPTMnet——蛋白质翻译后修饰数据库

iPTMnet(http://proteininformationresource.org/iPTMnet)是用于综合理解系统生物学背景下的蛋白质翻译后修饰(PTM)的生物信息学资源。5.1 版(2019 年 11 月 19 日更新)由 63 490 种修饰蛋白中的 737 803 个独特的 PTM 位点以及 1 077 种 PTM 酶组成(表 2-4)。结合文本挖掘、数据挖掘和本体表示来发现丰富的 PTM 信息,包括 PTM 酶-底物-位点关系,跨物种的 PTM 特异性蛋白质-蛋白质相互作用(PPI)和 PTM 在不同物种间的保守性。iPTMnet 包含:①来自 PTM 的文本挖掘工具 RLIMS-P 和 eFIP 的数据,这些工具从 PubMed 摘要和全文中挖掘、提取磷酸化信息;②来自实验证明的 PTM 精选数据库;③来自 Protein Ontology 能在物种内和物种之间进行展示、注释和比较的蛋白质修饰。iPTMnet 目前涵盖 8 种主要 PTM 类型(磷酸化、泛素化、乙酰化、甲基化、糖基化、S-亚硝基化、苏莫酰化和豆蔻酰化)。网站支持在线搜索、浏览、检索和可视化分析。

表 2-4 不同物种翻译后修饰

	Substrates (protein) 底物(蛋白)	Substrates (底物)	Sites (位点)	Enzymes (酶)	Enzyme substrate pairs (酶底物对)	Enzyme substrate site (酶底物位点)	PTM-dependent PPI (依赖的 PPI)	PMIDs	Variants (突变体)
Homo sapiens(人)	18 596	8 649	444 147	520	9 467	18 176	1 064	25 261	75 853
Mus musculus(小家鼠)	15 234	725	147 394	225	1 127	1 967	270	5 337	0
Rattus norvegicus (褐家鼠)	7 170	99	39 708	100	529	953	26	2 495	0
Saccharomyces cerevisiae (酿酒酵母)	3 949	0	34 533	65	671	1 495	26	1 122	0
Drosophila melanogaster (黑腹果蝇)	852	0	3 483	6	5	9	1	235	0
Caenorhabditis elegans (秀丽隐杆线虫)	802	0	1 994	9	11	17	0	137	0
Arabidopsis thaliana (拟南芥)	8 653	343	32 730	30	113	294	34	412	0
Zea mays(玉米)	100	0	137	0	0	0	0	16	0
Oryza sativa(水稻)	1 808	14	4 376	0	0	0	0	21	0

(引自 https://research.bioinformatics.udel.edu/iptmnet/stat)

数据库将多个不同的生物信息学工具和系统文本挖掘、数据挖掘、分析和可视化工具以及数据库和本体连接到一个集成的跨领域研究资源中,以解决探索和发现 PTM 网络方面的知识差距。

2.3.1.4 PIRSF——蛋白质家族分类系统

PIR 为了促进蛋白质注释更加准确的使用和使之标准化,并能系统自动地检测到注释错误,PIR 延伸了超家族的概念,开发出了超家族的分类系统(Protein Family Classification System,PIRSF,http://pir.georgetown.edu/pirsf/),基于全部蛋白质数据的进化关系,这个分类系统允许特定的生物学功能注释和一般的生物化学功能注释。系统对于从超家族到亚家族水平的蛋白质分类上采用了网络结构,家族成员中的蛋白质为两种:homologous(同源,即有共同的祖先)和 homeomorphic(同形的,即有共同结构域的相似全长序列)。PIRSF 数据库由两个数据集组成,初步的蛋白类和主要的家族,其中主要家族中包括家族名称、蛋白成员、成员家谱关系、结构域结构、选择性的描述和参考文献。PIRSF 的记录可显示家族注释、成员的统计信息、与其他数据库的链接、结构域结构的图示化、多序列比对结果的链接和辅助家族谱系树的链接。PIRSF 数据库可以用来谱系树,揭示功能的趋同和趋异,去验证在同形家族之间,结构域和结构类之间的一些有趣关系。

2.3.1.5 iProLink——蛋白质文献、信息和知识整合数据库

iProLink(Integrated Protein Literature, Information and Knowledge, http://pir.georgetown.edu/iprolink/)提供有关注释的文献、蛋白质名称词典和其他在文献挖掘、数据库维护、蛋白质名称标记和功能注释标准体系的有助于自然语言处理技术开发的信息。使用 iProLink 可以获得描述蛋白质记录的文本文献资源,在 UniProtKB 记录(生物词典)中加入蛋白质或基因命名的图谱,获得用于开发文本挖掘算法的注释数据集、挖掘蛋白质磷酸化(RLIMS-P)文献和获得蛋白质功能注释标准体系(PRO)信息。

2.3.1.6 Protein ontology——蛋白质本体数据库

PRO 通过明确定义并显示它们之间的关系来提供蛋白质相关本体论表示。每个 PRO 术语代表一类不同的实体(包括特定的修饰形式、直系同源异构体和蛋白质复合物),范围从分类单元中性到分类单元特异性(如人类 SMAD2 基因的所有蛋白质产物的实体在 PR 中描述为 Q15796;一种特定的人类 SMAD2 蛋白形式,在保守的 C 端 SSxS 基序的最后两个丝氨酸上磷酸化,由 PR:000025934 定义)。PRO 包含 3 个子本体:基于进化相关性的蛋白质(ProEvo);由给定基因位点产生的蛋白质形式(ProForm);含蛋白质的复合物(ProComp)。

2.3.1.7 PIR-PSD

PIR-PSD 是 PIR-国际蛋白质序列数据库的最终版本,PIR-PSD 是世界上第一个分类和功能注释蛋白质序列的数据库,该数据库源自蛋白质序列和结构图谱(1965—1978)。PIR-PSD 由 Protein Information Resource 与 MIPS 和 JIPID 合作制作和分发,是公共领域中最全面、最专业的蛋白质序列数据库。2002 年,PIR 加入了 EBI 和 SIB,组成了 UniProt 联盟。PIR-PSD 序列和注释已集成到 UniProt 知识库中。建立 UniProt(UniProt 知识库和/或 UniParc)和 PIR-PSD 之间的双向交叉引用,以便轻松跟踪以前的 PIR-PSD 条目。现在可以在相关 UniProt 记录中找到 PIR-PSD 唯一序列、参考引用和实验验证数据。

2.3.2 UniProt 数据库

UniProt(Universal Protein Resource, http://www.uniprot.org/)是一个统一的集中收录蛋白质资源并能与其他资源相互联系的数据库,也是目前为止收录蛋白质序列目录最广泛、功能注释最全面精确的一个数据库。UniProt 是 EBI、SIB 以及 PIR 3 家机构共同组成的 UniProt 协会(UniProt Consortium)所创建的一个通用蛋白质资源数据库。旨在为从事现代生物研究的科研人员提供一个有关蛋白质序列及其相关功能方面的广泛的、高质量的并可免费使用的共享数据库。集成、解释和标准化来自多个选定资源的数据,将生物学知识和相关元数据添加到蛋白质记录中,并充当中心枢纽,可以从中链接到 180 种其他数据库。目前,UniProt 由 4 个主要部分组成(图 2-8),分别是:UniProt 知识库(UniProt Knowledgebase, UniProtKB)、UniProt 参考子集库(UniProt Reference Clusters, UniRef)、UniProt 文档库(UniProt Archive, UniParc)和 UniProt 宏基因组学与环境微生物序列数据库(Metagenomic and Environmental Sequence Database, UniMES),每个部分都是为不同应用而优化的。UniProt 是一个向所有使用者免费开放的数据库,每 3 周更新和发布一次数据,全球

科研人员可登录其网站在线搜索或下载。在2019年的最新更新中，微生物蛋白质序列记录的增长显著，这些记录主要来自高质量的宏基因组组装基因组。这些数据通过大型真核测序计划添加，如达尔文生命之树（www.darwintreeoflife.org）和地球生物基因组（www.earthbiogenome.org）项目。UniProt 2020_04版本包含超过1.89亿条序列记录（图2-9），具有超过292 000个蛋白质组。

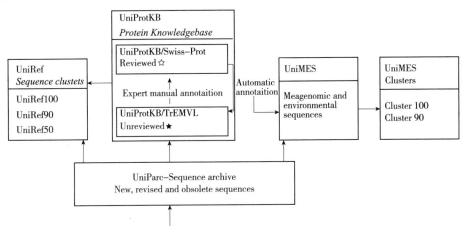

图2-8　UniProt的4个主要组成部分

（引自 http://www.uniprot.org/help/about）

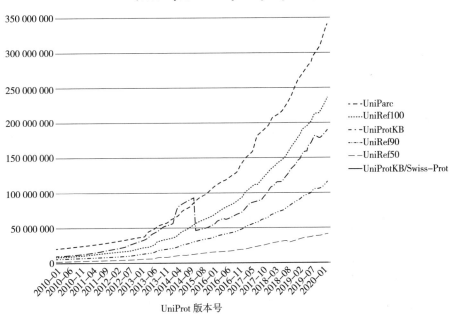

图2-9　UniProt数据库增长趋势

［引自 Nucleic Acids Res. 2021 Jan 8；49(D1)：D480-D489］

2.3.2.1　UniProt知识库（UniProtKB）

UniProtKB由UniProtKB/Swiss-Prot和UniProtKB/TrEMBL两部分组成。

（1）UniProtKB/Swiss-Prot

UniProt知识库（UniProtKB）将经过审查的UniProtKB/Swiss-Prot条目与未经审查的Uni-

ProtKB/TrEMBL 条目(由自动化系统注释)相结合,主要收录人工注释的序列及其相关文献信息和经过计算机辅助分析的序列。这些注释都是由专业的生物学家给出的,准确性毋庸置疑。在 UniProtKB/Swiss-Prot 中注释包括以下内容:功能、酶学特性、具有生物学意义的相关结构域及位点、翻译后修饰、亚细胞位置、组织特异性、发育特异性表达、结构和相关联的疾病、缺陷或畸形等。注释的另一个重要的部分包括加工同一蛋白质的不同的记录,对不同的记录进行归纳合并。对蛋白质序列进行仔细检查之后,管理人员选择参考序列,做相应的合并,而且会列出剪接变异体、基因变异体和疾病相关信息。不同序列间有任何的差异也会注释出来。注释人员还会将蛋白质数据与其他核酸数据库、物种特异性数据库、结构域数据库、家族遗传史或疾病资料数据库进行交叉参考。

(2) UniProtKB/TrEMBL

UniProtKB/TrEMBL 收录的是高质量的经计算机分析后进行自动注释和分类的序列。计算机辅助注释使用的是自动生成的绿薄荷(Spearmint)规则,或基于蛋白质家族的人工注释规则,包括 HAMAP 家族规则(HAMAP family rules)、RuleBase 规则、PIRSF 分类命名规则以及位点规则。UniProtKB/TrEMBL 收录了 EMBL/GenBank/DDBJ 核酸序列数据库中和来自拟南芥信息资源库(TAIR)、酵母 SGD 和人类 Ensembl 数据库中所有的编码序列翻译后的蛋白质序列。其中,研究人员排除了诸如 EMBL/GenBank/DDBJ 数据库中编码小片段的序列、人工合成的序列、大部分非生殖细胞系免疫球蛋白序列、大部分 T 细胞受体序列、大部分专利序列和一些高度过表达的序列。这些选择的记录都是经过大量人工注释的,然后根据注释的情况收入 UniProtKB/Swiss-Prot 数据库。

2.3.2.2 UniProt 参考子集库(UniRef)

UniRef 可以通过序列同一性对最相近的序列进行归并,以加快搜索速度。UniRef 提供的聚类集包括了来自于 UniProtKB(包括剪接异构体作为独立条目)的所有序列以及从 UniParc 中选择的一些序列数据,目标是提供非冗余但覆盖了完整序列空间的蛋白质序列数据。依据不同的序列同一性判别指标,从而分为 3 个 UniRef 聚类数据库:UniRef100、UniRef90 和 UniRef50,分别对应的指标为 100%、90%、50%。UniRef100 数据库将相同的序列数据和子片段数据合并为一个数据库记录,UniRef90 数据库建立在 UniRef100 数据库的基础之上,而 UniRef50 数据库又以 UniRef90 为基础。在 UniRef 数据库的每一个同一性指标中,每一条序列只会属于其中的一个聚类,这条序列在其他的同一性指标中也只会有一条父集(parent cluster)序列和子集(child cluster)序列。UniRef100、UniRef90 和 UniRef50 这 3 个数据库的数据量分别减少 10%、40%和 70%。每一个聚类记录中包含了每个序列成员的数据来源、蛋白质名称、分类学信息,但是只会挑选一个蛋白质序列和名称作为代表,还包括该聚类的成员数量和最常见的分类编码。UniRef100 是目前最全面的非冗余蛋白质序列数据库。UniRef90 和 UniRef50 数据量有所减少是为了能更快地进行序列相似性搜索和降低相似性搜索的研究偏差。UniRef 现在已广泛应用于自动基因组注释、蛋白质家族分类、系统生物学、结构基因组学、系统发育分析、质谱分析等各个研究领域。UniRef 随 UniProtKB 的每一次发布而更新。

2.3.2.3 UniProt 文档库(UniParc)

UniParc 是关于蛋白质序列的全面数据库,它储存了大量的蛋白质序列资源,反应了所有蛋白质序列的历史。UniParc 是储存序列的数据库,同时也是最全面的、能反应所有蛋白质序列历史的数据库。UniParc 收录了不同数据库来源的所有的最新蛋白质序列和修订过的蛋白质序列，因此可以保证数据收录的全面性(表2-5)。为了避免出现冗余数据，UniParc 将所有完全一样的序列都合并成了一条记录，而无论这些数据是否来自同一物种。UniParc 还会收录每天最新的数据和修改过的数据，同时建立源数据资源的交叉引用以便链接回源数据资源中的序列。UniParc 中每一条记录包含的基本信息包括标识符、序列、循环冗余校验码、源数据库中的检索号、版本号、时间标记。如果 UniParc 中的记录没有收录在 UniProtKB 中，可以排除是 UniProtKB 提供的原因(如假基因)。此外，除了给出每一条记录在来源数据库中的检索号之外，还会给出这条记录在来源数据库中的状态，如是仍然存在或者是已经被删除，也会给出 NCBI GI 号和 TaxID 号。UniParc 中的记录都是没有注释的，因为蛋白质只有在指定的条件下才能够进行注释。例如，序列完全相同的蛋白质如果属于不同的物种、组织或不同的发育阶段，其功能都有可能完全不同。

表 2-5　UniParc 的数据来源

数据库缩写	数据库描述
EMBL/DDBJ/GenBank	EMBL/DDBJ/GenBank nucleotide sequence databases
ENSEMBL	Ensembl
Ensembl Genomes	Ensembl genomes
EPO	European Patent Office
FLYBASE	FlyBase
H-Inv	H-Invitational Database
IPI	International Protein Index
JPO	Japan Patent Office
KIPO	Korean Intellectual Property Office
PATRIC	Pathosystems Resource Integration Center
PDB	Protein Data Bank
PRF	Protein Research Foundation
RefSeq	RefSeq
SGD	Saccharomyces Genome database
TAIR	TheArabidopsis thaliana Information Resource
TROME	
USPTO	USA Patent Office
	UniProtKB/Swiss-Prot, UniProtKB/Swiss-Prot protein isoforms, UniProtKB/TrEMBL
VEGA	Vertebrate Genome Annotation database
WORMBASE	WormBase
WBParaSite	WormBase ParaSite

(引自 http://www.uniprot.org/help/uniparc)

2.3.2.4　UniProt 宏基因组学与环境微生物序列数据库(UniMES)

UniMES 是为新兴的、不断发展壮大的宏基因组学研究领域服务的。UniProtKB 包含了分类学信息明确的序列数据，但是不断增多的宏基因组数据迫使人们需要另外再建一个数据库,即UniProt宏基因组和环境序列数据库(UniMES)。目前,UniMES包含来自全球海洋取样考察计划(GOS)的数据,GOS以前将数据上传至INSDC。GOS包括大约2 500万条DNA序列数据,预测了大约600万种蛋白质,这些序列主要来自海洋微生物。UniMES将这些预测的蛋白质和InterPro数据库(蛋白质的家族、结构域和功能位点的整合资源)自动分类、整理后的序列资源结合起来,成为目前唯一免费提供全球海洋取样考察计划获取的基因组信息数据库。UniMES的数据可以FASTA格式从FTP服务器上免费获取。

2.4 生物大分子结构数据库

在生物学研究中,分子的结构是非常重要的,生物大分子的功能与其三维结构密切相关,因此生物大分子空间结构数据是对其功能研究的基础。目前,国际上最主要的生物大分子结构数据库是PDB。

2.4.1 PDB

PDB蛋白质结构数据库(Protein Data Bank,http://www.rcsb.org/pdb/)是目前国际上著名的生物大分子结构数据库,1971年建立于美国布鲁克海文(Brookhaven)国家实验室,建立之初只有7个结构数据。PDB中含有通过实验(X射线晶体衍射、核磁共振NMR)测定的生物大分子的三维结构,其中主要是蛋白质的三维结构,还包括DNA、RNA、蛋白质与核酸复合物的三维结构。从1998年10月1日起,PDB的管理交给新成立的结构生物信息学合作研究协会(Research Collaboratory for Structural Bioinformatics,RCSB),目前主要成员为Rutger大学、圣地亚哥超级计算中心(San Diego Supercomputer Center,SDSC)和美国国家标准技术研究院(National Institutes of Standards and Technology,NIST)。同核酸序列数据库一样,可以通过网络直接向PDB数据库递交结构数据,截至2021年,PDB数据库中共含有179 210个结构数据,其中蛋白质156 845个,DNA 1 954个,RNA 1 550个,蛋白质与核酸复合物9 422个。这些数据中,13 425个通过NMR获得,157 574个通过X射线晶体衍射获得,7 916个通过冷冻电子显微镜获得(https://www.rcsb.org/stats)。其独特的数据录入方式被称为PDB格式,每一个结构,包含名称、参考文献、序列、一级结构、二级结构和原子坐标等信息。PDB只接受实验得到的结构数据,其中每个蛋白质的结构都对应着唯一的PDB-ID。PDB-ID由4个字符组成,用PDB-ID就能在PDB库中检索出唯一对应的蛋白质结构。目前三维结构浏览软件已有很多,如RasMol、VRML、Cn3D、Swiss-Pdb Viewer等。

PDB具有以下几种功能:能够查找目的蛋白质的结构;可进行蛋白质一级到高级结构的简单分析;与互联网上的其他一些数据库,如GenBank、Swiss-Prot、PIR、GDB等链接,从而可查询蛋白质的其他信息;通过关键词或PDB标识符等进行查询,可下载有关的结构信息以供进一步使用。在蛋白质分析中,PDB主要可应用于蛋白质结构预测和结构相似性比较。

2.4.2 MMDB

分子模型数据库MMDB(Molecular Modeling Database)是NCBI所开发的数据库集成系

统 Entrez 的一部分，数据库的内容包括来自实验的生物大分子结构数据。该数据库实际上是生物大分子 PDB 的一个编辑版本，仅仅剔除 PDB 中理论计算的模型结构。MMDB 重新组织和验证了这些信息，将化学、序列、结构信息整合在一起。MMDB 运用标准的"残基词典"，记录了以氨基酸、核酸复合体形式存在的具有末端多样性的分子中所有原子和化学键的信息。与 PDB 相比，对于数据库中的每一个生物大分子结构，MMDB 具有许多附加的信息，如分子的生物学功能、产生功能的机制、分子的进化历史等，还包括生物大分子之间关系的信息。此外，系统还提供生物大分子结构显示、结构分析和结构比较工具。MMDB 采用 ASN.1 的记录格式，而非 PDB 格式。

2.4.3 Swiss-Model

Swiss-Model 数据库（http://swissmodel.expasy.org/repository/）是一个蛋白质 3D 结构模型数据库，是 Swiss-Prot 数据库的一部分。库中收录的蛋白质结构都是使用 Swiss-Model 同源建模方法得来的。建立 Swiss-Model 数据库的主要目的就是为了给全世界的科研工作者收集提供最新的带注释的 3D 蛋白质模型。Swiss-Model 数据库中的记录都是对 Swiss-Prot 数据库和其他相关模式生物数据库中的序列进行自动同源建模产生的，数据库保持定期更新以确保其全面性。截至 2021 年 6 月，Swiss-Model 数据库共收录来自 305 067 个生物单位（biounits）的 762 069 条肽链，覆盖了 UniProt 数据库中 122 936 个不同的蛋白质序列。

Swiss-Model 数据库允许用户对数据库中的模型质量进行评价，允许用户手动寻找模板结构，还可以交互式地在 Swiss-Model 平台（http://swissmodel.expasy.org/workspace/）通过同源建模构建模型。对结构模型的注释信息（功能信息）可通过与其他数据库进行交叉链接实现，通过这些链接，用户可以在蛋白质序列数据库和结构数据库之间自由切换。

2.5 基因功能注释数据库

随着测序技术的飞速发展，基因组测序和转录组测序的数据量急速增长，理解基因、基因产物的功能成为后基因组时代功能基因组学的重要任务。功能基因组学的主要任务之一是进行基因功能注释，识别基因功能，认识基因及产物在生物学过程中的作用。目前，基因功能注释的主要数据库有 Gene Ontology 数据库和 KEGG 通路数据库。

2.5.1 Gene Ontology 数据库

Gene Ontology（基因本体）数据库是 GO 组织在 2000 年构建的结构化标准生物学数据库，旨在建立基因及其产物知识的标准体系，涵盖了基因的生物学过程（biological process，BP）、分子功能（molecular function，MF）和细胞组分（cellular component，CC）3 个方面，已成为应用最广泛的基因功能注释体系之一。如细胞色素 C 有多种功能：分子功能为电子传递活性；生物学过程与氧化磷酸化和细胞凋亡有关；细胞组分则是位于线粒体基质和线粒体内膜上。至 2021 年 6 月，Gene Ontology 数据库中有注释的物种数 4 990 种，超过 1 000 条注释的物种数 203 种，总注释数 7 898 497 条，生物过程、分子功能、细胞组分分别为 28 578、11 162 和 4 177 种（表 2-6）。

表 2-6 Gene Ontology 数据库中不同物种经实验验证的注释数量

	Protein binding, EXP（结合蛋白）	Molecular function EXP, excluding protein binding（分子功能）	Cellular component EXP（细胞组分）	Biological process EXP（生物学过程）
Human（人）	83 589（+158%）	29 999（+26%）	41 341（+13%）	47 230（+22%）
Mouse（小鼠）	12 990（+49%）	14 380（+11%）	28 262（+25%）	67 094（+13%）
Rat（大鼠）	4 329（+2%）	10 879（+9%）	15 693（+4%）	27 241（+1%）
Zebrafish（斑马鱼）	509（+30%）	1 756（+15%）	1 087（+16%）	21 635（+20%）
Drosophila（果蝇）	1 516（+33%）	5 694（+15%）	10 803（+3%）	30 762（+1%）
C. elegans（秀丽隐杆线虫）	2 993（+13%）	2 482（+13%）	5 245（+8%）	14 511（+24%）
D. discoideum（变形虫盘基网柄菌）	690（+32%）	1 081（+15%）	2 738（+30%）	4 149（+14%）
S. cerevisiae（酿酒酵母）	168（+58%）	8 886（+8%）	17 456（+4%）	20 194（+14%）
S. pombe（裂殖酵母）	2 076（+52%）	4 636（+42%）	12 184（+8%）	5 651（+11%）
A. thaliana（拟南芥）	13 074（+113%）	8 344（+14%）	25 486（+7%）	25 223（+12%）
E. coli（大肠杆菌）	3 602（+57%）	6 006（+20%）	4 171（+7%）	5 756（+5%）

[引自 5 September 2018 release（doi：10.5281/zenodo.1410625）]

Gene Ontology 通过注释词汇的层次结构，从不同层面查询和使用基因注释信息。整体上看，Gene Ontology 系统是有向无环图的结构，每一个节点（node）都是对基因或产物的一种描述，节点之间具有严格的"is a"或"part of"关系。Gene Ontology 知识库的这种结构，本体加注释，支持在生物研究过程中通常被问到的那种查询，例如，"人类 ABCA1 基因的所有功能是什么？"或"所有这些功能是什么？"参与 DNA 错配修复过程的基因有哪些？由于每个注释都与证据（ECO 和参考）相关联，因此可以回答更具体的问题，例如，"哪些基因具有参与 DNA 错配修复过程的直接实验证据？"或"哪些论文提供了关于人类 ABCA1 基因功能的实验证据？"。研究人员确定了一组 1 000 个在癌症样本中的表达水平高于健康组织的基因集，想知道哪些（来自 Gene Ontology 分子功能的术语、细胞成分或生物过程方面）在这些差异表达基因中被富集，以了解可能导致癌症的原因。为了实现这个目的，需要将 1 000 个基因的功能与所有 20 000 个人类蛋白质编码基因的功能进行比较。计算机可以使用 Gene Ontology 知识库的结构快速检索 20 000 个人类基因中的每一个执行的功能，并按功能类别创建分组。每个分组都经过统计富集测试，这些富集的功能类别使研究人员能够在 1 000 个基因的复杂数据中筛选重要的候选基因以进行功能研究。

2.5.2　KEGG 通路数据库

KEGG（https://www.kegg.jp/）是一个人工管理的资源，整合了 18 个数据库，分为系统信息（Systems Information）、基因组信息（Genomic Information）、化学信息（Chemical Information）和健康信息（Health Information）四大部分（表 2-7）。

表 2-7 KEGG 数据库组成

目录	数据名称	内容	简写
Systems Information	KEGG PATHWAY	KEGG pathway maps	map, msa, etc.
	KEGG BRITE	BRITE hierarchies and tables	br, ko, etc.
	KEGG MODULE	KEGG modules Reaction modules	M RM
Genomic Information	KEGG ORTHOLOGY(KO)	KO groups for functional orthologs	K
	KEGG GENOME	KEGG organisms (complete genomes) and selected viruses	T
	KEGG GENES	Gene catalogs of KEGG organisms, viruses, and addendum category	org: gene
	KEGG SSDB	Sequence similarity among GENES entries (computationally generated)	
Chemical Information (KEGG LIGAND)	KEGG COMPOUND	Metabolites and other small molecules	C
	KEGG GLYCAN	Glycans	G
	KEGG REACTION	Biochemical reactions	R
	KEGG RCLASS	Reaction class	RC
	KEGG ENZYME	Enzyme nomenclature	EC
Health Information	KEGG NETWORK	Disease-related network elements Network variation maps	N nt
	KEGG VARIANT	Human gene variants	
	KEGG DISEASE	Human diseases	H
	KEGG DRUG	Drugs	D
	KEGG DGROUP	Drug groups	DG
	KEGG ENVIRON	Crude drugs and health-related substances	E
	JAPIC	Japanese drug labels	
	DailyMed	FDA drug labels(links only)	

[引自 Nucleic Acids Res. 2021 Jan 8; 49(D1): D545-D551]

PATHWAY 数据库是 KEGG 的核心数据库，由手工绘制的 KEGG 通路图组成，每个图都由一个五位数的数字标识，前面有"map"（对于参考通路）、3 个或 4 个字母的有机体代码（对于一个生物体）或其他定义的前缀。通路图代表生物系统的分子接线图，分为代谢、遗传信息处理、环境信息处理、细胞过程、生物系统和人类疾病。MODULE 数据库是代谢途径中的功能单元的集合，包括作为 KEGG 模块的保守酶基因集和作为反应模块的保守生化反应步骤。至 2021 年 6 月 10 日，PATHWAY 数据库共收录 7 个大类，58 小类，543 条信号通路(https://www.kegg.jp/kegg/pathway.html)。

GENES 数据库于 2015 年引入，作为已发布蛋白质序列数据的集合，其中包含经过实验验证的功能信息。尽管与完整基因组的主要类别(2 700 万个基因)相比，序列的数量非常少(<5 000 个蛋白质)，但附录类别对于定义功能直向同源物的 KO(KEGG

ORTHOLOGY)组非常有用。截至 2018 年 9 月,KO 数据库包含 22 000 多个 KO 条目,其中 85%与文献相关联,68%进一步与序列数据相关联,这些数据可被视为定义 KO 的核心序列数据。10%的链接序列数据属于附录类别。因为 KO 数据库每年增加 5%~7%,KEGG GENES 数据库的注释率正在不断提高(目前为 48%)。

KO 系统是 KO 条目的分层分类,代表基因和蛋白质的功能分类。KO 系统最初是作为基于路径的分类而开发的,新的 KO 系统由 8 个顶级类别组成:6 个用于 Pathway(代谢、遗传信息处理、环境信息处理、细胞过程、生物系统和人类疾病),一个用于 BRITE(Brite Hierarchies),一个是其他类别(不包括在 Pathway 或 Brite 中)。

自 1961 年以来,酶委员会(目前为 IUBMB/IUPAC 生化命名委员会)制定了酶命名法列表,其中包含分级分类的 EC(酶委员会)编号,用于实验观察和已发表的酶促反应。KEGG ENZYME 来自 ExplorEnz 数据库,其中包含有关原始实验中使用的酶的序列数据的附加信息。Enzyme Nomenclature 列表不断扩大,是寻找新蛋白质功能的最重要来源。这些文献经过人工检查以识别序列数据,这些数据通常作为附录条目并入 KEGG GENES 数据库,在适当的时候定义新的 KO 条目,并关联 EC 编号。KO 和 EC 编号之间的关系是多对多的:一个 KO 可以关联多个 EC 编号,一个 EC 编号可以分配给多个 KO。截至 2018 年 9 月,6 000 多个 EC 条目中约有一半与序列数据相关联,大多数最近添加的 EC 条目都与序列数据相关联,但很多最初出现的酶是通过分离获得,其序列未知,因此这些酶无法与序列关联。

随着 NETWORK 和 VARIANT 数据库于 2017 年引入健康信息类中,DISEASE 和 DRUG 数据库发生了变化。第一,DRUG 数据库的 Target 字段现在包含与药物-靶标关系的网络数据一致的 ID。第二,疾病条目(H 编号标识)和药品条目(D 编号标识)之间的联系完全基于药品标签。DRUG 数据库的 Disease 字段包含药物标签中的疾病,并为 DISEASE 数据库的 Drug 字段自动生成反向链接。因此,基于 FDA(食品药品监督管理局)药物标签的英文版本与基于日本药物标签的日文版本在药物与疾病的联系上存在差异。第三,通过引入亚组和超组名称来重新组织疾病条目之间的关系。第四,疾病条目被赋予了世界卫生组织于 2018 年 6 月发布的 ICD-11 代码。疾病的 ICD-11 代码和药物的 ATC 代码起到了链接许多外部资源的作用。除了 DISEASE 数据库的 Gene 字段中的人类基因组与疾病的关系之外,DISEASE 数据库的 Pathogen 字段重新组织病原体基因组与传染病的关系,该字段现在包含用于致病性和抗菌性特征模块的 Module 子字段,作为 BlastKOALA 服务器的一部分,可以用于识别病原体基因组中抗微生物药物耐药性基因的发现。

2.6 其他生物分子数据库

本章已介绍了一些关于核酸和蛋白质分子信息的基本数据库,而目前国际上还有很多实用的数据库,下面简单介绍几个。

2.6.1 dbSNP

遗传学研究的一个重要方面是建立生物分子序列变化与可遗传表型之间的联系,其中最常见的序列变化就是单核苷酸多态性(single-nucleotide polymorphisms,SNPs),SNP 作为新一代遗传标记,具有数量多、分布广、密度大等特点,已广泛应用于遗传学研究中。

单核苷酸多态性数据库 dbSNP(http://www.ncbi.nlm.nih.gov/snp/)是由 NCBI 与人类基因组研究所 NHGRI(national human genome research institute)协作创建的。收录包括 SNPs、微卫星变异、小范围的插入/缺失信息，还收录种群特异性等位基因频率信息和个体基因型等信息。

SNP 研究有很多优点：SNP 在基因组中分布相当广泛，在人类基因组中 500~1 000 个碱基就出现 1 次，但在已知 SNP 中，仅有不到 1% 的 SNP 造成蛋白质的变化，大量存在的 SNP 位点使人们有机会发现与各种疾病，包括肿瘤相关的基因组突变；从实验操作来看，通过 SNP 发现致病相关基因突变要比通过家系来得容易；有些 SNP 并不直接导致致病基因的表达，但由于它与某些致病基因相邻而成为重要的标记，这样的标记有助于发现致病基因；SNP 在基础研究中也发挥了巨大的作用。例如，近年来对 Y 染色体 SNP 的分析，使得人们在人类进化、人类种群的演化和迁徙领域取得了一系列重要成果。总之，SNP 研究是基因组领域理论成果走向应用的关键步骤，是联系基因型和表现型之间关系的桥梁。

2.6.2 NONCODE

NONCODE 数据库是中国科学院计算技术研究所生物信息学研究组和中国科学院生物物理研究所生物信息学实验室共同开发和维护的一个提供给科学研究人员分析非编码 RNA(noncoding RNAs，ncRNAs)基因的综合数据平台。该数据库是收集目前所有提交到 NCBI 上的非编码 RNA 数据而建立的一个二级数据库，不仅提供非编码 RNA 的基本信息，包括物种、类别、长度、序列等，还根据文献提供了二级注释，主要是非编码 RNA 的功能、在细胞生化过程中扮演的角色、作用方式、二级结构等。除此之外，NONCODE 数据库根据非编码 RNA 的功能过程提出一个标准的分类系统 PFCLASS，试图解决目前非编码 RNA 分类的混乱状态；在数据分析平台中，还为研究人员提供了 BLAST 序列比对服务，非编码 RNA 基因在基因组中定位以及它们的上下游相关注释信息的浏览服务。研究人员可通过 http://www.noncode.org/ 网站访问该数据平台。

2.6.3 miRBase

miRBase 序列数据库(http://www.mirbase.org/)是由英国曼彻斯特大学创建的一个提供全面 microRNA 序列数据、注释和预测基因靶标等信息的全方位数据库，也是目前最权威和完整的 microRNA 数据库。截至 2018 年 10 月，最新版本的 miRBase 数据库(v22)包含来自 271 个物种的发夹前体 microRNA 38 589 条。与前一版本相比，序列增加了 1/3 以上。这些发夹前体总共产生 48 860 个不同的成熟 microRNA。脊椎动物基因组包含数千个 microRNA；人类基因组包含 1 917 个带注释的发夹前体和 2 654 个成熟序列；无脊椎动物和植物的注释良好的基因组都包含数百个 microRNA(黑腹果蝇：258 个发夹前体，469 个成熟序列；秀丽隐杆线虫：253 个发夹前体，437 个成熟序列；拟南芥：326 个发夹前体，428 个成熟序列)。

miRBase 提供以下服务：miRBase 数据库可以检索已公布的 miRNA 序列和注释，每一个在 miRBase 数据库中的记录描述一个预测的 miRNA 转录物发夹部分(在数据库中用术语 mir 表示)和成熟 miRNA 序列的定位和序列信息(用术语 miR 表示)。①miRNA 的发夹和成熟序列可通过检索(searching)和浏览(browsing)获取，记录也可以通过名称、关键词、参考文献和注释进行检索，所有的序列和注释数据都可以下载。②Registry 主要用于提交新的 miRNA 序列，为发表前新的 miRNA 基因提供唯一的命名。Targets 数据库目前已经移至 EBI，并更名为 microCosm，microCosm 资源继续由 Enright group 管理维护。目前，miRBase 数据库中 miRNAs 关联到由 microCosm 预测的靶基因，将来 TargetScan 和 Pictar 会提供更广泛的靶基因预测综合服务。

2.6.4 Ensembl

Ensembl(http://www.ensembl.org)是一个综合基因组数据库，它是由欧洲生物信息学研究所(EBI)与 Sanger 研究所、Wellcome 基金会(Wellcome Trust Sanger Institute，WTSI)共同合作开发的一个系统。Ensembl 是一个有关人类基因组和其他物种基因组的全面的资源，为研究人员提供了一个全面的基因组信息库，包括基因数据存储、信息整合、数据分析以及生物信息可视化处理等功能。Ensembl 试图跟踪这些基因组的序列片段，并将这些片段组装成单个长序列，进而分析这些经过组装的 DNA 序列，搜索其中的基因，发现生物学家或医学工作者感兴趣的特征。此外，Ensembl 数据库还提供疾病、细胞等方面的信息，并且提供数据搜索、数据下载、统计分析等服务。至 2021 年，Ensembl 共收录有注释的 249 个物种的基因组数据。

Ensembl 于 2021 年 5 月推出了全新改版的 Ensembl 104 和 Ensembl Genomes 51。改版后不仅提高了用户访问数据库的速度，而且对网页也重新进行了设计，增强了数据库的易操作性。新页面由 4 个部分组成：定位(location)、基因(gene)、转录体(transcript)和变异体(variation)，4 个部分在网页顶端可以互相切换。"定位"部分包括不同分辨率的基因组序列图和比较形式的基因组序列图，显示该基因在基因组中的位置。"基因"部分包括基因的文本信息、该基因在基因组中的定位信息、Ensembl 数据库中该基因的直系同源基因和旁系同源基因以及该基因的变异情况等信息。"转录体"部分与"基因"部分类似，重点展示的是转录体结构等相关细节。"变异体"部分主要包括 SNP 等信息。另外，Ensembl 还参与了基因组 DNA 甲基化资源的创建工作，这些资源也将会收录在 Ensembl 数据库中。新一代基因组测序技术影响力的日益凸显，将给 Ensembl 中的数据变化带来更大的影响。

2.6.5 UCSC Genome Browser

UCSC Genome Browser 是由美国加利福尼亚大学圣克鲁斯分校(University of California Santa Cruz，UCSC)创立和维护的基因组浏览数据库(Genome Browser Database，GBD，http://genome.ucsc.edu)，是一个收录人类、小鼠和大鼠等众多物种基因组草图的开放数据库。数据库包含了大量的基因组数据、基因组间的比对信息、参考序列(mRNA、EST)和基因注释信息(ENCODE 项目)，还提供一系列的分析工具。用户可以快速可靠地浏览基因组的任何位置，并可得到与该位置相关的基因组注释信息，如已知基因、预测基因、表达序列标签、信使 RNA、CpG 岛、克隆组装间隙和重叠、染色体带型等。另外，用户在使用数据库及一些比较常用的工具(Genome Browser、Table Browser、Gene Sorter、Proteome Browser、VisiGene、Genome Graphs、BLAT 等)时，可以从相关站点获得大量的适时帮助，还可以写邮件到 genome@soe.ucsc.edu 获得帮助。

目前，GenArk(UCSC Genome Archive)共收录了 1 310 个基因组序列信息(表 2-8)。

GBD 为每一个新信息都提供了注释，也将这些信息和 GenBank 中的其他物种序列进行了比对。UCSC 将持续收录新的脊椎动物和非脊椎动物模式生物的基因组数据，将会与 NCBI 和 Ensembl 保持密切合作，为获得及处理新数据制定出标准化的流程，以保证所有机构的数据都是一致的。

表 2-8　UCSC 数据库中收录的基因组

hub gateway（数据库）	description（描述）
Primates	NCBI primate genomes（31 assemblies）
Mammals	NCBI mammal genomes（132 assemblies）
Birds	NCBI bird genomes（80 assemblies）
Fishes	NCBI fish genomes（110 assemblies）
Vertebrate	NCBI other vertebrate genomes（42 assemblies）
Invertebrate	NCBI invertebrate genomes（239 assemblies）
Fungi	NCBI fungi genomes（355 assemblies）
Plants	NCBI plant genomes（132 assemblies）
VGP	Vertebrate Genomes Project collection（210 assemblies）
Global Reference	Global Human Reference genomes，Jan 2020（10 assemblies）
Mouse Strains	16 mouse strain assembly and track hub，May 2017
Legacy	NCBI genomes legacy/superseded by newer versions（23 assemblies）

（引自 https：//hgdownload.soe.ucsc.edu/hubs/）

2.6.6　ExPASy

蛋白质分析专家系统（Expert Protein Analysis System，ExPASy）是由瑞士生物信息学研究所建立，主要用于分析蛋白质序列、结构和二维凝胶电泳，是蛋白质研究领域中著名的网站。通过 ExPASy，可以访问各种与蛋白质组相关的数据库和实用分析工具。

ExPASy 的数据库包括蛋白质知识库 UniProtKB、蛋白质家族和结构域数据库 PROSITE、二维凝胶电泳数据库 Swiss-2Dpage、酶学数据库 ENZYME、蛋白质结构模型数据库 Swiss-Model Repository 等。ExPASy 同时开发、集成了大量蛋白质分析相关的生物信息软件、及在线服务，其网址是 http：//www.expasy.org。

本章小结

生物信息学领域的数据库种类较多，分别面向生命科学研究的各个领域，因此难以全面地给大学生介绍。本章介绍了生物信息学各类常用的数据库，重点介绍了 GenBank、EMBL、DDBJ 三大核酸序列数据库和蛋白质序列数据库 PIR 及 UniProt。希望能使刚开始接触生物信息学的大学生对该领域最基本的数据库有较为清晰的认识。

思考题

1. 生物信息数据库大致可以分为哪四大类？
2. 生物信息一级数据库与二级数据库有何区别？

3. 国际上著名的核酸序列数据库有哪几个？它们之间的关系是什么？
4. 向 GenBank 数据库提交序列的软件有几种？各有何特点？
5. 简述 UniProt 包括的 4 个数据库之间的联系和特色。

推荐参考资料

1. 每年 1 月，*Nucleic Acids Research* 杂志的第一期都会中详细介绍最新版本的各种数据库，包括 NCBI、GenBank 和 EMBL 等．
2. 生物信息学．赵国屏，陈润生，等．科学出版社，2002．

第 3 章 数据库查询

随着大量生物学实验数据的积累，众多的生物学数据库也相继出现。我们在上一章介绍了常用核酸序列、蛋白质序列等生物大分子数据库。这些数据库大都存放在国际上一些著名的生物信息中心，这样大多数据库在内容方面得到了整合，在数据格式上得到了统一，为全世界的科研工作者提供快速、高效的数据库资源服务。如何从数据库海量的生物学数据中寻找有价值的信息成为数据库查询的重要问题。因此，本章以 NCBI 开发的 Entrez 系统、基因组数据库 Ensembl 和蛋白质序列数据库 UniProt 为例，介绍数据库查询的基本方法。

3.1 NCBI 查询系统 Entrez

3.1.1 NCBI 简介

美国国家生物技术信息中心（National Center for Biotechnology Information，NCBI），由美国国立卫生研究院（National Institutes of Health，NIH）于 1988 年创建。创办 NCBI 的初衷是为了给分子生物学家提供一个信息储存和处理的系统。该中心属于 NIH 的国立医学图书馆（National library of Medicine，NLM），凭借着 NLM 在创建和维护生物医学数据库上的丰富经验，NCBI 已成为当今世界上最大的基于 Internet 的用于分子生物学研究的生物医学研究中心。NCBI 除了维护 GenBank 数据库之外，还为医学和生命科学研究提供众多的分析与检索资源，包括 Entrez、PubMed、BLAST、Primer-BLAST、OMIM、Genome Data Viewer、SNP、Gene、Protein、ORF Finder 等多种资源。通过 NCBI 主页（图 3-1，https：//www.ncbi.nlm.nih.gov/）的 ALL Resources 页面可以了解所有数据资源，这些资源按照功能

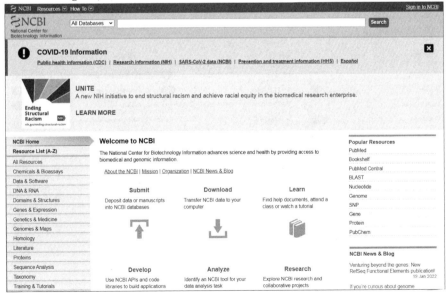

图 3-1 NCBI 数据库主页面

被分为数据库(Databases)、数据下载(Downloads)、数据提交(Submissions)和分析工具(Tools)4个部分,通过"How to"页面可以学习了解 NCBI 主要数据库和工具的使用方法。

作为一个国家分子生物学信息资源中心,NCBI 的使命是开发新的信息技术,帮助理解控制健康和疾病的基本分子原理和遗传过程。更特别的是,NCBI 负责开发用来存储和分析分子生物学、生物化学和遗传学知识的自动系统;为研究人员和医学团体提供使用方便的数据库和软件;协调收集国内外生物技术信息;为分析生物重要分子的结构和功能提供先进的基于计算机的信息分析处理方法。

NCBI 履行的职责包括:在分子水平上利用数学和计算机方法研究基本的生物医学问题;与 NIH 研究所、学术界、工业界和其他政府机构保持合作;通过主办会议、研讨会和系列讲座促进学术交流;通过美国国立卫生研究院院内研究项目(NIH Intramural Research Program)支持计算生物学基础和应用研究的博士后培训;通过学术访问项目(Scientific Visitors Program)吸引国际科学界成员参与信息学技术方面的研究和培训;为科学和医学领域开发、发布、支持并维护各种数据库和软件;开发和推进数据库、数据存储和交换,以及生物学系统命名。

3.1.2 Entrez 系统

NCBI 开发并维护的 Entrez 是目前国际上应用较为广泛的生物信息数据库查询系统。Entrez 是一个综合的数据库查询系统,它将序列、结构、文献、基因组、表达、系统分类等不同类型的数据库整合在一个平台进行查询。在 Entrez 主页上的"Search"对话框中输入关键词"all[filter]",Entrez 会显示其各数据库的记录总数。目前,Entrez 包括 35 个数据库,共分为 6 个大类,在检索框中输入关键词,经过一次查询便可获得相关数据库的结果信息(图 3-2)。

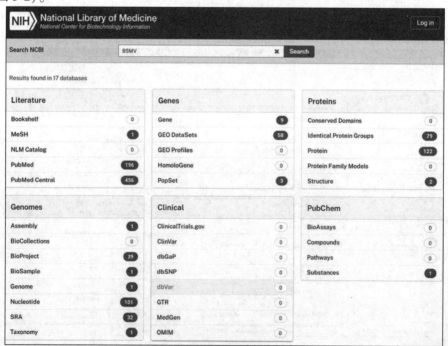

图 3-2 Entrez 全局查询页面

3.1.3 Entrez 数据库

下面将对 Entrez 包括的 35 个数据库的用途进行简要介绍，顺序按照 Literature、Genes、Proteins、Genomes、Clinical、PubChem 共 6 个大类所包含的数据库依次进行。

(1) Bookshelf 数据库

Bookshelf 是 NCBI 的 NLM 文献档案(LitArch)的图书部门，一个可在线搜索书籍、报告、数据库和其他生物学、医学与生命科学文献的数据系统。

(2) MeSH 数据库

医学主题词(medical subject headings, MeSH)是美国国立医学图书馆(NLM)研制的用于标引、编目和检索 PubMed 文献的英文受控词表，MeSH 术语提供了一种一致的方法来检索可能对相同概念使用不同术语的信息。

(3) NLM Catalog 数据库

NLM 设立的图书目录数据库，包括期刊、图书、计算机软件、录音文件和其他电子资源。每一条记录都可以链接到 NLM LocatorPlus 和具有相近题目或 MeSH 词汇的相关文件目录信息。

(4) PubMed 数据库

PubMed 是由美国国立医学图书馆国家生物技术信息中心开发研制的基于 Web 的网上医学文献检索系统，目前已收录超过 3 200 万篇来自 MEDLINE、生命科学期刊以及在线书籍的生物医学文献。

(5) PubMed Central 数据库

公共医学信息中心(PubMed Central, PMC)数据库是一个收录生命科学领域同行评审期刊(*Peer Reviewed Journals*)文献的数据库。所有参与 PubMed Central 的出版商也都必须在文献出版后 12 个月之内免费为 PubMed Central 提供全文文献，用户可以免费访问 PMC 中的全文文献。

(6) Gene 数据库

最权威的基因注释数据库，收录已测序物种的基因注释信息，包括基因概括、基因组结构、基因组定位、参考文献、表现型、基因变异、HIV-1 互作、通路注释、互作、基因功能、同源性、编码蛋白、序列信息及交叉引用链接。

(7) GEO DataSets 数据库

收录经过挑选后的基因表达数据集，以及收录在 Gene Expression Omnibus(GEO)数据库的原始序列数据以及相关的平台记录，同时提供基因表达数据聚类分析工具和差异表达查询等资源。

(8) GEO Profiles 数据库

收录由 GEO(Gene Expression Omnibus)数据库得来的单个基因表达谱数据，提供特定感兴趣基因注释的表达谱的搜索，提供预处理后的表达谱特征搜索与展示。

(9) HomoloGene 数据库

HomoloGene 数据库是一个在 20 种完全测序的真核生物基因组中自动检索同源基因的系统，包括直系同源与旁系同源。

(10) PopSet 数据库

PopSet 数据库包含用于群体进化或变异研究的比对序列(包括蛋白质、基因序列)，这些比对结果主要用于描述进化和群体变异等事件。

(11) Conserved Domain 数据库

蛋白质保守结构域数据库(CDD)，收集了大量蛋白质的保守结构域信息，研究者可以通过搜索蛋白质序列中所包含的保守结构域，从而分析和预测蛋白质的功能。

(12) Identical Protein Groups 数据库

包含在 GenBank 和 RefSeq 中注释的编码区中鉴定的蛋白质，以及 Swiss-Prot 和 PDB 数据库中的蛋白质记录。该数据库使研究人员能够有针对性地快速获取感兴趣的蛋白质。

(13) Protein 数据库

收录来源于 GenPept、RefSeq、Swiss-Prot、PIR、PRF 及 PDB 等蛋白质数据资源的蛋白质序列和注释数据。

(14) Protein Family Models 数据库

收集真核和原核生物中能够代表一类共同功能的同源蛋白质的模型，包括保守结构域模型、隐马尔可夫模型和基于 BLAST 比对的蛋白质功能分类模型。这些模型可以用于蛋白质结构和功能注释。

(15) Structure 数据库

结构(Structure)数据库又称分子模型数据库(Molecular Modeling DataBase，MMDB)，包括 X 射线晶体衍射和核磁共振实验方法得到的生物大分子结构数据，主要来源于 PDB 数据库。提供蛋白质三维结构信息及相关的可视化和结构比对工具。

(16) Assembly 数据库

提供有关基因组组装结构、装配名称和其他元数据、统计报告以及基因组序列数据链接等信息的数据库。

(17) BioCollections 数据库

一个有关培养物、动植物和其他自然样本收藏的元数据集，与 GenBank 中的序列记录相链接。记录显示样本状态，有关馆藏机构等信息，目的是将样本记录与其国内机构相关联。

(18) BioProject 数据库

收集与共享生物学研究项目信息的资源库，涵盖的项目类型包括常规组学研究的基因组、转录组、表观组和宏基因组等，并针对大型项目提供高效、安全、专业化的项目分级管理。

(19) BioSample 数据库

储存了提交者提供的关于生物材料的描述性信息或元数据，NCBI 主要数据档案中存储的数据来源于这些生物材料。

(20) Genome 数据库

收录了 1 000 多种已经完成测序的生物体全部基因组序列和定位数据，以及正在进行测序的物种阶段性发布的基因组信息。

(21) Nucleotide 数据库

核苷酸(Nucleotide)数据库集成了所有公开可获得的已注释 DNA 序列，2018 年后，GSS 与 EST 数据库并入到核苷酸数据库。

(22) SRA 数据库

SRA(Sequence Read Archive)数据库存储来自新一代测序技术所产生的序列数据。

(23) Taxonomy 数据库

生物分类(Taxonomy)数据库包含 NCBI 所有数据库中出现的物种信息,如生物的名称、系统发育谱系。

(24) ClinicalTrials. gov 数据库

ClinicalTrials. gov 于 1997 年由美国国家医学图书馆和美国食品与药物管理局共同创办,内容涉及各种疾病及其症状。2004 年后,开始对国际上临床试验进行开放。Clinical-Trials. gov 符合 ICMJE 要求,被列为公开化、国际化临床试验注册的典范。

(25) ClinVar 数据库

ClinVar 数据库是一个公共的临床医学突变数据库,收录临床中发现或报导的有证据支持的与人类疾病或健康状态有关的变异位点,并与多个疾病和卫生系统数据库交互应用。

(26) dbGaP 数据库

dbGaP 数据库收录大量以遗传多态为分子标记物的基因型和表型(疾病)关联性研究数据,这些研究包括全基因组关联、医学重测序、分子诊断及基因型与非临床性状之间的关联。

(27) dbSNP 数据库

dbSNP 数据库收录所有物种中发现的短序列多态和突变信息,包括单核苷酸多态(single nucleotide polymorphisms,SNP)、微卫星(microsatellite)、小片段插入/删除多态(in/del)等定位、侧翼序列和功能、频率信息,收录的 SNP 条目一般以"rs+数字"的形式表示。

(28) dbVar 数据库

dbVar 数据库收录了大规模基因组变异相关的信息,包括大片段的插入、缺失、易位、倒置和拷贝数多态(copy number variation,CNV)。该数据与 dbSNP 目前已经移除了全部非人类的变异数据。

(29) GTR 数据库

GTR(genetic testing registry)收录全世界范围内遗传性疾病检测的综合信息,提供了每项检测的详细信息(如检测目的、目标人群、方法、测量、分析有效性、临床有效性和订购信息)和实验室(如位置、联系信息、证书和许可证)。

(30) MedGen 数据库

MedGen 是 NCBI 医学遗传学相关的疾病和表型信息的门户网站,包含来自多个来源的术语列表,并将它们组织成概念分组和层次分组,还提供了 NIH Genetic Testing Registry(GTR)、UMLS、HPO、Orphanet、ClinVar、OMIM 和其他来源数据库相关的链接信息。

(31) OMIM 数据库

OMIM 数据库是一个不断更新的人类孟德尔遗传病的数据库,分别以疾病和基因为中心,阐述遗传变异介导的疾病(表型)相关基因情况及变异介导的基因参与不同疾病(表型)情况。

(32) BioAssays 数据库

BioAssays 数据库提供筛选生物活性化学物质的实验。从这个数据库中可以检索到每个生物实验的描述信息,包括实验条件和实验流程等。

(33) Compounds 数据库

Compounds 包含已验证过的化合物的描述信息,化合物主要来自 Substances 数据库。

(34) Pathways 数据库

Pathways 提供与基因、蛋白质和化学物质有关的分子通路信息。

（35）Substances 数据库

Substances 数据库收录各种数据库的化学样品，不仅对样品进行简单的描述，还可以链接到 PubMed 引文、蛋白质三维结构以及 PubChem BioAssay 中生物活性物质的筛选结果。

3.1.4 Entrez 查询

3.1.4.1 Entrez 全局查询

这里以大麦条纹花叶病毒（barley stripe mosaic virus，BSMV）为例，介绍该病毒的基因组、核酸序列和蛋白序列信息的获取方法。

（1）输入查询

进入 NCBI 主页，其缺省检索选项为 All Database（图 3-1），单击"Search"便可进入 Entrez 全局查询页面（也可以在浏览器中输入 Entrez 的地址：http://www.ncbi.nlm.nih.gov/gquery/）。在检索框中输入"BSMV"后，按回车或单击"Search"按钮，查询结果页面如图 3-2 所示。

（2）Genome 数据库查询结果

BSMV 是 RNA 病毒，首先了解一下它的基因组信息。单击全局查询页面的 Genome 即可查看基因组信息结果（图 3-3）。通过该结果页面可以了解到 BSMV 的基因组由 3 个 RNA 组成，是 3 组分 RNA 病毒。通过单击相应的登录/检索号便可以在新的页面中查看和下载相应的序列信息。

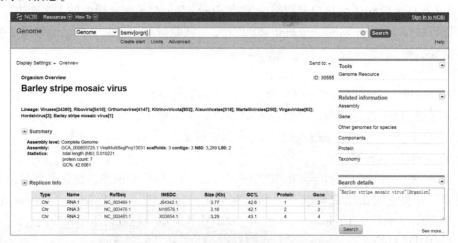

图 3-3 Genome 数据库查询结果页面

（3）核酸数据库查询结果

单击"Nucleotide"进入核酸数据库查询结果页面（图 3-4），这个页面中给出了 Genome 数据库中已经找到的 3 条 RNA 信息以及其他的一些相关序列信息，共计 101 条记录，其中 RefSeq 数据库中的序列是 NCBI 筛选过的非冗余数据，一般可信度比较高。通过页面左右侧的物种、分子类型、序列长度、数据库等可以对查询结果进行过滤筛选。

（4）蛋白质数据库查询结果

单击"Protein"进入蛋白质数据库的查询结果页面，这里可以找到 BSMV 转录的相关蛋白信息，同样也可以对查询结果进行过滤筛选。

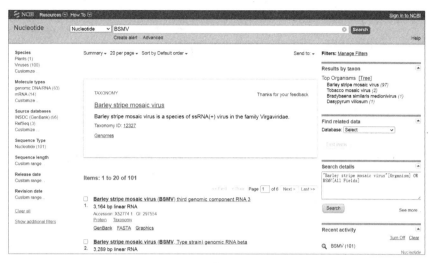

图 3-4　Nucleotide 数据库查询结果页面

3.1.4.2　Entrez Gene 查询

Entrez 全局查询可以同时对多个数据库完成检索，但检索结果的精确性相对较差，如想检索结果精确，需针对特定的数据库采用特定的方法进行查询。如果知道所研究基因的名称（即 Symbol），可以用 Symbol 在 NCBI 的 Gene 数据库检索。但需要注意的是，Symbol 是会经常改变的，即随着序列的升级，对该基因的研究更加深入，Symbol 会相应地改变，但基本上不会影响检索使用，因为 NCBI 仍然会保留旧的 Symbol，用旧的 Symbol 在 Gene 数据库搜索同样有效。另外需要注意的是，Gene 数据库的收集的基因都是 RefSeq 的，所以目前的物种还不是很多。

这里以人（学名 *Homo sapiens*）的著名抑癌基因 "Tumor Protein p53（TP53）"为例，介绍如何准确地查询该基因的详细信息。

(1) 输入查询

登陆 NCBI 首页，在数据库选择下拉菜单中选择 "Gene" 选项，如图 3-5 所示。然后在检索栏输入检索词或词组（图 3-6）。为了准确、快速地在 Gene 数据库中检索到需要的记录，可以输入多个检索词，还可以运用布尔逻辑运算检索。

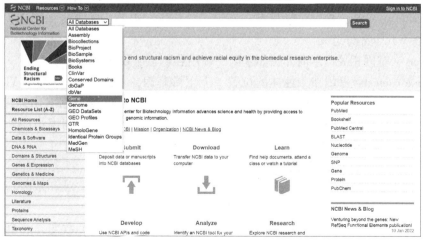

图 3-5　NCBI 首页及数据库选项下拉菜单

图 3-6　检索框输入"TP53 human"检索人的 TP53 在 Gene 数据库中的记录

(2) Entrez Gene 的记录显示格式

检索结果默认以表格(tabular)的形式显示,并按相关性(relevance)排序,每页显示 20 条记录,可以通过相应的下拉菜单对默认显示方式进行重新设置,如以摘要(Summary)形式显示,排序方式可以选择按照基因的分子量、名称或所在染色体进行排序(图 3-7)。

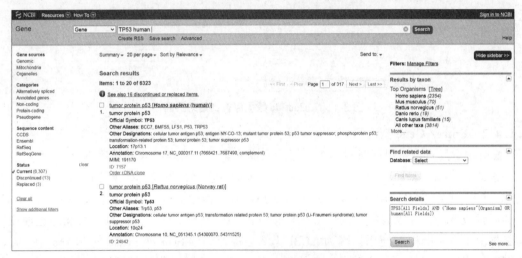

图 3-7　Entrez Gene 检索结果显示页面

(3) 高级检索

由图 3-7 可知一共检索到 5 727 条记录,如果达不到检索要求,可以进行高级检索,步骤如下:

①单击图 3-7 上方的"Advanced"标签,便进入高级检索页面。

②在高级检索页面 Builder 下的 All Fields 字段(所有字段)选择下拉菜单中选择 Organism 项,检索框输入"Human",然后在另一检索栏的字段下拉菜单选择 Gene Name 项,检索框输入"TP53",两个检索栏之间使用布尔逻辑运算符 AND 连接,然后单击"Search"即可(图 3-8),检索结果只有一条记录。检索结果的全文报告如图 3-9 所示,内容主要由以下几个部分组成:

Summary:基因相关信息简介,如基因的曾用名、其他数据库链接等。

Genomic context:基因在染色体的位置、上下游基因,通过 Genome Data Viewer 可以显示基因在染色体上的详细图谱。本例显示 TP53 基因定位于 17 号染色体 p13.1 的位置。

Genomic regions, transcripts, and products:基因的模式图,包括基因组序列、各转录本及翻译的蛋白质序列信息。

Expression:基于二代测序的基因在不同组织的表达模式。

Bibliography:基因的所有相关文献信息,包括 PubMed 收录的文献和基因功能相关的文献。

Phenotypes:基因相关的表型情况,包括相关的疾病信息、拷贝数变异及全基因组关联分析(GWAS)。

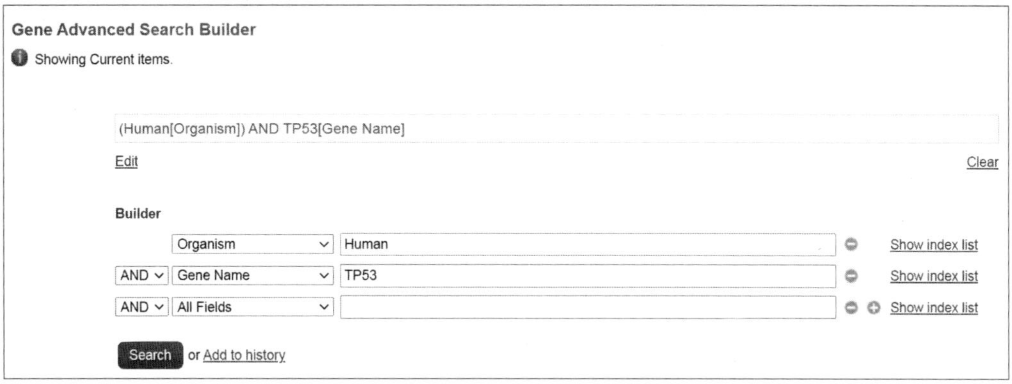

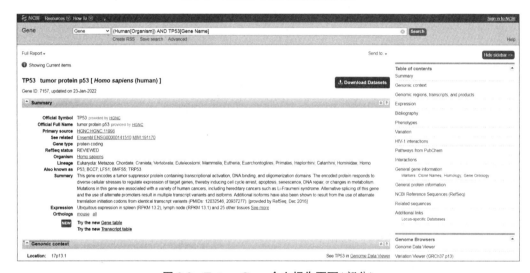

图 3-8　Entrez Gene 高级检索页面

图 3-9　Entrez Gene 全文报告页面(部分)

Pathways from PubChem：基因相关的通路，数据结果来自于各综合性的通路分析数据库。

General gene information：基因相关的 GO 分析结果。

NCBI Reference Sequences(RefSeq)：提供了基因的转录本及蛋白质信息，由于选择性剪接，基因可能会有一个或多个不同的转录本及翻译产物，其中登录号以"NM"(如 NM_001025366.1)开头的指的是 mRNA，以"NP"(NP_001020537.2)开头的指的是蛋白质，研究者可根据自己的需要来选择并单击相应的链接。RefSeq status 用于指明这个基因记录所对应的状态，REVIEWED 说明它已经被专家审核。

Related sequences：不同提交者提交的序列。

3.1.4.3　Entrez Nucleotide 查询

如果知道所研究基因的 Gene ID 或 Accession Number，那么会很容易快速地找到需要的基因信息。Gene ID 需通过 Entrez Gene 检索，而 Accession number 可以通过 Entrez nucleotide 检索。

例如，在 2006 年 *Genome Research* 的文章 *Organization of the Caenorhabditis elegans small non-coding transcriptome: Genomic features, biogenesis, and expression* 中出现了"The sequence data from this study have been submitted to GenBank under accession nos. AY948555 -

AY948719",如果对文中的某条(AY948555)或某些长度范围的序列感兴趣,那么可以通过下面的检索方式进行检索。

(1)输入查询

登陆 NCBI 首页,同图 3-5,在数据库选择下拉菜单中选择 Nucleotide 选项,然后在检索栏输入登录号 AY948555,也可以同时检索多条序列,只需要将序列的 Accession number 排列在一起,序列间用空格隔开即可。如果检索 AY948555~AY948719 之间,并且要求序列长度在 150~220 bp 之间,那么就需要使用高级检索,如图 3-10 所示,需要强调的是,检索框中的冒号需在英文状态下使用。

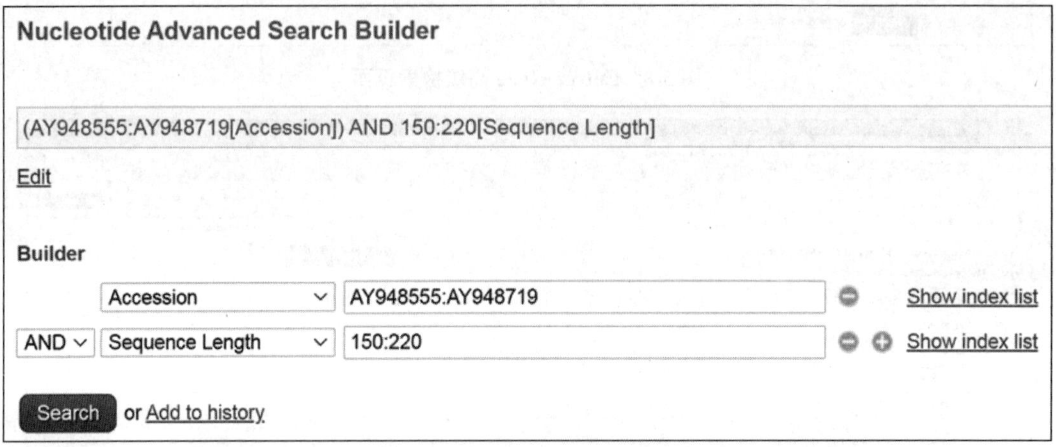

图 3-10 Entrez Nucleotide 高级检索页面

(2)Entrez Nucleotide 的记录显示格式

执行检索后,"AY948555"的检索结果默认以 GenBank 格式显示(图 3-11)。通过"Format"下拉选择框可以选择结果显示格式,常用的有 GenBank 和 FASTA 两种格式。GenBank 格式可显示较完整的基因序列记录,反映核苷酸序列的详细信息。如果要对基因序列做进一步分析,FASTA 格式是较好的选择。FASTA 格式仅包括该序列的简要特征,是序列最常用的书写格式,由两部分组成:第一部分以大于号开始,后面跟序列的名称或注释;第二部分是纯序列部分,只能写核酸或蛋白质的序列。

(3)序列的下载

一般来讲,下载序列常用 FASTA 格式,因此应在"Format"下选择"FASTA"。随即弹出的页面即为 FASTA 格式所显示的序列信息(图 3-12)。如果要下载序列,可在"Send to"选项中选择"File",单击"Create File",这样 FASTA 格式的 AY948555 序列信息就可以下载到本地计算机指定的文件夹中。其他格式序列信息的下载均与之类似。

3.1.4.4 序列注释的 GenBank 格式

Nucleotide 数据库记录结果可以用 GenBank、FASTA、Graphics 和 ASN.1 等格式显示。序列信息常用 FASTA 和 GenBank 两种格式显示,Graphics 可以将"Features"的注释信息以图形的形式直观展现,如序列含有几个基因、启动子的位置等。GenBank 格式文件是一种没有特殊格式的非二进制文件(flat file)。GenBank 格式中对序列信息分不同的字段(field)进行详细的标注(comment),如序列的名称、性质、提交及更新日期、来源物种、参考文献和特征等,其显示字段名及含义见表 3-1 所列。

```
Caenorhabditis elegans CeN1-1 snRNA, complete sequence
GenBank: AY948555.1
FASTA  Graphics

Go to:

LOCUS       AY948555                 164 bp    RNA     linear   INV 06-JAN-2006
DEFINITION  Caenorhabditis elegans CeN1-1 snRNA, complete sequence.
ACCESSION   AY948555
VERSION     AY948555.1
KEYWORDS    .
SOURCE      Caenorhabditis elegans
  ORGANISM  Caenorhabditis elegans
            Eukaryota; Metazoa; Ecdysozoa; Nematoda; Chromadorea; Rhabditida;
            Rhabditina; Rhabditomorpha; Rhabditoidea; Rhabditidae; Peloderinae;
            Caenorhabditis.
REFERENCE   1  (bases 1 to 164)
  AUTHORS   Deng,W., Zhu,X., Skogerbo,G., Zhao,Y., Fu,Z., Wang,Y., He,H.,
            Cai,L., Sun,H., Liu,C., Li,B., Bai,B., Wang,J., Jia,D., Sun,S.,
            He,H., Cui,Y., Wang,Y., Bu,D. and Chen,R.
  TITLE     Organization of the Caenorhabditis elegans small non-coding
            transcriptome: genomic features, biogenesis, and expression
  JOURNAL   Genome Res. 16 (1), 20-29 (2006)
   PUBMED   16344563
REFERENCE   2  (bases 1 to 164)
  AUTHORS   Deng,W., Zhu,X., Skogerbo,G., Zhao,Y., Fu,Z., Wang,Y., He,H.,
            Cai,L., Sun,H., Liu,C., Li,B., Bai,B., Jia,D., Wang,Y., Cui,Y.,
            Bu,D., Shen,Y. and Chen,R.
  TITLE     Direct Submission
  JOURNAL   Submitted (25-FEB-2005) Bioinformatics Group, Institute of
            Biophysics, Chinese Academy of Sciences, 15 Datun Road, District
            Chaoyang, Beijing 100101, China
FEATURES             Location/Qualifiers
     source          1..164
                     /organism="Caenorhabditis elegans"
                     /mol_type="transcribed RNA"
                     /db_xref="taxon:6239"
                     /clone="R20_46"
     ncRNA           1..164
                     /ncRNA_class="snRNA"
                     /product="CeN1-1 snRNA"
ORIGIN
        1 aaacttacct ggctggggt tatttcgtga tcatgaagac ggaatcccca tggtgaggcc
       61 tacccattgc acttttgggc gggctgaccc gtgtggcagt ctcgagttga gattcgccaa
      121 cagcttaatt tttgcgtatc ggggctgcgt gcgcgcggcc ctga
//
```

图 3-11　序列记录的 GenBank 格式

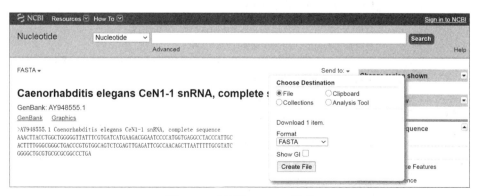

图 3-12　序列的 FASTA 格式

表 3-1 GenBank 格式不同字段的含义及包括的内容

字段名	含义	内容
LOCUS	基因座位	包括 LOCUS 名称、序列长度、分子类型、拓扑类型、GenBank 分类和修改日期 Locus Name：基因座名，如果基因在录入数据库时有基因名会以基因名的形式录入，如没有基因名将以登录号代替 Sequence Length：序列长度，即核苷酸的数目（单位 bp）或氨基酸的数目（单位 aa） Molecule Type：分子的类型，包括 genomic DNA、genomic RNA、precursor RNA、mRNA（cDNA）、ribosomal RNA、transfer RNA、small nuclear RNA 和 small cytoplasmic RNA GenBank Division：GenBank 的分类，共 21 个类别
DEFINITION	基因定义	对序列来源物种、基因名称或序列功能的简短描述

ACCESSION	登录号	也称检索号或注册号，序列的唯一识别码，这个号码将在参考文献中被引用，并始终和序列在一起；即使序列更改后，这个号码也不会改变；通常采用 1+5 或 2+6 格式，1+5 格式是指一个大写字母后跟 5 位数字（如 U12345），2+6 格式是指两个大写字母后跟 6 位数字（如 AY123456）；RefSeq 数据库中记录的登录号是由两个字母后跟一下划线再跟 6 个或更多的数字组成，例如：
		    NM_123456（指 mRNA）
		    NT_123456（指 constructed genomic contigs）
		    NP_123456（指 protein）
		    NC_123456（指 chromosomes）

VERSION	版本号	格式为"检索号.版本编号"，如果序列有改变，版本号会增加，但前面的 Accession Number 不会改变（如 U12345.1 变为 U12345.2）。GI 号会随着版本的不同而重新登记，GI 即"geninfo identifier"的简写，当一条序列改变后，它将被赋予一个新的 GI 号
KEYWORD	关键词	能够描述记录的关键词，主要用于数据库检索
SOURCE	来源物种	序列来源物种名称，可以是学名也可以是俗名 Organism：序列来源物种的科学命名（formal scientific name，包括属种与名种），以及该物种在生物进化树中所在分类位置（基于 NCBI 分类数据库）及谱系（lineage）
REFERENCE	参考文献	该序列的相关参考文献 AUTHORS：文献作者 TITLE：发表（未发表文献的标题） JOURNAL：发表的期刊名（常以 MEDLINE 格式的缩写形式出现） PUBMED：PubMed 收录的标识符（PMID），通过 PMID 可以在 PUBMED 中直接进行文献检索 Direct Submission：序列提交者的联系方式
COMMENT FEATURES	序列注释 序列特征	自由撰写内容，如致谢或者是无法归入前面几项的内容 具有特定的格式，用来详细描述序列特性 Source：每条记录必须标注的序列特征，指明序列的长度，序列来源物种的科学命名、生物学分类位置及其他信息 Taxon：Taxonomy 相关信息的编号，NCBI 分类数据库为每一分类级别（taxon，如种、属、科等）都安排一个分类的编号 CDS：编码区序列，指在核酸序列中能够翻译成蛋白质氨基酸序列的部分（该段核酸序列要有起始密码子和终止密码子） Protein_id：蛋白质序列的标识符，蛋白质序列的 ID 是 3 个字母后跟 5 个数字 Translation：由核酸序列翻译而成的氨基酸序列 Gene：一段被确认为是基因的区域并且已经命名 Complement：指明功能区域位于互补链上

(续)

字段名	含义	内容
BASE COUNT	碱基数目	碱基种类及数量
ORIGIN	序列源	是序列的引导行,该行为空行,序列数据在 ORIGIN 下显示碱基序列,以双斜杠行"//"结束

在一些记录的序列特征(Features)标题下,经常还会出现一些具体的副标题,反映序列的各种其他信息,这些副标题的含义见表 3-2 所列。

表 3-2 GenBank 格式序列特征副标题含义

副标题	含义	副标题	含义
allele	等位基因	exon	外显子
attenuator	弱化子	GC_signal	真核启动子的 GC_信号
CAAT_signal	真核启动子的 CAAT_信号	intron	内含子
CDS	cDNA	LTR	长末端重复序列
conflict	不同测序的差异	Mat-Peptide	编码成熟蛋白的的序列
enhancer	增强子	mRNA	信使 RNA
mutation	突变位点	satellite	卫星重复序列
polyA_site	mRNA 的 polyA 位置	sig_peptide	编码信号肽的序列
precursor-RNA	前体 RNA	snRNA	小核 RNA
prim_transcript	初始转录物	TATA_signal	真核启动子的 TATA_信号
primer	PCR 引物	Terminator	转录终止序列
promoter	启动子	tRNA	转运 RNA
protein_bind	蛋白质结合区	unsure	不能确定的区域
provirus	原病毒序列	-10_signal	原核启动子 Pribow_信号
RBS	核糖体结合位点	-35_signal	原核启动子的-35_信号
rep_origin	双链 DNA 复制起始区	3'UTR	3'非翻译区
repeat_region	包含重复子序列的区域	5'UTR	5'非翻译区
rRNA	核糖体 RNA		

3.2 基因组数据库 Ensembl

3.2.1 Ensembl 简介

Ensembl 支持比较基因组学、进化、序列变异和转录调控的研究,提供了高质量综合注释的的各种动物的基因组数据,这些基因组的注释都是通过配套开发的软件自动添加的,与 NCBI 的 NCBI Map Viewer 和 UCSC 是最为常用的基因组数据库。

Ensembl(http://asia.ensembl.org/index.html)主页面如图 3-13 所示,提供了多种查询方式。主页面下方显示了 Ensembl 提供的 6 个功能研究模块:跨物种基因比较(Compare gene across species)、SNP 和其他变异查找(Find SNPs and other variants for my gene)、基因表达组织差异分析(Gene expression in different tissues)、基因序列提取(Retrieve gene sequence)、数据显示查找(Find a data display)、用户数据分析(Use my own data in Ensembl)。主页面上方列出了 Ensembl 提供的主要 3 个研究工具：BioMart，从 Ensembl 输出定制数据集的数据挖掘工具；BLAST/BLAT，在基因组中查找 DNA 或蛋白质序列；变异效应预测器(variant effect predictor, VEP)，分析变异并预测已知和未知变异的功能性结果。

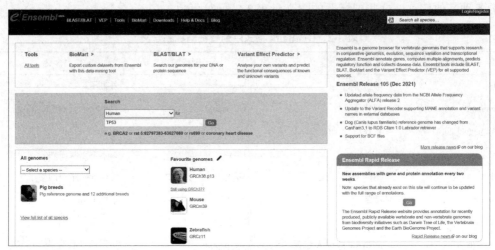

图 3-13　Ensembl 主页面

3.2.2　Ensembl 查询

Ensembl 数据库的功能极为强大和全面。上一节由 Entrez Gene 查询获知人的 TP53 基因定位于 17 号染色体 p13.1 的位置，下面我们再次以 TP53 为例，介绍如何从 Ensembl 获取 TP53 基因的详细信息。

3.2.2.1　通过基因名查询

在 Ensembl 主页面，可以通过右上角的快速文本窗口直接输入关键词查询，也可以通过页面中部的文本窗口查询，例如，在"Search"下的物种选择下拉菜单中选择"Human"，然后在检索栏中输入"TP53"，单击"Go"按钮即进入到如图 3-14 所示的结果页面。经查看第一条为所需基因信息，单击进入 TP53 基因的详细结果页面，默认显示 Summary 相关的注释信息(图 3-15)。

结果页面由导航栏、基本信息栏、注释信息显示窗口 3 部分组成。其中，导航栏的 Gene-base displays(基于基因的显示)包括基因的概要、序列、比较基因组、本体论、表型、遗传变异、基因表达、通路、调控、外部参照、支持证据和 ID 历史等项目，选择这些项目及其对应的分项，可以在注释信息显示窗口显示相应的注释信息；Configure this page(设置页面)：可以在序列和版本、基因和转录本、变异、体细胞突变、调控、信息和美化 6 类轨道中选择要显示的轨道及显示方式；Custom tracks(定制数据轨道)：用户可以添加自己的数据轨道；导航栏还包括 Export data(输出数据)、Share this page(分享页面)、Bookmark this page(收藏页面)。基本信息栏包括基因的描述、名称、染色体的位置及相关

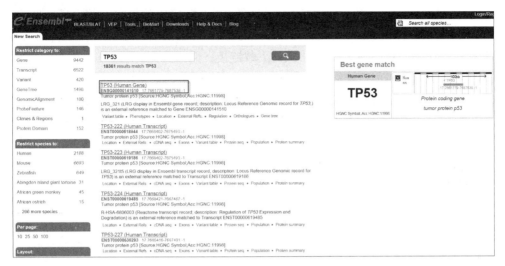

图 3-14 检索人"TP53"基因结果页面

图 3-15 Ensembl 的"TP53"基因详细结果页面

转录本信息,如单击"Splice variants"将以图谱的方式显示 TP53 基因多个转录本的剪切情况,单击"Show transcript table"会显示所有的转录本和蛋白质链接。注释信息显示窗口是由各种可视化的数据集组成,图谱左上方的控制按钮可以完成对图谱的设置、分享、调节大小、输出和下载等操作,注释信息显示窗口的内容由导航栏控制。

3.2.2.2 通过染色体查询

在 Ensembl 主页"All genomes"下的物种选择下拉菜单中选择"Human",也可以直接在"Favourite genomes"下单击 Human 的基因组链接,可选择新(2013 年测序)和旧(2009 年测序)两个版本的基因组信息(图 3-16)。Favourite genomes 下方列出了研究人员使用率较高的 Human(人)、Mouse(老鼠)、Zebrafish(斑马鱼)3 个基因组的链接。单击后，显示人的基因组页面(图 3-17)，页面左侧的"Genome assembly"部分包含基因组的核型(karyotype)等信息，也提供基因组序列 FASTA 格式的下载链接，页面右侧的"Gene annotation"部分包含基因组相关的编码基因、非编码基因、cDNA、蛋白质序列、ncRNA 等信息及下载链接。

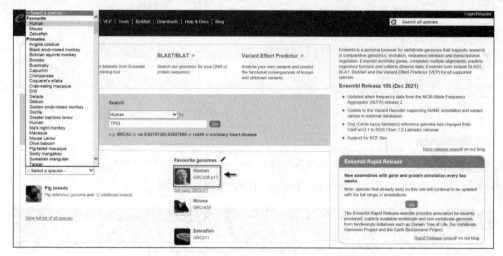

图 3-16　Ensembl 的"Human"查询页面

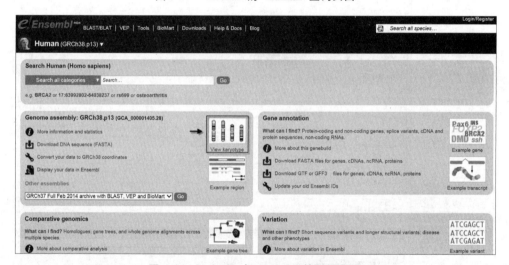

图 3-17　Ensembl 中"Human"基因组页面

单击图 3-17 中的"View karyotype"链接，将得到人的全部染色体图例页面(图 3-18)。由于 TP53 基因定位于人的 17 号染色体 p13.1 位置，所以单击图 3-18 的 17 号染色体，在弹出的窗口中选择"Chromosome Summary"，17 号染色体的概要图便全部显示(图 3-19)，包括编码基因、长链和短链非编码 RNA 基因、假基因分别在染色体不同区段的含量、CG 和卫星 DNA 的百分比。概要图下方给出了染色体的统计表，包括 17 号染色体的长度及上述各类基因的个数。继续单击 p13.1 位置条带，在弹出的窗口选择区间链接"17：6500001-10800000"(图 3-19)，此区间内的所有基因均将显示(图 3-20)。最后可以直接在图谱中寻找到 TP53 基因，然后单击该基因，在弹出的对话框中选择并单击该基因的 Ensemble 检索号，将如图 3-21 显示 TP53 基因在 Ensemble 数据库中的详细注释信息，也可以直接在该页面上方的检索框输入基因名查询。

第 3 章　数据库查询

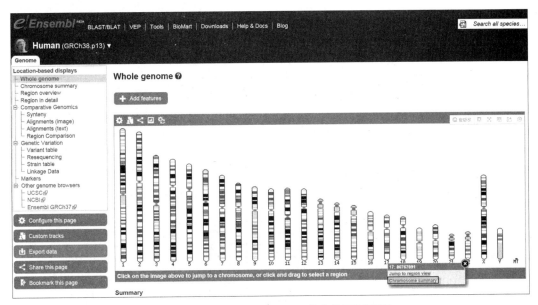

图 3-18　Ensembl 中"Human"染色体图例页面

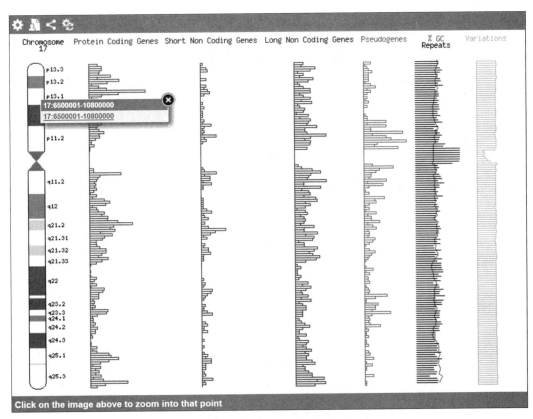

图 3-19　染色体的概要图

图 3-20 染色体区间概况图

Gene: TP53 ENSG00000141510

Description: tumor protein p53 [Source:HGNC Symbol;Acc:HGNC:11998]
Gene Synonyms: LFS1, p53
Location: Chromosome 17: 7,661,779-7,687,538 reverse strand.
GRCh38:CM000679.2
About this gene: This gene has 27 transcripts (splice variants), 252 orthologues, 2 paralogues and is associated with 398 phenotypes.
Transcripts: Hide transcript table

Show/hide columns (1 hidden)   Filter

Transcript ID	Name	bp	Protein	Biotype	CCDS	UniProt Match	RefSeq Match	Flags
ENST00000269305.9	TP53-201	2512	393aa	Protein coding	CCDS11118	P04637-1	NM_000546.6	MANE Select v0.95 Ensembl Canonical GENCODE basic APPRIS P1 TSL:1
ENST00000420246.6	TP53-204	2653	341aa	Protein coding	CCDS45606	P04637-2	-	GENCODE basic TSL:1
ENST00000622645.4	TP53-226	2653	302aa	Protein coding	CCDS73971	P04637-5	-	GENCODE basic TSL:1
ENST00000610292.4	TP53-219	2639	354aa	Protein coding	CCDS73969	P04637-4	-	GENCODE basic TSL:1
ENST00000455263.6	TP53-206	2580	346aa	Protein coding	CCDS45605	P04637-3	-	GENCODE basic TSL:1
ENST00000610538.4	TP53-220	2580	307aa	Protein coding	CCDS73970	P04637-6	-	GENCODE basic TSL:1
ENST00000620739.4	TP53-225	2579	354aa	Protein coding	CCDS73969	P04637-4	-	GENCODE basic TSL:1
ENST00000445888.6	TP53-205	2506	393aa	Protein coding	CCDS11118	P04637-1	-	GENCODE basic APPRIS P1 TSL:1
ENST00000619485.4	TP53-224	2506	354aa	Protein coding	CCDS73969	P04637-4	-	GENCODE basic TSL:1
ENST00000510385.5	TP53-213	2404	209aa	Protein coding	CCDS73968	P04637-8	-	GENCODE basic TSL:1
ENST00000618944.4	TP53-222	2404	182aa	Protein coding	CCDS73965	A0A087WXZ1	-	GENCODE basic TSL:1
ENST00000504290.5	TP53-208	2331	214aa	Protein coding	CCDS73967	P04637-9	-	GENCODE basic TSL:1
ENST00000610623.4	TP53-221	2331	187aa	Protein coding	CCDS73964	A0A087WT22	-	GENCODE basic TSL:1
ENST00000504937.5	TP53-209	2271	261aa	Protein coding	CCDS73966	P04637-7	-	GENCODE basic TSL:1
ENST00000619186.4	TP53-223	2271	234aa	Protein coding	CCDS73963	A0A087X1Q1	-	GENCODE basic TSL:1
ENST00000359597.8	TP53-202	1152	343aa	Protein coding	-	J3KP33	-	GENCODE basic TSL:1
ENST00000413465.6	TP53-203	1018	285aa	Protein coding	-	E7EQX7	-	GENCODE basic TSL:1
ENST00000509690.5	TP53-212	729	199aa	Protein coding	-	E7ESS1	-	TSL:4 CDS 3' incomplete
ENST00000508793.5	TP53-211	634	165aa	Protein coding	-	E7EMR6	-	TSL:4 CDS 3' incomplete
ENST00000604348.5	TP53-218	568	143aa	Protein coding	-	S4R334	-	TSL:4 CDS 3' incomplete

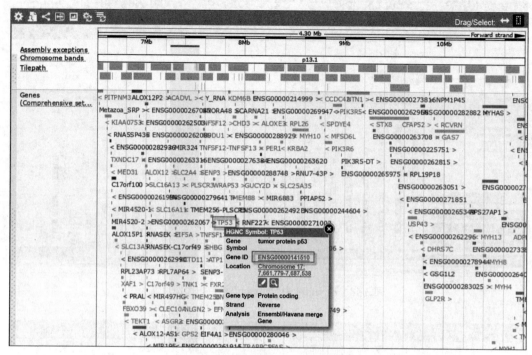

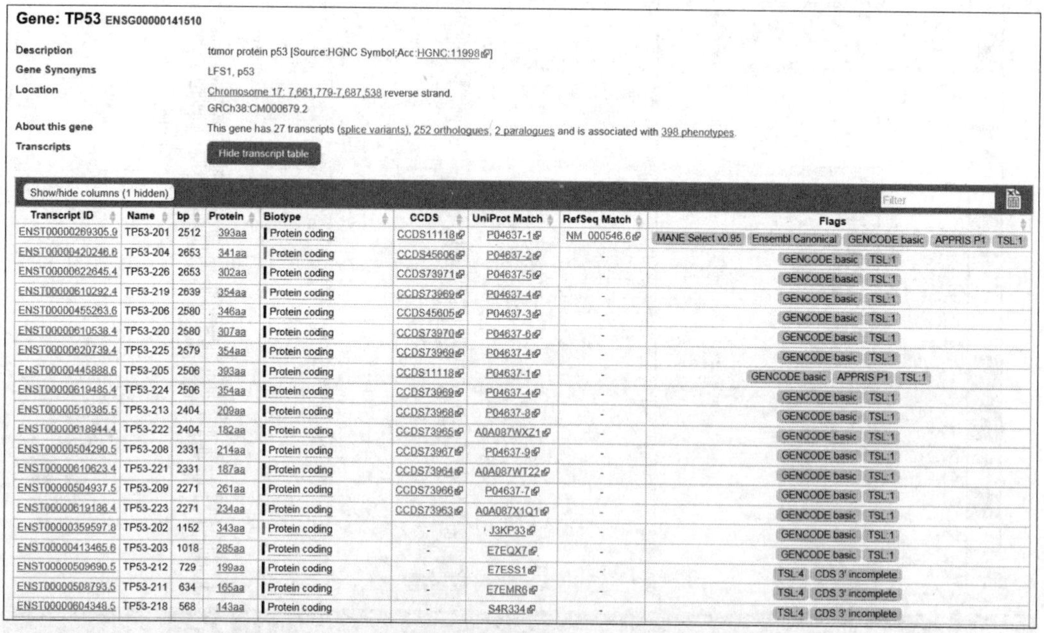

图 3-21 TP53 基因在 Ensemble 中的详细结果页面

3.3 蛋白质序列数据库 UniProt

3.3.1 UniProt 简介

UniProt(https://www.uniprot.org/)是国际知名的蛋白质数据库，主要包括 UniProtKB 知识库、Uniparc 归档库和 UniRef 参考序列集 3 部分。UniProtKB 知识库是 UniProt 的核心，除蛋白质序列数据外，还包括大量注释信息，其中 UniProtKB 下的 Swiss-Prot 是一个人工注释和审阅的蛋白质序列数据库，可信度较高，也是研究人员最为常用的数据库。UniProt 数据库为不同数据集提供了统一的检索界面，单击检索框左侧的下拉菜单，即可列出所有可检索的数据集，包括 UniProtKB 知识库、Uniparc 归档库、UniRef 参考序列集、Proteomes 蛋白组及文献、物种等辅助数据集，包括帮助文档也可以按关键词进行检索。此外，UniProt 数据库也支持基于布尔逻辑运算的高级检索，便于用户依据序列条目注释信息进行精确检索。

3.3.2 UniProt 查询

3.3.2.1 UniProtKB 知识库查询

本节仍以人的 TP53 为例，介绍如何在 UniProtKB 数据库中查找 TP53 的序列及注释信息。首先在 UniProt 数据库主页面检索框左侧的下拉菜单选择"UniProtKB"数据库，然后检索栏输入"Human TP53"(图 3-22)，单击"Search"按钮即可完成检索，也可以使用高级检索。

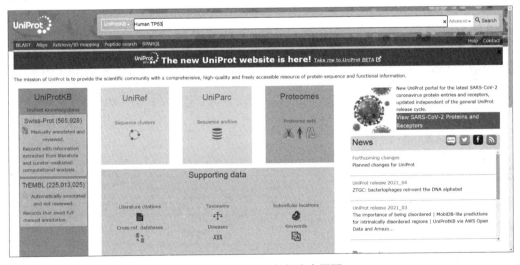

图 3-22 UniProt 数据库主页面

由图 3-23 结果列表页面可知，上述关键词检索到了许多蛋白质序列信息，可以通过左侧的物种、关键词、通路等选项对结果进行过滤筛选。结果列表上方的"Entry"为蛋白质序列在 UniProtKB 数据库中的检索号，"Entry name"为检索名，检索号与检索名的作用基本相同，都是序列在数据库中的唯一标识，后面依次为蛋白质名、基因名、物种及序列长度。结果列表中的黄色加星文档图标代表该序列是 Swiss-Prot 数据库中的信息，蓝色不加星文档图标代表该序列是 TrEMBL 数据库自动注释的结果信息。

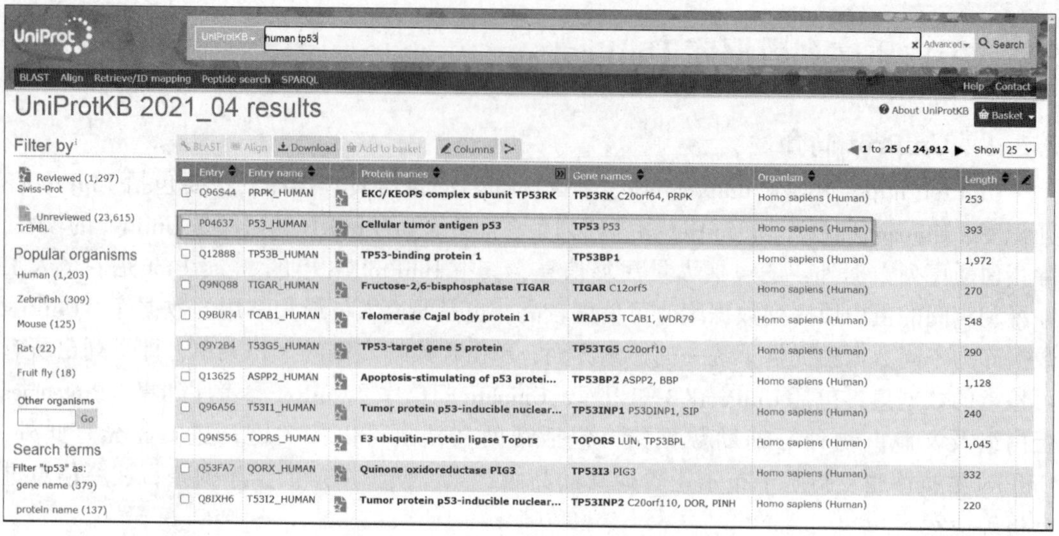

图 3-23 检索"Human TP53"结果页面

在本例中，通过蛋白质名和基因名可以确定结果列表中的第二条(方框)是所需检索结果。单击打开该记录，显示 TP53 的详细结果注释页面(图 3-24)。结果页面左侧为注释标签，选择任一标签便跳转至该标签相应的注释内容。结果页面上方是工具标签，可以进行序列比较、格式转换和存储等。工具标签下方是 TP53 序列的基本信息，包括蛋白质名称、基因名称、物种、是否属于 Swiss-Prot 注释蛋白，本例显示 TP53 属于 Swiss-Prot 注释蛋白，注释打分"Annotation score"为满分，表明该蛋白的注释非常全面，"Experimental evidence at protein level"表明注释信息在蛋白水平是有实验依据的。

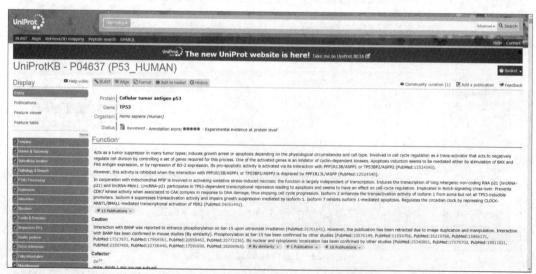

图 3-24 TP53 基因的详细结果注释页面(部分)

基本信息下方是 TP53 的详细注释内容，自上而下分别为：Function：详细地说明了该蛋白质的功能，并且提供相应的文献依据；Names & Taxonomy：蛋白质的名字(包括全称、缩写及别名)，所属物种的分类学等基本信息；Subcellular Location：蛋白质的亚细胞定位信息，也是 Swiss-Prot 中最重要的注释内容之一；Pathology & Biotech：蛋白质突变或缺失导致的疾病及表型信息；PTM/Processing：蛋白质翻译后修饰或翻译后加工的相关信息；Expression：基因在 mRNA 水平、细胞中蛋白水平或不同器官组织中的表达信息；Interaction：蛋白质相互作用的信息；Structure：蛋白质结构信息，包括二级结构和三级结构，可以通过页面的交互窗口改变蛋蛋白质三维结构的显示状态；Family & Domains：蛋白质的家族及结构域信息，还有与系统发生分析及结构域数据库的网站链接；Sequences：蛋白质序列信息，含有多个异构体的蛋白质会显示多条序列，还提供各种分析工具的链接，如 BLAST、ProtParam、ProtScale 等；Similar proteins：在 UniRef 数据库中找到与该蛋白相似的其他蛋白，分别按照一致性 100%、90%、50% 进行分组；Cross-references：列出了所有通往其他含有该蛋白质信息的数据库链接；Entry information：有关该记录的数据库录入信息、更改信息及免责声明；Miscellaneous：杂类，包含任何无法归入前几项的内容。

3.3.2.2　Proteomes 蛋白质组查询

Proteomes 即蛋白质组。UniProt 数据库中的蛋白质组数据，主要是指已经完成全基因组测序物种的核酸序列翻译所得的蛋白质序列。UniProt 中的每组蛋白质组数据都有特定的标识符，如人的蛋白质组的标识符为 UP000005640。通过 Proteomes 可以获得某物种蛋白质组包含的所有非冗余蛋白及注释信息。

例如，查找人的蛋白质组信息，在 UniProt 数据库主页面的数据库下拉菜单选择"Proteomes"选项，检索栏输入"Human"，单击"Search"按钮进行检索，便可以得到 Human 相关蛋白质组信息页面（图 3-25）。经过分析可知，第一条结果信息为我们要获取人的蛋白质组，单击对应的标识符/检索号（Proteome ID，UP000005640）便进入 Human 的蛋白质组页面（图 3-26），从图中可知，目前人的参考蛋白质组共计约 7.8 万条序列信息，其中 2 万多条经过人工审阅。在结果页面下部可以选择下载全部或感兴趣染色体的蛋白质序列信息（图 3-27）。

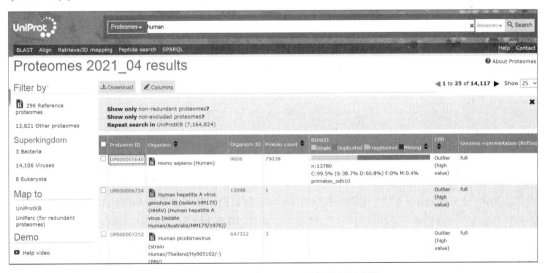

图 3-25　UniProt 中"Human"相关蛋白质组

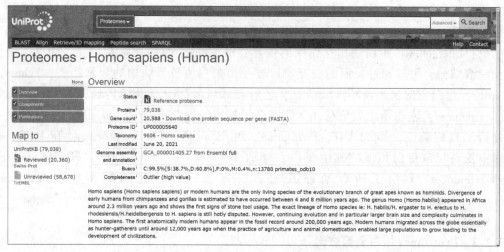

图 3-26 "Human"蛋白质组页面(部分)

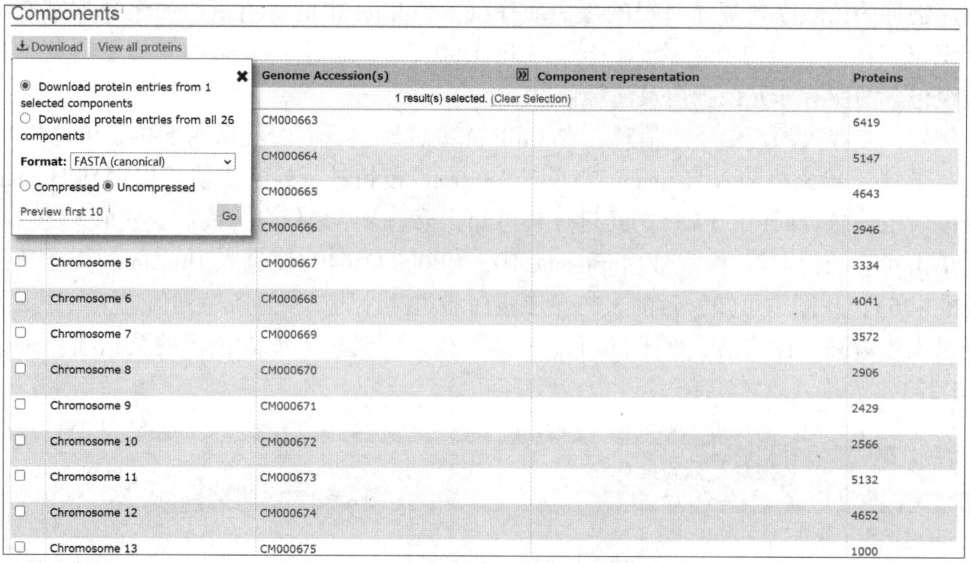

图 3-27 蛋白质组序列信息下载页面

本章小结

所谓数据库查询，是指对序列、结构以及各种二级数据库中的注释信息进行关键词匹配查找。本章重点以 NCBI 开发的 Entrez 系统、基因组数据库 Ensembl 和蛋白质序列数据库 UniProt 为例，介绍数据库查询的基本方法，并列举了一些应用实例，期望为读者在利用生物数据库进行相关科学研究的过程中提供帮助和借鉴。

思考题

1. 什么是 NCBI？其中包含的主要资源信息是什么？
2. 下面是从 GenBank 中查出的一条记录，你从中得到什么信息？

LOCUS MN685595 2 485 bp mRMA linear INV 30-AUG-2020

3. UniProtKB/Swiss-Prot 与 UniProtKB/TrEMBL 数据库的区别和联系是什么？

4. 在对一个基因的研究过程中，想确定它在哪些组织中表达，哪个数据库可以直接获取这类信息？

5. RefSeq 数据库和 GenBank 数据库有什么区别？

推荐参考资料

1. 生物信息学．李霞，雷健波．人民卫生出版社，2018.
2. 生物信息学．陈铭．科学出版社，2018.

第4章　序列比对与数据库相似性搜索

比较分析方法一直是生物学研究中最常用的一种重要方法，通过比较分析能够获取有用的信息与知识。在生物序列爆炸性增长的今天，比较生物序列之间的异同，研究生物序列之间的相互关系，揭示生物序列的功能、结构和进化信息已成为生物学研究的一项核心内容。生物序列之间的比较也称为序列比对，是生物信息学中最基本、最重要的操作，目前几乎所有生物信息学领域中都能看到序列比对的身影。

4.1　概述

4.1.1　序列比对的概念

序列比对（sequence alignment）也称序列联配，是为了确定两条或多条核酸（或蛋白）序列之间的相似性，运用某种特定的数学模型或算法，并依据特定的打分规则，将它们按照一定的方式排列在一起，找出两条或多条序列之间的最大匹配碱基或残基数，反映序列间相似性关系及其生物学特征（图4-1）。

```
Seq1--tttcattctgactgcaacgggcaatatgtctc--tgtgtggattaa
      |.||||||..||||||   |||||||||||    |||||||||||
Seq2 cttatcattctgtttgcaacgg--aatatgtctcaatatgtggatta-
```

图4-1　两条 DNA 序列的比对结果

根据同时参与比对的序列数，序列比对一般可分为双序列比对（pairwise alignment）与多序列比对（multiple sequence alignment）两类。

根据比对的目的或方式，序列比对可分为全局比对（global alignment）与局部比对（local alignment）两种方式。

全局比对就是从全长序列出发，对序列从头到尾进行比较，试图使尽可能多的字符在同一列中匹配，目标是基于它们全长序列获得最优匹配结果，强调的是整体的相似性。全局比对适用于相似度较高且长度相近的序列，是分子系统学中常用的方法。

局部比对是寻找序列中相似度最高的区域，也就是匹配密度最高的部分，关注的是部分序列的相似性。局部比对适用于在某些部位相似度较高，而其他部位差异性较大的序列。当序列长度差异较大，或具有相同的保守序列时，也应该利用局部比对进行分析。局部比对多用于分子结构与功能进化研究。

在生物学研究中，局部比对往往比全局比对更具有实际意义。区分这两类相似性和这两种不同的比对方式，对于正确选择比对方法是十分重要的。

序列比对就是为了确定序列间的相似性。序列相似性（sequence similarity）就是指序列间相同 DNA 碱基或氨基酸残基顺序所在比例的高低，是一种直接的量化关系。比如说 A 序列与 B 序列的相似性为 75%。如果两条或多条序列是由共同的祖先进化而来的，则称这些序列为同源序列（homology sequence）。序列之间要么是同源的，要么是非同源的，属于质的判断。就是说 A 序列和 B 序列的关系上,只有是同源序列或者非同源序列两种关系,而说 A 序列和 B 序列的同源性为 80% 都是不科学的。根据同源性特征的差异,同源序列分为直系同源序列(orthologous sequence)与旁系同源序列(paralogous sequence)两种类型。直系同源序列是不同物种内的同源序列,它们来自物种形成时的共同祖先基因。旁系同源序列是指在同一物种内通过类似基因复制的机制产生的同源序列。

序列的相似性和序列的同源性有一定的相关性,一般来说同源序列往往具有较高的相似性,序列间相似性越高,也往往越可能是同源序列。因此,我们经常通过序列的相似性来推断序列的同源性。正因为存在这样的关系,很多时候对序列的相似性和同源性就没有做很明显的区分,经常造成两个名词等价混用。所以,经常会听到有"A 序列和 B 序列的同源性为 80%"的错误说法。

序列相似性与序列同源性虽然有很大的相关性,但却不具有因果关系。例如,有些序列虽然相似,但却未必一定是同源的,也可能是纯粹的随机巧合;有些序列虽然是同源的,但未必一定是高度相似的。

4.1.2 序列比对的主要用途

序列比对是生物信息学中最基本、最常用的一种序列分析方法,广泛地应用于生物信息学的各个领域。从序列数据库搜索、序列拼接到基因蛋白质功能预测,以及进化树构建等,都依赖于序列比对。其常见的用途主要表现在如下几个方面:

①序列比对经常被用于系统发育分析与进化分析。序列比对可以分析序列间的相似性,相似高的序列往往具有同源性,因此,我们可以通过序列比对来判断序列的同源性,确定序列间的亲缘关系,进而研究序列之间的进化关系。序列比对是目前分子进化分析研究的最主要的手段之一。

②序列比对是数据库相似性搜索的基础。每当我们获得一条未知序列时,我们首先想到的就是通过序列比对,从数据库中搜索与此序列相似度高的序列,进而确定该序列的身份与生物属性。

③序列比对是序列拼接的基础。序列比对在基因组序列的组装拼接、EST 序列的拼接聚类等方面发挥着重要的作用。

④序列比对可以用来识别序列中的保守序列与功能基序。通过序列局部比对,可以鉴定蛋白质和核苷酸序列中潜在的序列和功能基序。

⑤序列比对能够用于序列的功能预测。序列间的高度相似性通常意味着功能的相似性,序列比对可以用来预测一个未知序列潜在的功能。

⑥序列比对是蛋白质结构预测一个重要途径。相似的序列往往具有相似的结构,通过序列比对,判断新序列与已知结构的蛋白质序列的相似性程度,进而对新序列的结构进行预测。

4.2 序列比对的打分系统

序列比对的根本目的就是寻找序列间相似性最高的匹配。在序列比对时,序列间的相似性程度往往是通过"打分"来衡量的。在序列可能的多种匹配方式中,得分越高的,其相似性就越高。因此,序列比对时要有一定的打分系统。打分系统是根据一定的赋分规则,为序列间各位点处的碱基或残基的完全匹配、替换、插入、缺失等对位形式赋予一定的分值，用于描述序列间的相似性程度。打分系统是由替换矩阵(substitution matrix)的选择和空位罚分(gap penalty)的参数设置决定的，打分规则的核心是奖励匹配位点，惩罚不匹配位点及具有空位的位点。打分系统对序列比对结果有直接的影响，因此选择合适的打分系统对于序列比对是非常重要的。

4.2.1 替换矩阵

替换矩阵也称作得分矩阵或计分矩阵(scoring matrix)，是由序列比对中各种匹配方式所赋分值信息组成的矩阵，详细地列出了各种字符(碱基或残基字符)替换的得分。替换矩阵是打分系统的基础，选择不同的替换矩阵将可能得到不同的比对结果。在实际应用中，没有一个矩阵适用于所有情况。因此，在序列比对中选择合适的替换矩阵将有助于合理地计算与评判序列之间相似度的高低，最终给出相似度最高的序列匹配形式。

为了让序列比对结果能够较好地反映生物学特征，在序列比对时不仅要考虑是否完全匹配，同时要考虑不完全匹配时各种替换对结构功能等生物学特征的影响。比如蛋白质序列中的某个氨基酸被另一个氨基酸替换后，可能并不会明显改变其原有的结构与功能，相对于那种能明显改变结构功能的替换在赋分时要有所区别。因此，在一些替换矩阵中，就考虑到了这种结构与性质的计分。另外，替换矩阵还会参考以自然界实际观测的突变替换情况统计结果来进行可观测变换计分。

用于核酸序列比对的替换矩阵相对比较简单，通常是匹配计正分，错配计负分。核酸替换矩阵主要有等价矩阵、BLAST矩阵、转换—颠换矩阵等。

用于蛋白质序列比对的替换矩阵要相对复杂一些。目前应用最为广泛的两类蛋白质替换矩阵为PAM矩阵和BLOSUM矩阵。

(1) PAM

PAM(point accepted mutation)矩阵是Margaret O. Dayhoff(1978)等基于进化的点突变模型，通过统计蛋白质家族相似序列比对中的各种氨基酸替换频率而建立起来的替换矩阵。Dayhoff及其同事研究了71组蛋白质序列(至少85%相似)中1 572种氨基酸变化来估计蛋白质中氨基酸的替换频率与相对突变能力(relative mutability)，发现蛋白质家族中氨基酸的替换并不是随机的。在某些位点上，两种氨基酸替换频繁，而且其相互替换并不会引起蛋白质功能上的显著变化，则说明自然界接受这种替换，因而也称为"可接受突变"。这种可接受氨基酸替换时，得分较高。利用氨基酸替换次数与相对突变力，构造出一个20×20的突变概率矩阵(mutation probability matrix)，这个矩阵给出了所有氨基酸之间的替换频率，Dayhoff等将该矩阵定义为PAM1突变概率矩阵。PAM1可以看作是一个进化变异单位，即1%的氨基酸改变。将PAM1突变概率矩阵自乘n次后，就会得到PAMn突变概率矩阵。因此，可以推演出一系列的PAM突变概率矩阵，如PAM30、PAM70、PAM120、PAM250等突变概率矩阵。自乘次数越多，也就是n值越大，表示亲缘关系就越远。将PAM突变概率矩阵中每个元素经过标准化处理(氨基酸i转换成氨基酸j的突变率除以氨基酸i的出现频度)，再取以10为底的对数后乘以10，这样就将PAM突变概率矩阵转换成了PAM似然得分矩阵(log-odds scoring matrix)，也就是用于蛋白质序列比对打分之用的PAM替换矩阵。相应地，PAMn突变概率矩阵能够转换为PAMn替换矩阵。常见的PAM

替换矩阵有 PAM30、PAM70、PAM120、PAM250 矩阵。根据待比较序列的长度以及序列间相似性程度来选用特定的 PAM 矩阵，以获得最适合的序列比对。实践中用得最多的矩阵是 PAM250(图 4-2)。总的来看，PAM 矩阵往往比较适合相似度比较高的序列的比对。

	A	R	N	D	C	Q	E	G	H	I	L	K	M	F	P	S	T	W	Y	V
A	2																			
R	-2	6																		
N	0	0	2																	
D	0	-1	2	4																
C	-2	-4	-4	-5	12															
Q	0	1	1	2	-5	4														
E	0	-1	1	3	-5	2	4													
G	1	3	0	1	-3	-1	0	5												
H	-1	2	2	1	-3	3	1	-2	6											
I	-1	-2	-2	-2	-2	-2	-2	-3	-2	5										
L	-2	-3	-3	-4	-6	-2	-3	-4	-2	-2	6									
K	-1	3	1	0	-5	1	0	-2	0	-2	-3	5								
M	-1	0	-2	-3	-5	-1	-2	-3	-2	2	4	0	6							
F	-3	-4	-3	-6	-4	-5	-5	-5	-2	1	2	-5	0	9						
P	1	0	0	-1	-3	0	-1	0	0	-2	-3	-1	-2	-5	6					
S	1	0	1	0	0	-1	0	1	-1	-1	-3	0	-2	-3	1	2				
T	1	-1	0	0	-2	-1	0	0	-1	0	-2	0	-1	-3	0	1	3			
W	-6	2	-4	-7	-8	-5	-7	-7	-3	-5	-2	-3	-4	0	-6	-2	-5	17		
Y	-3	-4	-2	-4	0	-4	-4	-5	0	-1	-1	-4	-2	7	-5	-3	-3	0	10	
V	0	-2	-2	-2	-2	-2	-2	-1	-2	4	2	-2	2	-1	-1	-1	0	-6	-2	4

图 4-2　PAM250 替换矩阵

（2）BLOSUM

BLOSUM(blocks substitution matrix)矩阵是由 Steven Henikoff 和 Jorja G. Henikoff 于 1992 年提出的另一种重要的氨基酸替换矩阵。BLOSUM 矩阵是基于近 1 961 个保守的氨基酸模块(block)中实际替换率的统计分析而建立起来的替换矩阵。BLOSUM 矩阵更加适合相似度低的氨基酸序列的打分与比对。常用的 BLOSUM 矩阵有 BLOSUM62、BLOSUM80 与 BLOSUM45。BLOSUM 后面的数值表示相似程度，数值越大，相似度就越高，如 BLOSUM80 是表示用那些相似度为 80% 的保守区块建立起来的矩阵，其他类同。其中 BLOSUM62 矩阵是 BLAST 工具默认的打分矩阵，应用非常广泛。图 4-3 给出了 BLOSUM62 替换矩阵的详细信息。与 PAM 矩阵相比，BLOSUM 矩阵更适合亲缘关系较远的氨基酸序列的比对分析。

	A	R	N	D	C	Q	E	G	H	I	L	K	M	F	P	S	T	W	Y	V
A	4																			
R	-1	5																		
N	-2	0	6																	
D	-2	-2	1	6																
C	0	-3	-3	-3	9															
Q	-1	1	0	0	-3	5														
E	-1	0	0	2	-4	2	5													
G	0	-2	0	-1	-3	-2	-2	6												
H	-2	0	1	-1	-3	0	0	-2	8											
I	-1	-3	-3	-3	-1	-3	-3	-4	-3	4										
L	-1	-2	-3	-4	-1	-2	-3	-4	-3	2	4									
K	-1	2	0	-1	-3	1	1	-2	-1	-3	-2	5								
M	-1	-2	-2	-3	-1	0	-2	-3	-2	1	2	-1	5							
F	-2	-3	-3	-3	-2	-3	-3	-3	-1	0	0	-3	0	6						
P	-1	-2	-2	-1	-3	-1	-1	-2	-2	-3	-3	-1	-2	-4	7					
S	1	-1	1	0	-1	0	0	0	-1	-2	-2	0	-1	-2	-1	4				
T	0	-1	0	-1	-1	-1	-1	-2	-2	-1	-1	-1	-1	-2	-1	1	5			
W	-3	-3	-4	-4	-2	-2	-3	-2	-2	-3	-2	-3	-1	1	-4	-3	-2	11		
Y	-2	-2	-2	-3	-2	-1	-2	-3	2	-1	-1	-2	-1	3	-3	-2	-2	2	7	
V	0	-3	-3	-3	-1	-2	-2	-3	-3	3	1	-2	1	-1	-2	-2	0	-3	-1	4

图 4-3　BLOSUM62 替换矩阵

4.2.2　空位罚分

在进化过程中，核酸或蛋白质序列除了会出现替换突变外，还经常会出现插入突变与缺失突变。有时插入或缺失 1~2 个碱基或残基，有时则会插入或缺失一段碱基或残基。为了更好地体现序列间的相似性，在序列比对时，往往在缺失处引入空位(gap)来弥补。空位可能会出现在序列之中，也可能出现在序列的两末端。空位可以是单个的，也可以是连续多个的。

在打分系统中，对于空位的出现，要进行罚分，即所谓的空位罚分(gap penalty)。究竟如何进行空位罚分，目前尚无一定的理论依据，往往是根据主观经验来确定的。空位罚分的高低对序列比对结果有直接的影响，如果空位罚分相对于替换矩阵而言罚分过高，那么比对序列中出现的空位就过少，会影响到其他区段相似性的最大化；相反地，如果空位罚分过低，那么比对序列中会引入过多的空位，会使序列比对结果面目全非。有时序列内空位与序列末端空位、单个空位与连续空位(也称空位扩展，gap extension)往往在打分系统中会有所区别。相对于序列内空位，序列末端空位往往罚分较低或不罚分。当然这需要根据具体的序列比对的实际情况与目的而定。另外，连续空位所罚分值并不是单个空位罚分的累加，而是存在额外的空位扩展罚分。在一个典型的计分方案中，空位扩展总的罚分 (w_k) 可以用公式 $w_k=a+bk$ 计算，其中 a 是空位设置罚分值，b 为空位扩展罚分值，k 为连续空位的长度。这里，a 和 b 两个参数大小设置对比对结果会产生明显的影响。

4.3 序列比对的算法

有了打分系统后，接下来就需要对序列可能的比对进行评分，寻找最优的序列比对方式，这些工作是需要设计有效的算法来实现的。为了能真正反映两条生物序列之间的最大相似性，序列比对时一般允许空位的出现。然而，一旦在序列比对中引入空位，序列比对将变得非常复杂。两条长度同为 n 序列之间，将会存在 $2^{2n}/\sqrt{n\pi}$ 种可能的全局比对方式。从这些大量的可能的比对方式中找出最优的比对方式来，运算量很大，是一件非常困难的事情。对于稍长一些的序列来说，如果要穷尽各种可能的比对方式，那么序列比对就几乎变得不可行了。因此，必须设计出特定的算法来有效地实现序列比对。目前，已经有许多关于序列比对的算法，下面将介绍一些常见的序列比对算法。

4.3.1 双序列比对算法

4.3.1.1 全局序列比对：Needleman-Wunsch 算法

Needleman-Wunsch 算法是由 Needleman 和 Wunsch(1970) 提出的一种用于双序列全局比对的经典算法。后来 Sellers(1974) 和 Gotoh(1982) 等人对其又进行了进一步的改进与发展，目前已广泛用于氨基酸与 DNA 的双序列全局比对。Needleman-Wunsch 算法无须穷尽各种序列比对方式来寻找最优比对结果，而是引入了动态规划的思想，并且允许空位的出现。该算法首先将参与比对的两条序列(长度分别为 m 和 n)分别沿纵横方向排列成一个双向表，以单个残基或碱基为单位，构建出一个包含 $(n+1)\times(m+1)$ 个单元的二维矩阵(图 4-4)，这样，序列比对问题就转化成一个从矩阵第一个单元出发逐步前行最终到达最后一个单元的问题。每向前移动一个单元都有 3 条路径(对角、垂直与横向)，每条路径都会根据打分规则赋予一定的分值，将每延伸一步的最高得分填充到对应的矩阵单元中，并用箭头标出最优路径，这样就形成一个有箭头标识的分值矩阵。最后，从分值矩阵的最后一个单元再回溯到第一个单元，寻找整个序列的最优比对方式。该算法的巧妙之处就在于利用动态规划策略将一个复杂的整体比对问题简化为一系列以单个残基或碱基为基本比对单元的小问题，然后将每个单元的最优比对途径汇总起来，给出整体比对的最优结果。

该算法是生物信息学中的基础算法之一，非常适合全局水平上相似程度较高的两条序列的比对。

4.3.1.2 局部序列比对：Smith-Waterman 算法

Smith 和 Waterman 于 1981 年在 Needleman-Wunsch 算法的基础上进行了改进，提出了一种用来寻找并比较具有局部相似性的动态规划算法——Smith-Waterman 算法。该算法在识别序列局部相似性时，具有很高的灵敏度，是生物信息学中序列局部比对的基础算法之

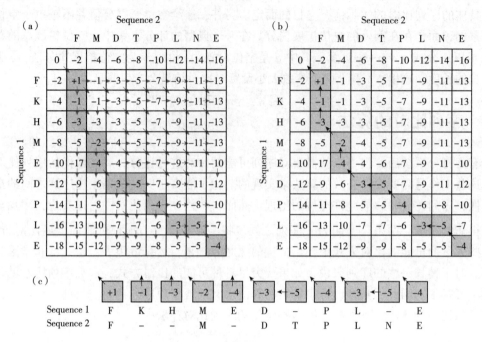

图 4-4 利用 Needleman-Wunsch 算法进行氨基酸双序列全局比对的过程(Jonathan Pevsner，2009)
(a)分值矩阵　(b)最优比对路径的回溯搜寻　(c)全局序列比对的最优比对结果

一，后来许多序列局部比对的算法都是基于这一算法开发和改进的，形成了改良的 Smith-Waterman 算法。目前，该算法是寻找相似性片段最常用的算法，非常适用于亲缘关系较远却具有局部相似性的序列比对，已经广泛地使用于序列同源性比较、数据库搜索等方面。

Smith-Waterman 算法的基本思想是：使用迭代方法计算出两序列的相似性分值，存在于一个得分矩阵中，然后根据这个得分矩阵，通过动态规划的方法回溯寻找最优的比对序列。

4.3.1.3　FASTA 算法

Smith-Waterman 算法能够保证找出两条序列的最优比对，但是它的速度慢，不能满足大量的双序列比对需要，尤其在数据库搜索比对中显得力不从心。因此，为了满足大量序列比对的需要，采用了启发式比对的策略，适当牺牲一点敏感度，成倍提高搜索比对速度。可用的启发式搜索比对算法很多，目前使用最为广泛的两种著名搜索比对算法为 BLAST 算法和 FASTA 算法。

FASTA 算法是 1985 年由 Pearson 和 Lipman 提出并在 1988 年做了进一步修改的双序列局部比对启发式算法，是第一个被广泛使用的数据库相似性搜索算法。其基本算法就是先将待比对的序列分解成一系列短的固定长度的 word(一般核酸为 2~4 个碱基，蛋白质为 1~3 个氨基酸残基)，这种长度就称为 k-tup(或者 k-tuple)。然后搜寻待比对序列与库序列之间共有的 word，进而定出一些全同片段；采用建立 hash 表的策略来加快这一搜寻过程。根据得分筛选出高于设定阈值的全同片段，然后将这些片段作为"种子"序列，尽量向首尾两个方向无空位延伸成长片段；尽可能将紧相邻的长片段连接起来，并排除那些不属于最佳全局比对的片段；最后，在一定宽度(32 个残基)的"条带"范围内，用 Needleman-

Wunsch 算法寻找最佳的全局比对。

FASTA 算法比对速度较快，非常适合大量的序列的双序列比对与数据库相似性搜索。

4.3.1.4 BLAST 算法

BLAST 算法是由 Altschul 等人在 1990 年提出的双序列局部比对算法。该算法与 FASTA 类似，其核心思想为"种子-延伸"，就是将待研究序列分解成重叠且长度为 w 的 word(通常蛋白为 3 个氨基酸残基，核酸为 11 个碱基)；不同的是，BLAST 进一步选出那些打分后分数高于 T 的 word，创建形成一个单词列表(word list)，将其作为种子序列；扫描数据库中序列，找出与单词列表中的每个 word 完全匹配的地方；运用动态规划的方法，尽量将种子序列向两端扩展延伸，直到不能再延伸(再延伸将导致分值下降)，经延伸得到的序列片段称为高分片段对(high scoring segment pair，HSP)，设定一个阈值 S，选出在数据库搜索中所有得分超过 S 的 HSP；最后，采用 E 值对选出的 HSP 进行统计显著性分析，根据得分高低与 E 值大小，给出比对搜索结果。

用 BLAST 算法可以进行序列相似性搜索，其算法速度要比 FASTA 快且同样灵敏。

4.3.2 多序列比对算法

多序列比对要比双序列比对复杂得多。当把动态规划的基本思想推广到多序列比对时，就是所谓的 N 维动态规划算法。上述的 Needleman-Wunsch 算法经适当改进后就可以直接用于多序列比对。但是，随着参与比对的序列数增长，这种算法的计算复杂度与运算时间将会急剧增加。因此，基于动态规划的算法并不太适合实际的多序列比对。为了降低运算复杂度，提高运算速度，目前，大多数实用的多序列比对程序都采用了渐进思想的启发式算法。这类方法不能保证产生一个最优比对，但可以找出一个近似最优的比对。

在这类渐进的多序列比对算法中，CLUSTAL 算法是目前使用最为广泛、最知名的算法。该算法是由 Feng 和 Doolittle 于 1987 年提出的。该算法的基本思想是：先将所有参与比对的序列进行两两比对，计算其相似性分值，建立距离矩阵，并构造系统进化指导树；然后以最相似的两条序列开始，逐步加入更多的序列来进行比对，不断重新构建比对，直至所有序列都被加入进来。

4.4 双序列比对及基本操作

4.4.1 双序列比对简介

双序列比对(pairwise alignment)是指两条序列参与序列比对，通过排列比对使两条序列间达到最大限度的匹配，以反映它们之间的相似性关系。双序列比对是最简单的序列比对方式，也是生物信息学中最基本的序列分析操作。

双序列比对的根本任务就是研究两条序列之间的关系。双序列比对能够用来判断两个蛋白质或基因在结构或功能上的相关性，也可以用来鉴定两条蛋白质共有的结构域与基序，同时也是数据库相似性搜索的基础。另外，双序列比对在比较基因组研究中也扮演着重要的角色。

4.4.2 双序列比对工具

目前，用于双序列比对的工具非常多。有的适合全局双序列比对，有的适合局部双序列比对；有网络版的，也有本地安装的；有商业化的，也有完全免费的；有些是独立软件，有些是包含于综合软件中的。双序列比对时，可以根据实际需要选择合适的比对软件（表 4-1）。

表 4-1 常见的双序列比对工具

程序名称	特征描述	网　址	参　考
Needle	Needleman-Wunsch 动态规划算法；全局比对；核酸或蛋白质	http://www.ebi.ac.uk/Tools/psa/emboss_needle/	Bleasby A，1999
Stretcher	改良动态规划算法；全局比对；核酸或蛋白质	http://www.ebi.ac.uk/Tools/psa/emboss_stretcher/	Longden I，1999（modified from Myers G and Miller W）
DNADot	点阵算法；全局比对；核酸	http://www.vivo.colostate.edu/molkit/dnadot/index.html	Bowen R，1998
LALIGN	动态规划算法；局部比对；核酸或蛋白质	http://www.ebi.ac.uk/Tools/psa/lalign/	Pearson W，1991（algorithm）
Matcher	动态规划算法；局部比对；核酸或蛋白质	https://www.ebi.ac.uk/Tools/psa/emboss_matcher/	Longden I，1999（modified from Pearson W）
Water	Smith-Waterman 动态规划算法；局部比对；核酸或蛋白质	http://www.ebi.ac.uk/Tools/psa/emboss_water/	Bleasby A，1999
Blast 2 sequences	BLAST 算法；局部比对；核酸或蛋白质	http://www.ncbi.nlm.nih.gov/blast/bl2seq/wblast2.cgi	Altschul et al.，1997
SSEARCH	Smith-Waterman 动态规划算法；局部比对，核酸或蛋白质	http://fasta.bioch.virginia.edu/fasta_www2/fasta_www.cgi	Pearson W，1981（Algorithm）

4.4.3 双序列比对工具的使用

4.4.3.1 双序列全局比对工具——Needle 的使用

Needle 程序是 EBI 网站上提供的一种用于双序列全局比对的网络版工具。直接输入网址 http://www.ebi.ac.uk/Tools/psa/emboss_needle/，就可以登录到 Needle 程序的主页（图 4-5）。

另外，也可以先登录到 EBI 网站的主页（http://www.ebi.ac.uk/）；然后，单击网页顶部导航栏中的"Tools"，并从其下拉菜单中选"Sequence Analysis"；然后点选"Pairwise Sequence Alignments"[图 4-6(a)]。在"Pairwise Sequence Alignments"页面中找到"Needle"，其后有"Protein"与"Nucleotide"两个选项，如果要比对蛋白质序列，就单选"Protein"；如果要比对核酸序列，就点选"Nucleotide"[图 4-6(b)]；最后进入 Needle 程序主页。

下面将以实例的方式简单介绍 Needle 程序的使用方法，具体步骤如下：

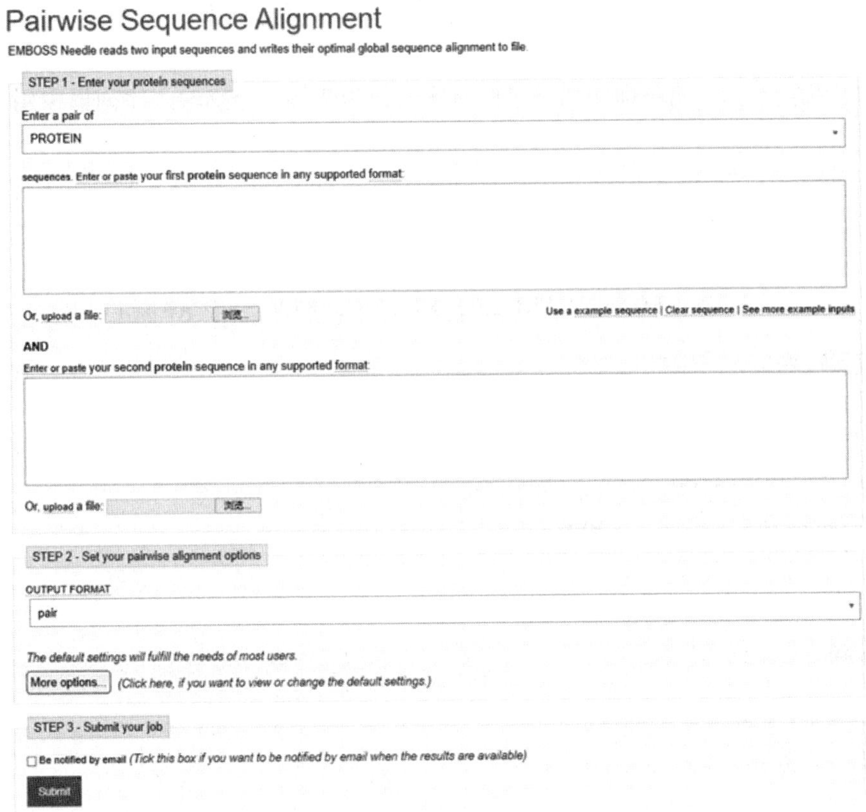

第 4 章 序列比对与数据库相似性搜索 65

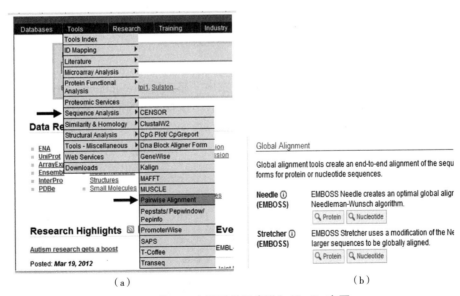

图 4-5 EBI 双序列全局比对程序 Needle 的主页

（a）　　　　　　　　　　　　　　（b）

图 4-6 从 EBI 主页开始逐步进入 Needle 主页

(1) 输入序列

在输入序列之前，首先要准备好序列数据。将参与比对的两条序列均以 GCG、FASTA、EMBL、GenBank、PIR、NBRF、Phylip 或 UniProtKB/Swiss-Prot 中的任何一种格式分别存放于一个 text 文件中。输入序列的方式有两种：一种是通过复制粘贴或手工直接输入的办法，将两条序列分别输入 Needle 程序的两个大的序列框中；另一种是通过文件上传的方式，分别输入两条序列。

例如，我们在这里将下面的两条蛋白质序列作为实例，分别输入序列框中用于双序列全局比对(图 4-7)。

>Seq1
MAANLSREQYLYLAKLAEQAERYEEAYKLVLSSTPAALTV
>Seq2
MAASREQNVYMAKLAEQAERYEEKYKLVLSVTPAAELTVER

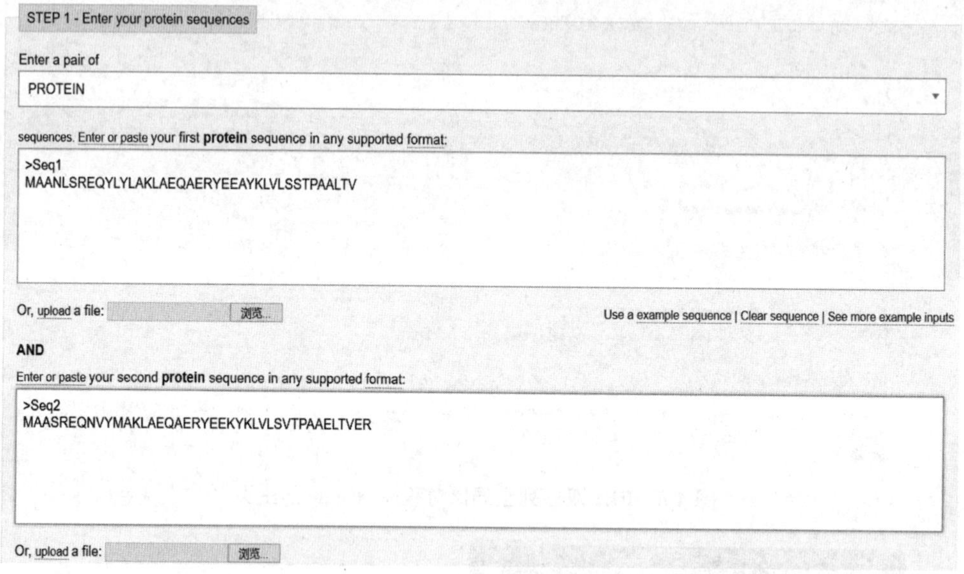

图 4-7　输入参与比对的序列

(2) 设置比对参数

在"Set your pairwise alignment options"一栏中，单击"More options"按钮，然后根据实际需要对"MATRIX""GAP OPEN""GAP EXTEND""OUT FORMAT""END GAP PENALTY""END GAP OPEN""END GAP OPEN"和"END GAP EXTEND"等参数进行设置。如果没有特殊要求，也可以采用默认设置。在这里的实例中，我们采用了默认设置(图 4-8)。

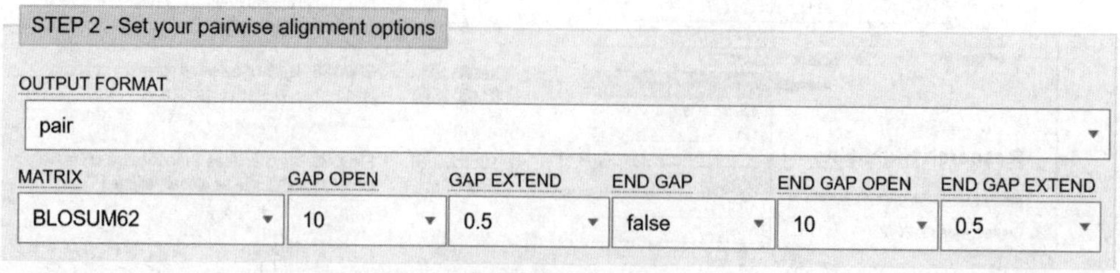

图 4-8　设置比对参数

(3) 提交

在序列输入与参数设置完成后，单击最下面的"Submit"按钮，开始执行双序列全局比对。

比对结果以网页的形式返回，如图 4-9 所示。

```
#=======================================
#
# Aligned_sequences: 2
# 1: Seq1
# 2: Seq2
# Matrix: EBLOSUM62
# Gap_penalty: 10.0
# Extend_penalty: 0.5
#
# Length: 43
# Identity:     33/43 (76.7%)
# Similarity:   35/43 (81.4%)
# Gaps:          5/43 (11.6%)
# Score: 135.5
#
#
#=======================================

Seq1           1 MAANLSREQYLYLAKLAEQAERYEEAYKLVLSSTPAA-LTV--     40
                 |||  ||||.:|:|||||||||||.||||||.||||  |||
Seq2           1 MAA--SREQNVYMAKLAEQAERYEEKYKLVLSVTPAAELTVER    41
```

图 4-9　Needle 的双序列全局比对结果

在序列比对结果中，"|"表示两序列中氨基酸残基相同，":"表示氨基酸残基非常相似，"."表示氨基酸残基有点相似，序列中出现的"-"表示序列内插入的空位，序列末端出现"-"表示序列末端补齐的空位。通过使用 Needle 程序，实现了两条蛋白质序列从头到尾的全局比对。

4.4.3.2　双序列局部比对工具——Matcher 的使用

Matcher 程序是 EBI 网站上提供的一种用于双序列局部比对的网络版工具。直接输入网址 https://www.ebi.ac.uk/Tools/psa/emboss_matcher/，就可以登录到 Matcher 程序的主页（图 4-10）。与进入 Needle 程序主页面类似，Matcher 程序也可通过先登录 EBI 网站主页，然后依照下面的一系列单击进入："Tools"→"Tools Index"→"Tools at the EBI"→"Pairwise Sequence Alignments"→找到"Matcher"，单选其后的"Protein"或"Nucleotide"→进入 Matcher 程序的主页。

接下来，以下面的两条 DNA 序列作为例子介绍 Matcher 程序的使用方法。

>seq1

gcggactggtaccatctgtacctgatcttcgt

>seq2

gactaccaactgtaccctgatctt

Matcher 程序的具体操作步骤如下：

（1）输入序列

将上面两条 DNA 序列分别输入两个序列框中（图 4-11）。另外，也可以通过文件上传的形式，输入序列数据。

（2）设置比对参数

在"Set your pairwise alignment options"一栏中，可以对搜索参数进行设置。首先可以通过下拉菜单设置"OUT FORMAT"。

另外，如果用户还需要改变其他更多的参数，可以单击其下的"More options"按钮，

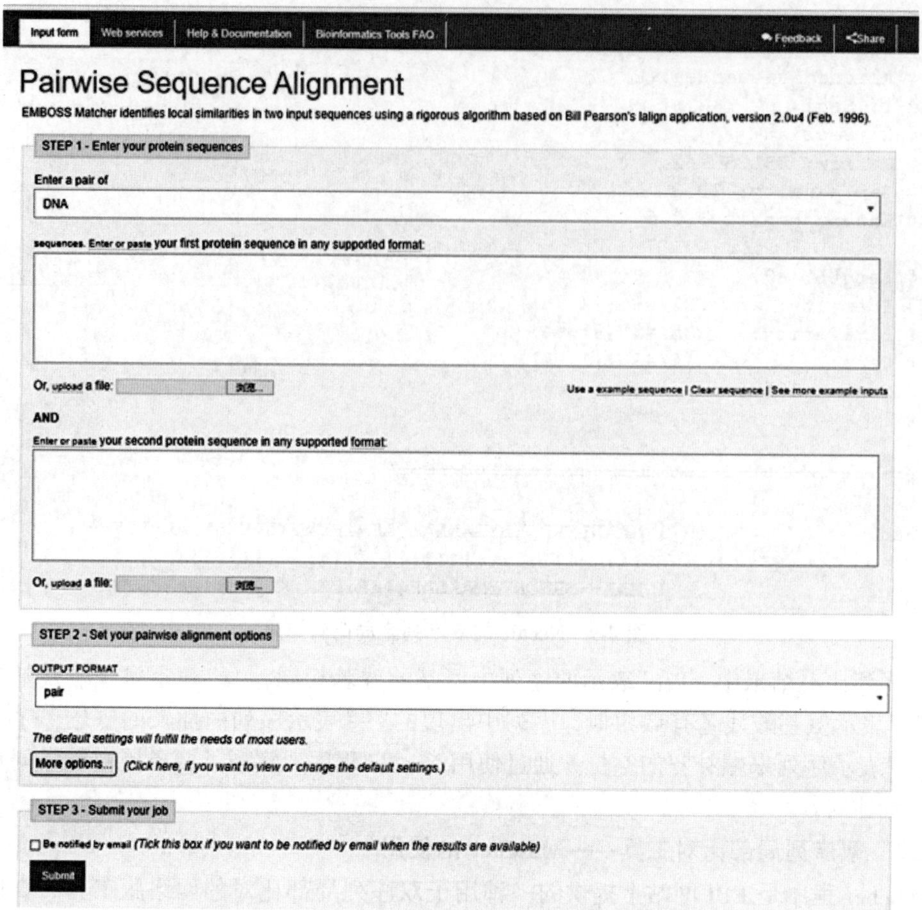

图 4-10　EBI 双序列局部比对程序 Matcher 的主页

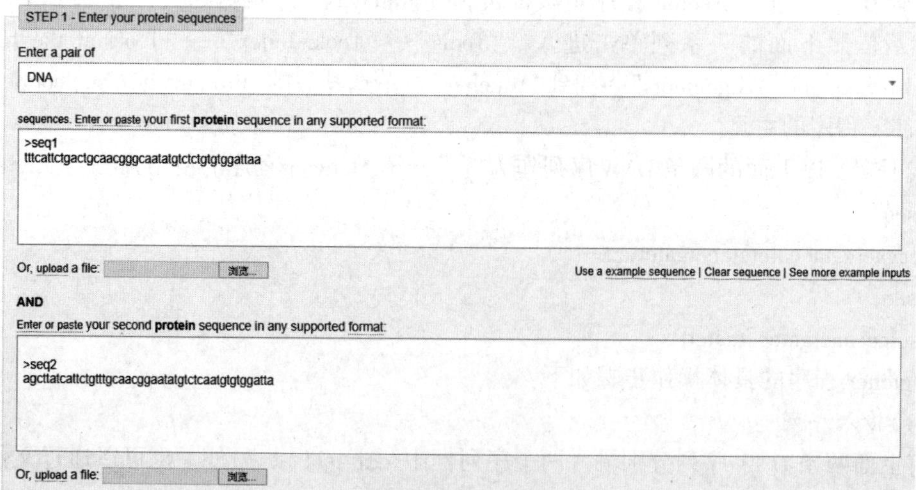

图 4-11　输入参与比对的 DNA 序列

然后向下展开一个参数设置菜单，用户可根据实际需要对"MATRIX""GAP OPEN""GAP EXTEND"和"ALTERNATIVES MATCHES"等参数进行设置（图 4-12）。在这里的实例中，我们采用了默认设置。

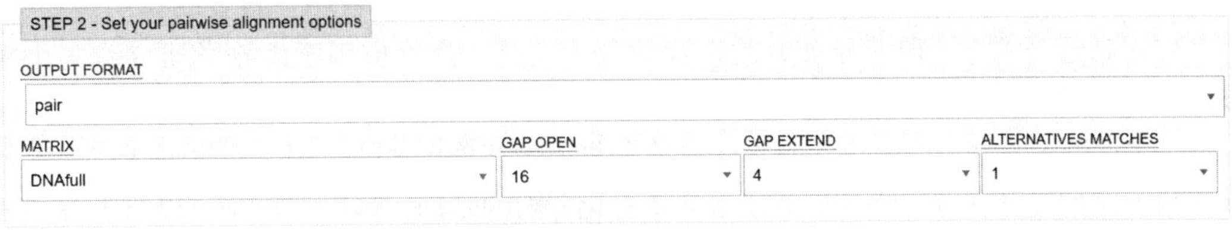

图 4-12 设置序列比对参数

(3) 提交

在序列输入与参数设置完成后，单击最下面的"Submit"按钮，开始执行双序列局部比对。

比对结果以网页的形式返回，如图 4-13 所示。

```
#=======================================
#
# Aligned_sequences: 2
# 1: seq1
# 2: seq2
# Matrix: EDNAFULL
# Gap_penalty: 16
# Extend_penalty: 4
#
# Length: 21
# Identity:      19/21 (90.5%)
# Similarity:    19/21 (90.5%)
# Gaps:           1/21 ( 4.8%)
# Score: 75
#
#
#=======================================

seq1           10 TACCATCTGTACC-TGATCTT     29
                  |||||.|||||||| |||||||
seq2            4 TACCAACTGTACCCTGATCTT     24


#---------------------------------------
#---------------------------------------
```

图 4-13 Matcher 软件的局部比对结果

在序列比对结果中，"｜"表示两序列中碱基相同，序列中出现的"-"表示序列内插入的空位。该比对结果并不是从头至尾的比对，seq1 序列中第 10~29 个碱基区段与 seq2 序列中第 4~24 个碱基区段展现了局部相似。

4.5 多序列比对及基本操作

4.5.1 多序列比对简介

在实际的序列分析中，除了要明确两条序列间的相似性关系外，往往更多的是需要揭示多条序列之间的相似性关系。某些在生物学上有重要意义的相似性只有通过多条序列的比对才能识别。

多序列比对(multiple sequence alignment)就是指 3 条或更多的序列参与序列比对，通过排列比对使多条序列间达到最大限度的匹配，以反映它们的相似性关系，发现多条序列的共性与差异。多序列比对是建立在双序列比对基础之上的，可以看作是双序列比对的延伸。因此，它们的原理和方法基本相似。只是多序列比对更为复杂，运算量剧增，需要采用有利于降低运算量的算法才能有效地实现多序列比对。

多序列比对在阐明一组相关序列的重要生物学功能方面起着相当重要的作用。如今，多序列比对已经成为一种十分有力的生物学分析工具，广泛应用于生物学研究的各个领域。其最主要的用途有如下 4 个方面：

①多序列比对在系统发生、重建与进化分析中发挥着重要的作用。多序列比对几乎是所有基于序列信息进行系统发生重建与分子进化分析的基础。多序列比对可以告诉我们多条序列中哪些是共有的祖先序列，哪些是在进化历程中由于突变、插入、缺失等原因造成的变异序列，由此来研究多条序列之间的同源性关系，构建进化树，进而研究多条序列之间的系统发生及其进化关系。多序列比对的质量对进化树的可靠性有显著的影响。

②多序列比对可以用于功能预测。随着功能基因组时代的到来，研究大量序列信息所蕴含的生物学功能是当前非常急迫的事情。在用生物信息学预测基因功能和蛋白质功能方面，已发展出了许多预测方法。但目前使用最多的有效方法仍然是同源预测法。相似的序列往往具有相似的功能，这是同源预测法的理论基础。多序列比对正好可以揭示多条序列之间的相似性，可以找出多条序列共有的保守区域以及变异区域。如果待研究的序列与已知功能的序列高度相似，则可由此推断它们可能的功能。另外，在序列中高度保守的区域往往是重要的功能区，多序列比对可以帮助我们搜寻序列中类似的区域。因此，多序列比对是功能预测的一个重要手段之一。

③多序列比对可应用于蛋白质结构预测。相似的蛋白质序列预示着结构的相似性，准确的序列比对可以为结构预测提供一个可行的途径。因此，人们开发了基于多序列比对的蛋白质二维结构预测方法与三维结构预测的方法。例如，同源建模法（homologous modeling）与折叠识别法（fold recognition）是常用的蛋白质三维结构预测方法，它们都是以序列同源性作为预测基础的。利用这两种方法来进行蛋白结构预测时，首先需要进行的就是多序列比对分析，而且多序列比对的质量对结构预测的准确性也有直接的影响。随着多序列比对方法的发展与蛋白质结构数据的不断增加，通过同源序列进行多序列比对预测蛋白质结构的准确性会越来越高。

④多序列比对有助于发现基因家族或蛋白质家族的序列特征。同一家族的基因序列或蛋白质序列具有共同的序列特征。通过对同一家族的成组序列进行多序列比对，可以研究这些序列之间的相似性关系，从中找出保守位点与变异位点，进而揭示出家族的序列特征。同时，也可以通过多序列比对来判断某些序列属于哪个基因家族或蛋白质家族。

4.5.2 多序列比对工具

目前，已经发展出许多种多序列比对工具。这些工具所采用的算法可能并不相同，而且也具有不同的特征与适用范围。一些多序列比对工具既可进行全局比对，也可进行局部比对；而有些则侧重其中一种。在多序列比对时，我们可以根据实际情况，选择适合的工具。表 4-2 中列出了一些常见的多序列比对工具。

表 4-2　一些常见的多序列比对工具

程序名称	特征描述	网　　址	参　考
ClustalW	渐进算法；全局或局部比对；适用于 DNA 或蛋白质	http://www.ebi.ac.uk/Tools/msa/clustalw2/	Thompson et al., 1994

(续)

程序名称	特征描述	网址	参考
ClustalX	渐进算法；全局或局部比对；适用于 DNA 或蛋白质，是 ClustalW 的视窗化程序	ftp：// ftp.ebi.ac.uk/pub/software/clustalw2/	Larkin M et al., 2007
T-Coffee	更灵敏的渐进算法；全局或局部比对，适用于 DNA、RNA 或蛋白质	http：tcoffee.crg.cat/apps/tcoffee/play? name=regular	Notredame C et al., 2000 (newest version 2008)
MAFFT	渐进算法/迭代算法；全局或局部比对，适用于 DNA 或蛋白质	http：// www.ebi.ac.uk/Tools/msa/mafft/	Katoh K et al., 2005
MULTALIN	动态规划/聚类；全局或局部比对，适用于 DNA 或蛋白质	http：// multalin.toulouse.inra.fr/multalin/multalin.html	Corpet C, 1988
MUSCLE	渐进算法/迭代算法；全局或局部比对，适用于 DNA 或蛋白质	http：// www.drive5.com/muscle/	Edgar R, 2004
MSA	动态规划；全局或局部比对；适用于 DNA 或蛋白质	ftp：//ftp.ncbi.nih.gov/pub/msa/msa.tar.Z	Lipman D et al., 1989 (modified 1995)
SAGA	遗传算法/迭代算法；全局或局部比对，适用于蛋白质	http：// www.tcoffee.org/Projects_home_page/saga_home_page.html	Notredame C et al., 1996 (new version 1998)
SAM	隐马尔科夫/迭代算法；全局或局部比对，适用于蛋白质	http：//compbio.soe.ucsc.edu/SAM_T08/T08-query.html	Krogh A et al., 1994 (most recent version 2002)
MSAProbs	动态规划；全局比对，适用于蛋白质	http：sourceforge.net/projects/msaprobs/files/	Liu Y et al., 2010
CHAOS/DI-ALIGN	迭代算法；局部比对，适用于 DNA 或蛋白质	http：// dialign.gobics.de/chaos-di-align-submission	Brudno M et al., 2003

4.5.3 多序列比对工具——Clustal 软件的使用

Clustal 系列程序广泛地应用于核酸与蛋白质的多序列比对，为进一步构建分子进化树等进化分析提供了基础。Clustal 程序在算法方面主要采用渐进比对的策略，就是先将多个序列进行两两比对，确定这些序列间的两两关系，构建距离矩阵；然后从最相似的两条序列出发，逐步引入邻近序列并不断重构比对，直到所有序列被加入为止。

自 1988 年由欧洲分子生物实验室(EMBL)和欧洲分子生物信息学中心(EBI)的科学家开发了第一个 Clustal 程序以来，已经经过多次修改与完善，出现了一系列不同的改进版本。如在 1992 年，推出了 ClustalV 程序(Higgins et al., 1992)；1994 年又在原有基础上进行了多项算法上的改进后，推出了 ClustalW(Thompson et al., 1994)。1997 年，又发展出了 ClustalW 的 windows 版本，即 ClustalX 程序(Thompson et al., 1997)，其算法与 ClustalW 完全相同，但却具有窗口化界面。因 ClustalX 程序具有形象直观、易操作的特点，所以 ClustalX 程序的使用更为广泛。在这里，我们将重点介绍 ClustalX 在多序列比对方面的使用方法。

4.5.3.1 ClustalX 下载与安装

ClustalX 程序是免费软件，可以从 EBI(ftp://ftp.ebi.ac.uk/pub/software/clustalw2/)下载到最新版 ClustalX2 软件的安装程序 clustalx-2.0.11-win.msi，双击该文件安装到自己的计算机上。

4.5.3.2 ClustalX 菜单及基本功能

安装后，双击 ClustalX2 程序图标后就可启动 ClustalX2，进入其主窗口界面(图 4-14)，顶部主菜单栏共有 7 个菜单项，从左到右依次为"文件(File)""编辑(Edit)""比对(Alignment)""系统树(Trees)""颜色(Colors)""质量(Quality)"和"帮助(Help)"。这些菜单均为下拉菜单，能执行多项命令。

Flie 菜单主要具有序列数据输入、输出、格式转换等功能。Edit 菜单主要用于执行输入序列的选择、剪切、粘贴、去除 gap 等任务。Alignment 菜单主要包括一系列用于多序列比对的命令与比对参数设置、结果输出格式设置等选项。Tree 菜单主要用于构建系统进化树的功能。Colors 菜单主要是对碱基或氨基酸残基进行颜色设置。Quality 菜单用于显示多序列比对质量信息。Help 菜单则提供使用 ClustalX2 的帮助信息。

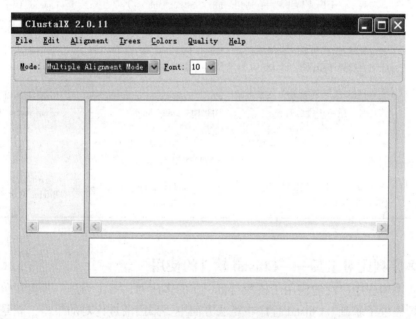

图 4-14　ClustalX2 主窗口界面

在主窗口工具栏中，还提供了两种可供选择的比对模式(Mode)：多序列比对模式(Multiple Alignment Mode)与双序列比对模式(Profile Alignment Mode)，其默认的是 Multiple Alignment 模式。在选择 Multiple Alignment 模式下进行多序列比对时，所有上传的序列首先要进行相互的两两比对；然后构建一个类似于发育树的系统树，用于描述依据相似性进行的大致的分组情况，并将结果储存在一个文件中；最后在系统树的指导下，执行多序列比对，并将多序列比对结果储存在后缀为".aln"的结果文件中。在 Profile Alignment 模式下，可以利用已有的比对分组结果，进行两组序列之间的比对，最后实现多序列的比对。该模式下允许用户将新一组新序列添加到已经经过比对分组的结果中。

另外，在主窗口工具栏"Font"下拉框中，可以进行字体设置。当选择 Profile Alignment

模式时，工具栏中将出现"Lock Scroll"选项，点选"Lock Scroll"后，可以将两个窗口锁定，随着光标一起滚动，否则各个窗口是可以单独滚动的。

ClustalX2 最主要的基本功能有：

①多序列比对（Multiple Alignments）。ClustalX2 程序可以在"Multiple Alignment Mode"模式下，进行多序列之间的比对。利用"File"→"Load Sequences"命令输入待比对的多序列数据文件，然后利用"Alignment"→"Do Complete Alignment"命令组合，在多序列之间进行两两比对，最后输出多序列比对的结果。

②双序列间比对（Profile Alignment）。ClustalX2 程序还可以在"Profile Alignment Mode"模式下进行双序列之间的比对。利用"File"→"Load Profile 1"→"Load Profile 2"命令输入双序列数据文件，然后利用"Alignment"→"Align Profile 2 to Profile 1"等命令组合执行序列组间的比对。

③构建系统树（Phylogenetic Trees）。在多序列比对基础上，还可以进一步构建系统树。在"Multiple Alignment Mode"模式下，进行多序列比对后，利用"Tree"→"Draw Tree"等命令组合构建系统树，并将构树结果保存在后缀为".ph"的结果文件中。

4.5.3.3　CluatalX 基本操作步骤——以实例说明

（1）Multiple Alignment 模式下

①序列数据的准备与加载。ClustalX 程序要求的序列输入格式比较灵活，可以是 FASTA、PIR、Swiss-Prot、GDE、Clustal、GCG/MSF、RSF 等格式中的任何一种。参与多序列比对的所有序列必须按照事先选定的某一种格式进行统一整理，而且必须将所有参与比对的序列保存在同一个文件中。因该软件不能识别汉字，所以序列数据文件内容、文件名及其保存路径中不能有汉字出现，否则 ClustalX 将不能打开该序列数据文件。

在准备好序列数据文件后，就可以加载数据文件。具体操作步骤为：点开"File"的下拉菜单，选择"Load Sequences"（图 4-15）。

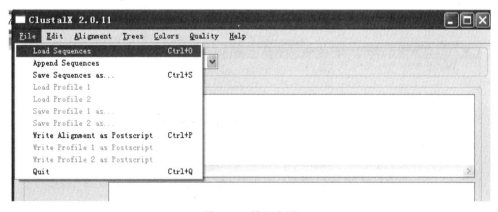

图 4-15　输入序列

单击"Load Sequences"后，将会出现加载序列数据文件的对话框（图 4-16），选择序列数据文件并加载。在这里，我们以实际的多序列比对数据文件 NT14pseq 作为例子来加以说明，该数据文件中包含了 10 条烟草 14-3-3 蛋白序列。

数据上传后，将出现如图 4-17 所示的界面。左边窗口显示序列名称，右边窗口显示序列。

②数据的编辑。单击"Edit"下拉菜单可以对已输入序列进行剪切、粘贴序列与删除空格等编辑操作，如图 4-18 所示。

图 4-16　输入要比对的序列

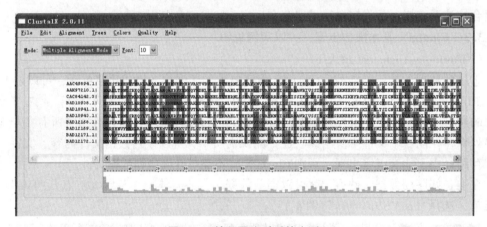

图 4-17　输入要比对后的序列

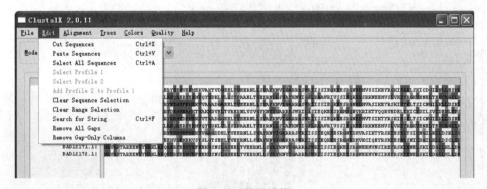

图 4-18　数据编辑

③多序列比对。单击"Alignment"→"Do Complete Alignment"命令(图 4-19),出现如图 4-20 所示对话框,然后指定"Guide Tree(指导进化树)"及"Alignment Files(比对文件)"的输出路径,如果没有特殊指定,一般默认的是序列数据文件所在的文件夹。最后单击"OK"按钮,软件将开始比对运算。运算结束后,比对结果将在主界面以图像的形式显示出来,如图 4-21 所示,同时也将文本结果自动保存于刚才指定的文件夹中。

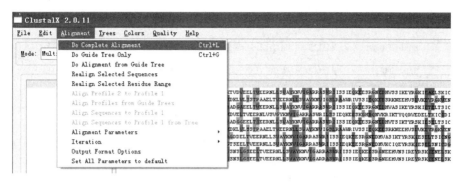

图 4-19　多序列比对模式下 **Alignment** 操作命令

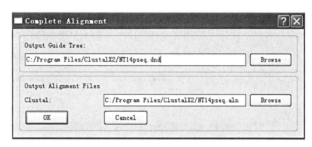

图 4-20　选择输出路径对话框

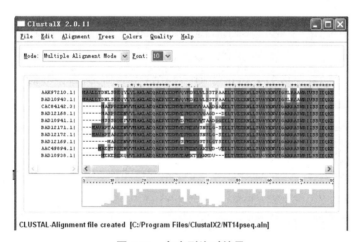

图 4-21　多序列比对结果

④打开结果文件。在保存比对结果文件的路径中打开"NT14pseq.aln",显示结果如图 4-22 所示。

⑤系统树(phylogenetic trees)构建。单击"Trees"→"Clustering Algorithm"命令(图 4-23),出现两种可选的聚类方法"UPGMA"和"NJ",在这里我们选用"NJ"方法聚类。单击"Trees"→"Output Format Options"命令,在出现的对话框中勾选输出格式,在这里勾选"Phylip format tree"(默认格式),单击"OK"按钮,如图 4-24 所示。然后,单击"Tree"→"Draw Tree"命令,跳出一个树图结果文件存放路径设定对话框(图 4-25),设置好路径后,单击"OK"按钮开始运算,结果文件 NT14pseq.ph 将自动保存在指定的文件夹中。最后,可以用"TreeView"软件打开此文件以显示系统树结构图,如图 4-26 所示。

```
CLUSTAL 2.0.11 multiple sequence alignment


AAK97210.1      MAALLTDNLSREQYLYLAKLAEQAERYEEMVQYMDKLVLSSTPAAELTVEERNLLSVAYK
BAD10943.1      MAALLTDNLSREQYLYLAKLAEQAERYEEMVQYMDKLVLSSTPAAELTVEERNLLSVAYK
CAC84142.3      ------MASPREENVYMAKLAEQAERYEEMVEFMEKVVAAADGAEELTVEERNLLSVAYK
BAD12168.1      ------MASPREENVYLAKLAEQAERYEEMVEFMEKVVGAGD--DELTVEERNLLSVAYK
BAD10941.1      ------MSSSRDEFVYMAKLAEQAERYEEMVDFMEKVVTAADGGEELTIEERNLLSVAYK
BAD12171.1      ---MAVAPTAREENVYMAKLAEQAERYEEMVEFMEKVSNSLG-SEELTVEERNLLSVAYK
BAD12172.1      ---MAVAPTAREENVYMAKLAEQAERYEEMVEFMEKVSNSLG-SEELTVEERNLLSVAYK
BAD12169.1      --------MAREENVYMAKLAEQAERYEEMVSFMEKVSTSLGTSEELTVEERNLLSVAYK
AAC49894.1      -----MAESTREENVYMAKLAEQAERYEEMVEFMEKVAKTVD-VEELTVEERNLLSVAYK
BAD10938.1      -----MEKEREKQVYLARLAEQAERYDEMVEAMKTVAKMDV---ELTVEERNLVSVGYK
                     *::  :*:*:********:***. *..:         ***:*****:**.**


AAK97210.1      NVIGSLRAAWRIVSSIEQKEESRKNEEHVSLVKEYRGKVENELTEVCAGILKLLESNLVP
BAD10943.1      NVIGSLRAAWRIVSSIEQKEESRKNEEHVSLVKEYRGKVENELTEVCAGILKLLESNLVP
CAC84142.3      NVIGARRASWRIISSIEQKEESRGNEDHVASIKEYRSKIETELTSICNGILKLLDSKLIG
BAD12168.1      NVIGARRASWRIISSIEQKEESRGNEDHVASIKTYRSKIESELTSICNGILKLLDSKLIG
BAD10941.1      NVIGARRASWRIISSIEQKEESRGNEDHVTSIKTYRSKIESELTSICNGILKLLDSNLIR
BAD12171.1      NVIGARRASWRIISSIEQKEESRGNEEHVNSIREYRSKIENELSKICDGILKLLDAKLIP
BAD12172.1      NVIGARRASWRIISSIEQKEESRGNEEHVNSIREYRSKIENELSKICDGILKLLDAKLIP
BAD12169.1      NVIGARRASWRIISSIEQKEESRGNEDHVKCIQEYRSKIESELSNICDGILKLLDSCLIP
AAC49894.1      NVIGARRASWRIISSIEQKEESRGNEDHVSSIKEYRGKIEAELSKICDGILNLLESHLIP
BAD10938.1      NVIGARRASWRILSSIEQKEESKGHDQNVKRIKTYQQRVEDELTKICIDILSVIDEHLVP
                ****: **:***:*********:  ::::*  :: *: ::* **:.:* .**.:::  *:


AAK97210.1      WTSDAQDQLDES------------------------
BAD10943.1      WTSDAQDQLDES------------------------
CAC84142.3      WTSDMQDDGTDEIKEAAKPDNEQQ------------
BAD12169.1      WTSDMQDDGADEIKETKTDNEQQ-------------
AAC49894.1      WTSDTTVSLSLSQKYTPTNADAPTNNTVHTSKSFLGSA
BAD10938.1      WTSDLEEGGEHSKGDERQGEN---------------
                ****
```

图 4-22 多序列比对输出结果

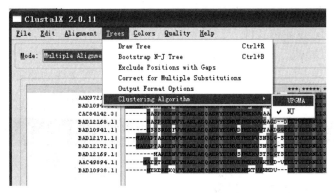

图 4-23 选择构建系统树聚类方法

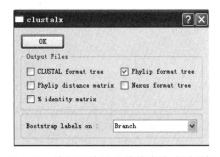

图 4-24 选择系统树文件输出格式对话框

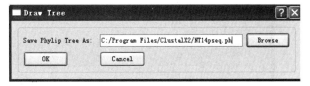

图 4-25 设置树图文件存放路径

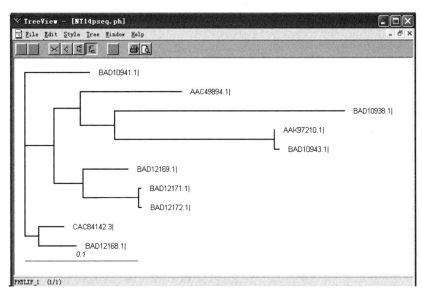

图 4-26 用 TreeView 显示系统树

(2) Profile Alignment Mode 模式下

①选择"Profile Alignment Mode"比对模式,如图 4-27 所示。

②序列数据的准备与加载。首先要准备好要参与比对的两组序列数据文件(psg1 与 psg2),格式要求与前面的相同。单击"File"→"Load Profile 1"命令(图 4-28),加载第一组序列文件 psg1(图 4-29);单击"File"→"Load Profile 2"命令,加载第二组序列文件 psg2,如图 4-30 与图 4-31 所示。

③两组序列比对。选择"Alignment"→"Align Profile 2 to Profile 1"命令(图4-32)，随即出现比对结果文件("指导树文件"与"比对结果文件")存放路径对话框，指定存放路径后，单击"OK"按钮，开始执行比对运算(图4-33)。

④打开比对结果文件，显示比对结果。从存放比对结果文件的路径中，打开比对结果文件 psg1-2.aln，以显示序列组间的比对结果，如图4-34所示。

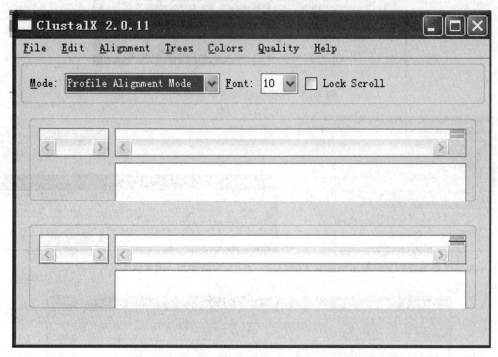

图4-27 "Profile Alignment Mode"比对模式界面

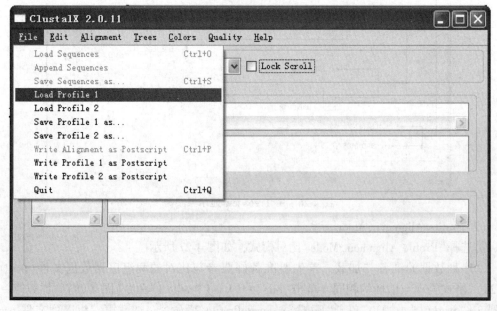

图4-28 输入第一组序列数据

第 4 章 序列比对与数据库相似性搜索　79

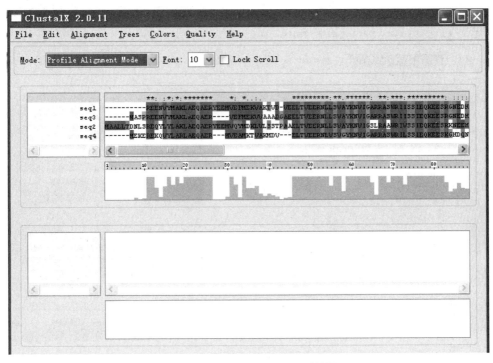

图 4-29　输入第一组序列数据后的界面

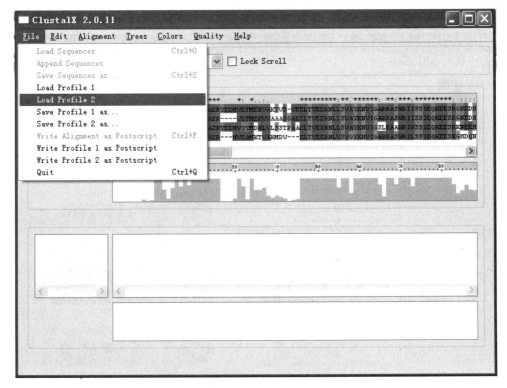

图 4-30　输入第二组序列数据

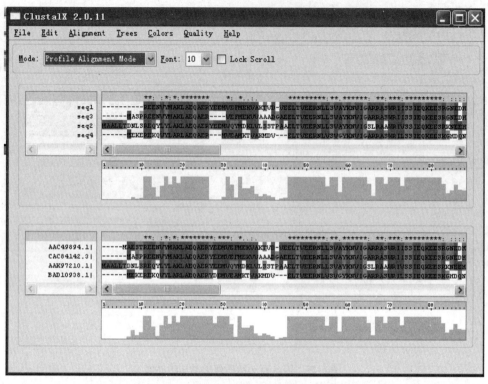

图 4-31　输入第二组序列数据后的界面

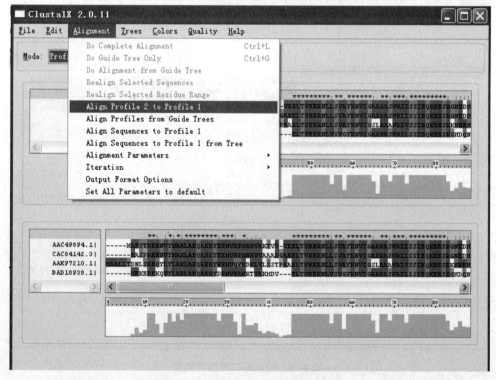

图 4-32　两组序列间的比对操作命令

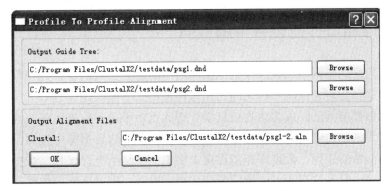

图 4-33 比对结果文件存放路径对话框

CLUSTAL 2.0.11 multiple sequence alignment

```
seq1              -----------REENVYMAKLAEQAERYEEMVEFMEKVAKTVD-VEELTVEERNLLSVAYK
seq3              ------MASPREENVYMAKLAEQAER----VEFMEKVVAAADGAEELTVEERNLLSVAYK
seq2              MAALLTDNLSREQYLYLAKLAEQAERYEEMVQYMDKLVLSSTPAAELTVEERNLLSVAYK
seq4              ------MEKEREKQVYLARLAEQAER---MVEAMKTVAKMDV-ELTVEERNLVSVGYK
AAC49894.1|       -----MAESTREENVYMAKLAEQAERYEEMVEFMEKVAKTVD-VEELTVEERNLLSVAYK
CAC84142.3|       ------MASPREENVYMAKLAEQAERYEEMVEFMEKVVAAADGAEELTVEERNLLSVAYK
AAK97210.1|       MAALLTDNLSREQYLYLAKLAEQAERYEEMVQYMDKLVLSSTPAAELTVEERNLLSVAYK
BAD10938.1|       ------MEKEREKQVYLARLAEQAERYDEMVEAMKTVAKMDV---ELTVEERNLVSVGYK
                         **: :*:*:*******   *: *..:.      *********:**.**

seq1              NVIGARRASWRIISSIEQKEESRGNEDHVSSIKEYRGKIEAELSKICDGILNLLESHLIP
seq3              NVIGARRASWRIISSIEQKEESRGNEDHVASIKEYRSKIETELTSICNGILKLLDSKLIG
seq2              NVIGSLRAAWRIVSSIEQKEESRKNEEHVSLVKEYRGKVENELTEVCAGILKLLESNLVP
seq4              NVIGARRASWRILSSIEQKEESKGHDQNVKRIKTYQQRVEDELTKICIDILSVIDEHLVP
AAC49894.1|       NVIGARRASWRIISSIEQKEESRGNEDHVSSIKEYRGKIEAELSKICDGILNLLESHLIP
CAC84142.3|       NVIGARRASWRIISSIEQKEESRGNEDHVASIKEYRSKIETELTSICNGILKLLDSKLIG
AAK97210.1|       NVIGSLRAAWRIVSSIEQKEESRKNEEHVSLVKEYRGKVENELTEVCAGILKLLESNLVP
BAD10938.1|       NVIGARRASWRILSSIEQKEESKGHDQNVKRIKTYQQRVEDELTKICIDILSVIDEHLVP
                  ****: **:***:*********:  ::::*   :* *:  ::* **:.* .**.::: .:*:

seq1              VASTAESKVFYLKMKGDYHRYLAEFKTGAERKEAAENTLLAYKSAQDIALAELAPTHPIR
seq3              AAATGDSKVFYLKMKGDYHRYLAEFKTGAERKEAAENTLSAYKSAQDIANTELAPTHPIR
seq2              SASTGESRVFYLKMKGDYYRYLAEFKVGDERKQAAEDTMNSYKAAQEIALADLPPTHPIR
seq4              SSTTGESTVFYYKMKGDYYRYLAEFKSGDDRKEAADQSLKAYEAATATASADLAPTHPIR
AAC49894.1|       VASTAESKVFYLKMKGDYHRYLAEFKTGAERKEAAENTLLAYKSAQDIALAELAPTHPIR
CAC84142.3|       AAATGDSKVFYLKMKGDYHRYLAEFKTGAERKEAAENTLSAYKSAQDIANTELAPTHPIR
AAK97210.1|       SASTGESRVFYLKMKGDYYRYLAEFKVGDERKQAAEDTMNSYKAAQEIALADLPPTHPIR
BAD10938.1|       SSTTGESTVFYYKMKGDYYRYLAEFKSGDDRKEAADQSLKAYEAATATASADLAPTHPIR
                  ::*.:* *** ******:******* * :**:**:::  :*::    * ::*.******

seq1              WTSDTTVSLSLSQKYTPTNADAPTNNTVHTSKSFLGSA-----
seq3              WTSD------MQDDGTDEIKEAAKPDNEQQ-----------
```

图 4-34 两组序列之间的比对结果

4.6 数据库相似性搜索——BLAST

随着序列信息的急剧增加以及序列数据库的不断建立，人们意识到仅仅用手边的少数几条序列进行序列比对来反映序列之间的相似性关系已不能满足生物研究的需要了。近年来，数据库相似性搜索已经成为生物信息学分析的重要手段。数据库相似性搜索就是以序列相似性比对为基础，通过特定的相似性比对算法，从序列数据库中搜索出与查询序列具有一定程度相似性的序列。数据库相似性搜索实质上就是用查询序列与数据库中的序列逐一进行两两比对，只不过这需要大量的两两比对。因此，比对速度的快慢就成为数据库相似性搜索能否广泛应用的关键。为此，人们已开发出了许多旨在提高序列比对速度的数据库相似性搜索工具。目前，最知名的数据库相似性搜索工具是 BLAST 与 FASTA。BLAST 的比对速度更快，灵敏度较高，已成为当前最常用的数据库相似性搜索工具。接下来，我们将介绍 BLAST 的相关知识与使用方法。

4.6.1 BLAST 概述

BLAST 是 Basic Local Alignment Search Tool 首字母的缩写，意为"基本局部比对搜索工具"，它是由美国国家生物技术信息中心（NCBI）开发的一种数据库相似性搜索程序，能够快速地在序列数据库中查询出与给定序列具有最优局部比对结果的序列。目前，BLAST 已成为世界上最流行的数据库序列相似性搜索工具，许多国际著名生物信息中心（如 NCBI、EBI、TIGR 等）都提供了基于 Web 服务的 BLAST 搜索，许多综合性的生物信息软件包中也整合了 BLAST 程序的搜索功能。

BLAST 搜索允许用户选择一个序列（记作查询序列），然后快速地将这个查询序列与整个数据库中的序列（记作目标序列）分别进行两两序列比对。这意味着在一次 BLAST 搜索中要进行成千上万次的双序列局部比对分析，然后将最相似的比对结果返回。

为了兼顾速度与灵敏度，BLAST 程序采用了特定的双序列局部比对算法，即 BLAST 算法，其核心思想是"种子-延伸"。该算法已在前面介绍，这里不再重复。

BLAST 搜索具有以下 5 个优点：①速度非常快且精确性较高；②可以使用网络版 BLAST 进行搜索比对，也可下载安装，利用本地 BLAST 实现搜索比对；③BLAST 是一个综合的数据库搜索工具，包含一系列功能各异的数据库搜索子程序，功能强大，使用方便；④NCBI 专业维护，持续开发，功能不断扩展；⑤网络版 BLAST 提供了配套的生物数据库，而且这些数据库不断更新。

BLAST 是我们理解任何一条序列与别的已知 DNA 或蛋白质序列之间关系的强大工具，广泛地应用于序列分析的许多方面，其中包括如下 5 个方面的应用：①确定某一特定序列有哪些已知的直系同源或旁系同源序列；②确定未知 DNA 或蛋白质序列的身份；③发现新的基因或蛋白；④有助于发现蛋白的结构与功能；⑤确定某一特定序列在哪些物种出现。

4.6.2 BLAST 搜索工具

访问网址 http://blast.ncbi.nlm.nih.gov/Blast.cgi，就可以直接进入 NCBI 维护的

BLAST 主页(图 4-35)。另外,也可以先登录到 NCBI 主页(http://www.ncbi.nlm.nih.gov/),然后在其右侧的"Popular Resources"栏下找到 BLAST,单击进入 BLAST 主页。

BLAST 主页在最近十多年来曾经历过多次更新。目前,BLAST 主页界面中主要包括 Web BLAST、Standalone and API BLAST 和 Specialized searches 3 个栏目。

(1)Web BLAST

Web BLAST 栏目提供了最基本、最常用的在线 BLAST 搜索功能,以前常被称作 Basic BLAST 用于 NCBI 在线数据库的相似性搜索。Web BLAST 包括 5 个常用的 BLAST 子程序:Nucleotide blast(简称 blastn)、Protein blast(简称 blastp)、blastx、tblastn 和 tblastx。但目前在 BLAST 主页上仅仅呈现了最常用的前 4 个子程序。

这 5 个子程序分别执行不同的搜索功能:

①blastn 程序。能够用核酸序列来搜索核酸序列数据库,最后返回相似度高的核酸序列。

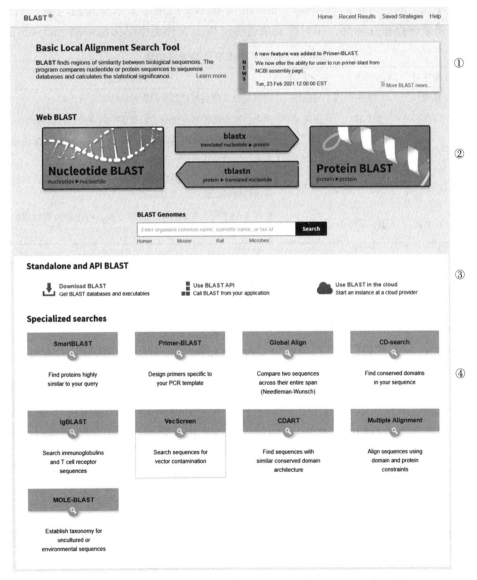

图 4-35　NBCI 数据库相似性搜索工具 BLAST 主页面(2021 年 6 月)

②blastp 程序。能够用蛋白质序列来搜索蛋白质序列数据库，最后返回相似度高的蛋白质序列。

③blastx 程序。能够在提交核酸序列后，自动根据可能的阅读框架将其翻译成 6 种蛋白质序列，然后逐一搜索蛋白质序列数据库，最后返回相似度高的蛋白质序列。

④tblastn 程序。能够先将核酸数据库中每条序列翻译成 6 种可能的蛋白质序列，然后与提交的蛋白质查询序列进行相似性比对，最后根据比对结果返回核酸数据库中对应的核酸序列。

⑤tblastx 程序。能将核酸查询序列翻译成 6 种可能的蛋白质序列，同时也将核酸数据库中每条序列都翻译成 6 种可能的蛋白质序列，然后进行蛋白质序列相似性比对，最后根据比对结果返回对应的核酸序列。

blastn 与 blastp 是最常用的 BLAST 子程序，是同类序列之间的直接比对，不涉及核酸与蛋白质序列之间的转换；而 blastx、tblastn 与 tblastx 则是需要根据核酸与蛋白质序列之间的对应关系进行相互转换，相对要复杂得多，以上 5 种子程序功能汇总于表 4-3 中。

表 4-3 BLAST 子程序及其搜索功能

程序	查询序列	数据库类型	返回序列	搜索功能
blastn	核酸	核酸	核酸	用核酸查询序列与核酸数据库中的序列进行比对
blastp	蛋白质	蛋白质	蛋白质	用蛋白质查询序列与蛋白质数据库中的序列进行比对
blastx	核酸（翻译）	蛋白质	蛋白质	核酸查询序列先 6 框翻译成蛋白质序列后再逐一与蛋白质数据库中的序列进行比对
tblastn	蛋白质	核酸（翻译）	核酸	蛋白质查询序列与核酸数据库中的序列经 6 框翻译后的蛋白质序列进行比对
tblastx	核酸（翻译）	核酸（翻译）	核酸	核酸查询序列 6 框翻译成蛋白质序列，再与核酸数据库中的序列经 6 框翻译成的蛋白质序列进行比对

另外，Web BLAST 栏目下还包含了"BLAST Genomes"工具，专门用于在线搜索某个特定物种的全基因组序列数据库。在搜索框中输入某一物种的名称或分类号（tax id），单击"Search"，则可直接进入该物种的基因组数据库中进行相似性搜索。

（2）Standalone and API BLAST

Standalone and API BLAST 栏目包括 Download BLAST、Use BLAST API 和 Use BLAST in the cloud 3 种服务。

通过 Download BLAST 可以将 BLAST 程序下载到用户的计算机或本地服务器中，安装并构建不依赖于网络的本地 BLAST 搜索平台。本地 BLAST 搜索需要构建本地的数据库。用户可以自建专有的数据库，也可以通过 Download BLAST 将 NCBI 上的 BLAST 网络数据库下载下来作为本地 BLAST 数据库使用。

Use BLAST API 提供了 BLAST 程序的开放式外部接口，用户可以通过这些开放式的接口调用 BLAST 源代码，执行 BLAST 搜索。因此，用户可以通过这些开放接口将 BLAST 搜索功能嵌入用户编写的程序代码中。

Use BLAST in the cloud 则是为用户采用云端 BLAST 搜索提供支持。云端 BLAST 搜索既不受公共的 Web BLAST 的限制，也不受本地 BLAST 计算资源的限制。

（3）Specialized searches

Specialized searches 栏目提供了一些特殊用途的 BLAST 子程序（图 4-35）。如 Smart-

BLAST 可以从蛋白组数据库(Landmark Database)中找出与用户提交的蛋白质序列高度相似的蛋白质序列；Primer-BLAST 可以在 BLAST 搜索的基础上设计 PCR 特异引物；Global Align 用于两条序列的全局比对；CD-search 可以通过搜索 CDD 等保守结构域数据库，然后从用户提交的序列中发现其保守区；CDART 用于寻找与用户提交序列具有类似保守域的序列；IgBLAST 用于搜索免疫球蛋白和 T 细胞受体序列；VecScreen 可以从用户提交的核酸序列中筛选出被载体污染的序列区段等。这些工具都是基于 BLAST 基本搜索功能而衍生出来的一些特殊用途的工具。

BLAST 是由许多子程序组成的一个综合性的数据库搜索工具，可以根据需要来选择合适的子程序以达到搜索目的。

4.6.3 BLAST 搜索数据库

NCBI 为 BLAST 搜索提供了非常丰富的数据库资源，可分为核酸数据库与蛋白质数据库两大类，而且每类数据库下又包括一系列按照一定需求划分的数据库(表 4-4、表 4-5)。根据 BLAST 搜索的实际需要，选择合适的数据库，将有助于获得最佳搜索结果。

表 4-4 NCBI 可供 BLAST 搜索的蛋白质数据库

数据库	描述
nr	所有非冗余 GenBank CDS 翻译的蛋白序列+refseq 蛋白质序列+PDB+Swiss-Prot+PIR+PRF 蛋白质序列，不包括环境样本蛋白质序列
refseq_protein	NCBI 参考序列项目中的蛋白质序列
refseq_select	基于 refseq_protein 筛选出的人类和小鼠蛋白质编码基因的一个代表性蛋白质，以及原核生物参考基因组和代表性基因组上注释的 RefSeq 蛋白质组成的数据库
landmark	该数据库包括 27 个基因组对应的蛋白质组，这些基因组跨越了广泛的分类范围
swissprot	非冗余的 UniProtKB/SWISS-PROT 蛋白质序列数据库
pataa	GenBank 中的已申请专利的蛋白质序列
pdb	由蛋白质数据银行(PDB)数据库中的蛋白质序列组成
env_nr	宏基因组的蛋白质序列数据库
tsa_nr	鸟枪法测序组装的转录组所对应的蛋白质

表 4-5 NCBI 可供 BLAST 搜索的核酸数据库

数据库	描述
nr/nt(默认)	GenBank+EMBL+DDBJ+PDB 中所有核酸序列(但不含 PAT、EST、STS、GSS、WGS 与 TSA 序列，也不含 HTGS 中处于第 0、1、2 阶段的序列，而且也排除了长度超过 100Mb 的序列)
refseq_rna	NCBI 转录参考序列
refseq_select	该数据库包含来自人类和小鼠的 NCBI-RefSeq 转录物序列，仅限于每个编码蛋白质基因有一个代表性转录物

(续)

数据库	描述
refseq_genomes	该数据库包含各物种的 NCBI Refseq 基因组序列
refseq_representative_genomes	该数据库包含从 NCBI Refseq genomes 数据库中选出的参考基因组和代表性基因组
wgs	该数据库由全基因组鸟枪法（WGS）测出的核酸序列组成
est	GenBank+EMBL+DDBJ 中 EST 序列
SRA	高通量测序数据的存档
TSA	鸟枪法测定的转录组组装序列
HTGS	尚未完成的高通量基因组序列（处于第 0、1 和 2 阶段的序列）
pat	GenBank 中已申请专利的核酸序列
pdb	PDB 核酸数据库，该数据库由来自蛋白质数据库（PDB）的序列组成，其中包含了有关由实验确定结构的蛋白、核酸以及复杂组装体的信息
RefSeq_Gene	人类 RefSeqGene 数据库，即人类基因特异性参考基因组序列的集合
gss	基因组概览序列（Genome Survey Sequence），包括单次测序的基因组数据、外显子捕获序列和 Alu PCR 序列
dbsts	序列标签位点（STS）数据库，包括 GenBank+EMBL+DDBJ 数据库中所有 STS 序列

4.6.4 BLAST 搜索步骤

步骤 1：查询序列的选定与准备。

在进行 BLAST 搜索之前，首先要选定一条 DNA 序列或者蛋白质序列作为查询序列。要将查询序列整理成 BLAST 认可的格式，如 FASTA 格式。如果查询序列是来自 GenBank 数据库中的序列，也可以直接记录下该序列的登录号（Accession）。

步骤 2：选择 BLAST 程序。

根据序列的分子类型以及搜索的目的，在 BLAST 主页中选择一个合适的搜索工具，如 blastn 或 blastp 等子程序。单击相应的子程序将会打开其搜索主页，图 4-36 是 blastn 程序的主页。

步骤 3：输入查询序列。

Enter Query Sequence 部分是用于输入查询序列的（图 4-37），输入序列的方式有如下 3 种：直接将查询序列粘贴到序列框中；将查询序列的登录号粘贴到序列框中；将查询序列存于文件中，通过上传文件的方式输入序列。以上任何一种输入方式都能够完成序列的输入。在输入序列后，还可以在 Query subrange 栏目下通过设置序列的范围，截取输入序列中的一部分用于搜索，如果不做任何设置，就意味着将整条输入序列用于搜索。

步骤 4：搜索范围选择。

搜索范围选择主要涉及数据库的选择、物种限定以及搜索限定词设置（图 4-38）。Choose Search Set 部分下设 4 项内容：Database、Organism、Exclude 与 Entrez Query。

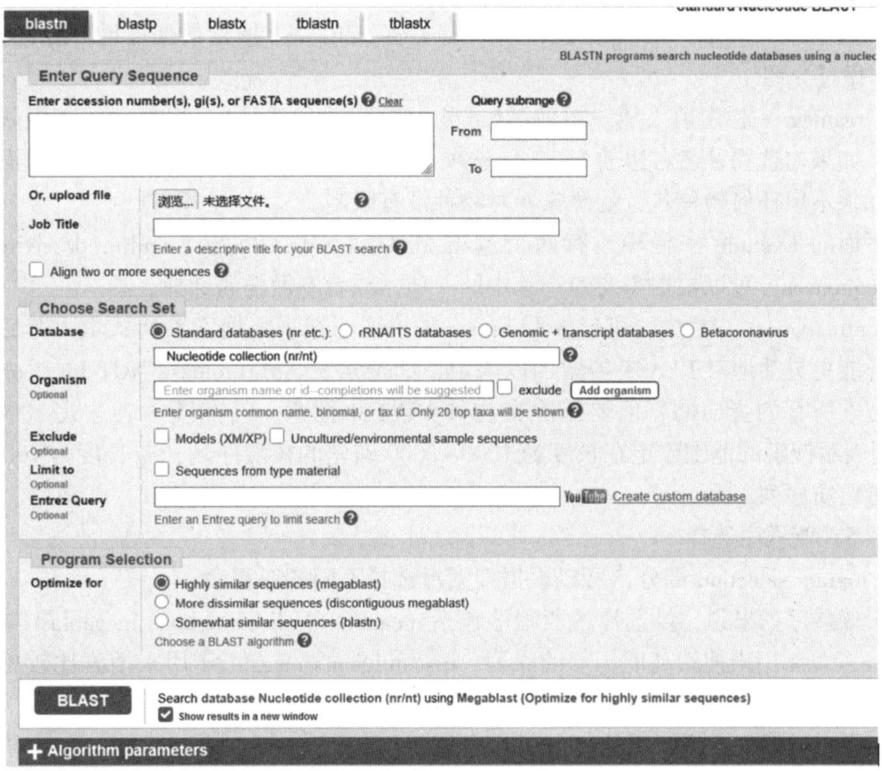

图 4-36　blastn 主页面

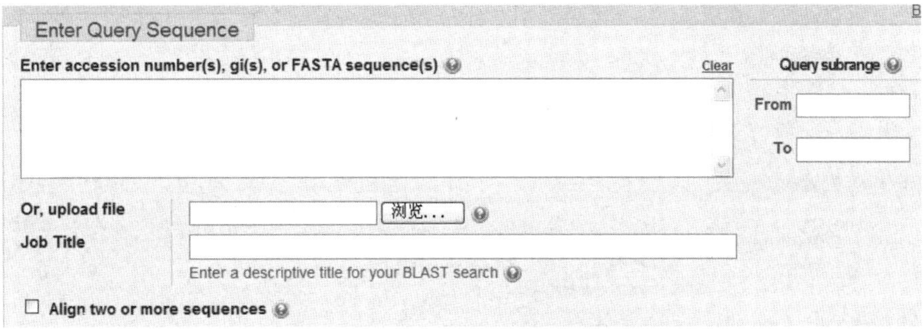

图 4-37　输入查询序列

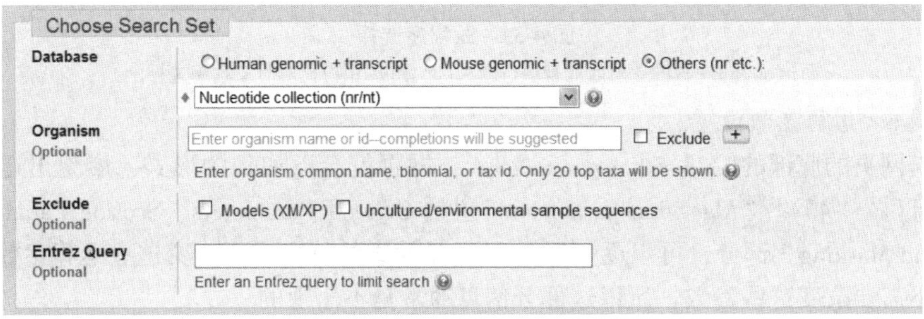

图 4-38　搜索范围选择

Database 一栏就是专门用来选择搜索数据库的,可以通过点选下拉菜单的方式从中选出合适的数据库,如 nr、refseq 数据库等。有关各类 BLAST 搜索数据库已经在前面表 4-4 与表 4-5 做过介绍。

在 Organism 一栏中填入某一物种名(或物种对应的分类号),将搜索的范围限定在该物种中,如果勾选物种名右边的 Exclude 选项的话,就是表示在搜索时要排除前面填入的物种;如果不填任何物种名,就意味着对物种没有限制。

在下面的 Exclude 一栏中,有两个选项 Models(XM/XP)与 Uncultured/environmental sample sequences,可以根据需要勾选其中的一项,或者不做任何选择。

在 Entrez Query 一栏中,可以按照 Entrez 的语法习惯来将搜索表达式填入其后的长框中,这样能更灵活地对 BLAST 搜索加以限定,如搜索表达式 protease NOT hiv1[organism] 就表示搜索所有的蛋白酶,但要排除在物种 HIV1 中搜索,又如搜索表达式 1000:2000 [slen]则表示搜索的范围限定在长度为 1000~2000 碱基的核酸序列,或长度为 1000~2000 残基的蛋白质序列。

步骤 5:亚程序选择。

在 Program selection 部分,可以根据搜索目选择不同的亚程序。

对于核酸序列来说,供选择的亚程序包括 megablast、discontiguous megablast 与 blastn。其中,megablast 用来搜索高度相似的序列,discontiguous megablast 用来搜索比较相似的序列,blastn 则用来搜索有点相似的序列,如图 4-39(a)所示。

对于蛋白质序列来说,供选择的亚程序包括 Quick BLAST、blastp、PSI-BLAST、PHI-BLAST 和 DELTA-BLAST,如图 4-39(b)所示。

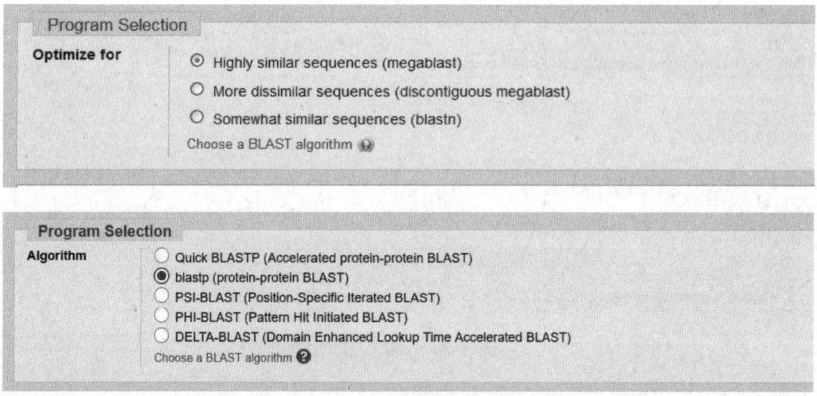

图 4-39 亚程序选择
(a)核酸-核酸比对时亚程序选择 (b)蛋白-蛋白比对时亚程序选择

步骤 6:运算参数设置。

单击网页的底部的"Algorithm parameters",网页就会以加长的形式,展现出运算参数设置信息(图 4-40)。"Algorithm parameters"包括 General Parameters、Scoring Parameters 与 Filters and Masking 3 部分,可以逐一根据 BLAST 搜索的特定需要改变这些运算参数。大多数用户不需要改变这些参数,所以这部分信息通常是不出现的。

步骤 7:开始 BLAST 搜索。

在完成上述步骤后,就可以单击"BLAST"按钮,开始 BLAST 搜索(图 4-41)。通常情

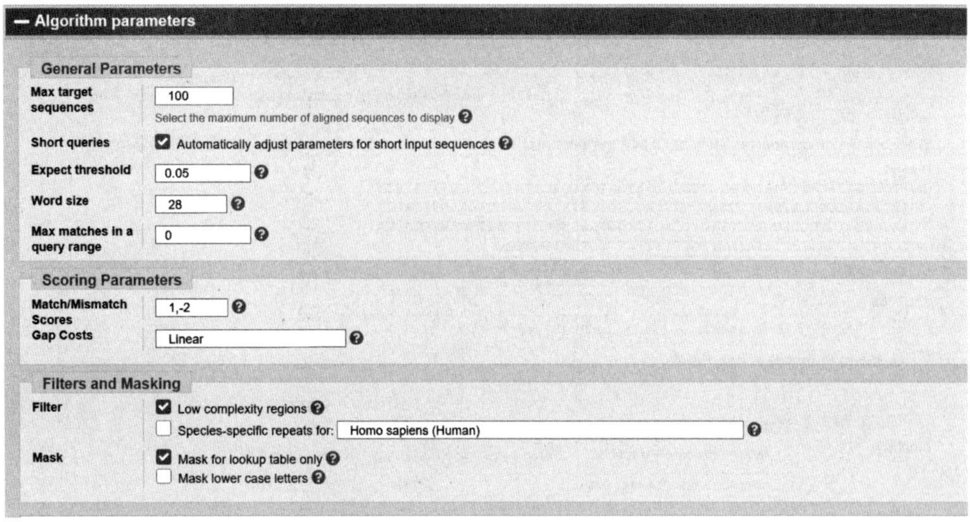

图 4-40　BLAST 运算参数设置

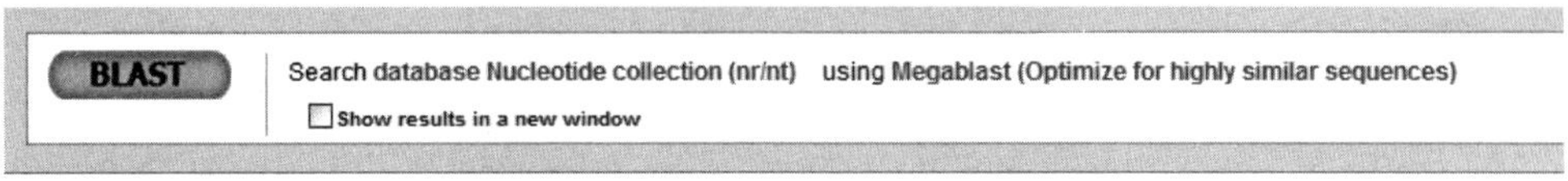

图 4-41　单击"BLAST"按钮开始搜索

况下，将在该网页窗口中返回搜索结果。如果在单击"BLAST"按钮之前，勾选"Show results in a new window"选项，将会在自动打开的新网页窗口中返回搜索结果。

4.6.5　BLAST 搜索实例分析

在这里，我们以实际例子来介绍 BLAST 的使用。

选择 1 条大麦 DNA 序列作为 BLAST 的查询序列，并将其整理成 FASTA 格式。

>seq1
AGTTCTTGATACATTTAACCCATGTGTCAAGATGGTGACGACTTATAATTCCAACAAGCT
TGTCTTCAATGGCCATGAGCTCTACCCATCAGCGGTTGTATCTAAACCACGAGTAGAGGT
CCAAGGGGATGGCCTGCGATCCTTGTTCACACTGGTAAGTGCATTTAATTCAATCCAGGA
ACTCCATATTCAGTATTATATACTTACTTTTTCTTCCTAATGGCCAC

打开 BLAST 主页（http：//blast.ncbi.nlm.nih.gov/Blast.cgi），并点选 blastn 程序作为搜索程序。在 blastn 页面的"Enter Query Sequence"部分的序列输入框中以粘贴方式输入查询序列 seq1。在"Choose Search Set"部分，选择"Expressed sequence tags（est）"数据库作为搜索目标数据库，将搜索的物种限定在大麦中，即"barley（taxid：112509）"。在"Program Selection"部分，点选"Somewhat similar sequences（blastn）"作为此次搜索的亚程序。在"Algorithm parameters"部分，采用默认的运算参数，不做任何改变。最后，单击"BLAST"按钮开始 BLAST 搜索。以上所有搜索设置情况如图 4-42 所示。

最后，BLAST 搜索结果以网页的形式返回。其结果如下：

第一部分是 BLAST 搜索任务情况描述，其中包括了搜索任务名称（query ID）、所提交序列的名称（description）、分子类型（molecular type）及长度信息（query length），另外还包

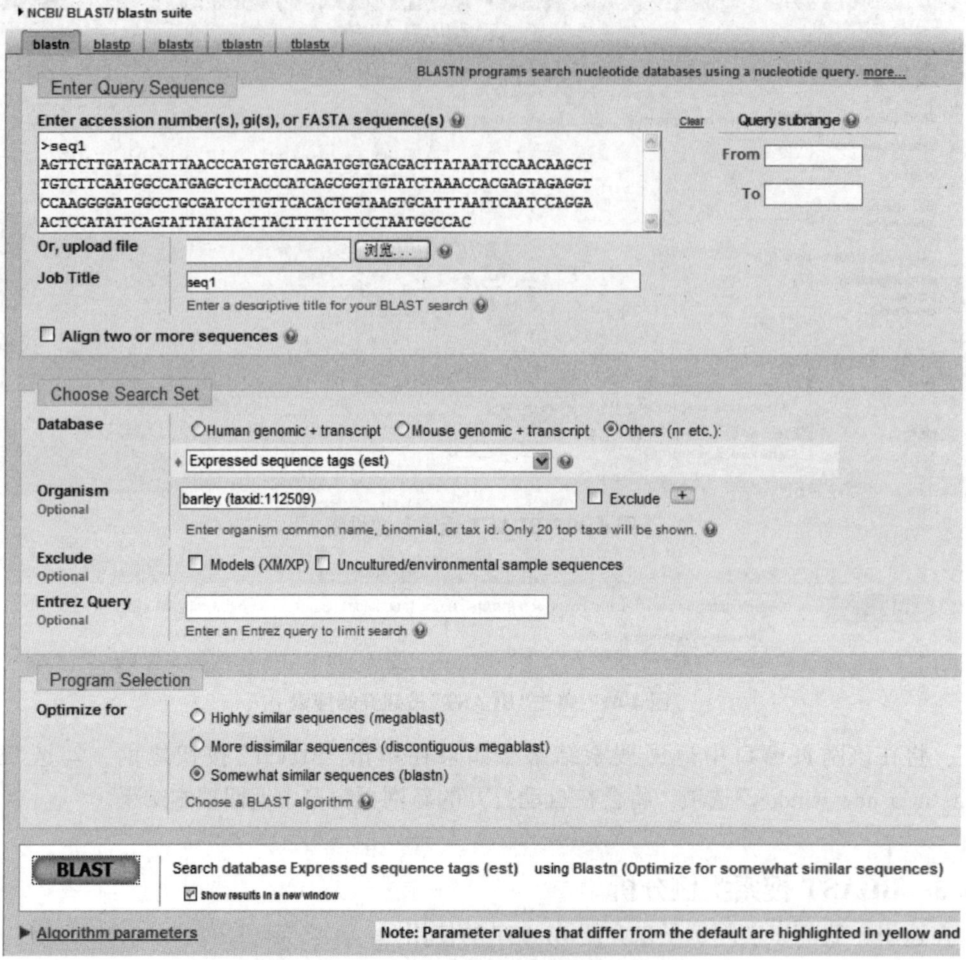

图 4-42　blastn 序列提交界面中的基本搜索设置选项

括所选数据库信息(database name)、所选物种分类号(taxonomy ID)以及搜索所用程序(program)及版本号(version)等信息,如图 4-43(a)所示。

第二部分则是 BLAST 搜索结果。主要通过有 4 个可以相互切换栏目(Descriptions、Graphic Summary、Alignments 和 Taxonomy)来展现搜索结果。

Descriptions 栏目：以列表形式显示了匹配序列的登录号(Accession)、序列简要描述(Description)、比对得分(Score)、覆盖度(Query coverage)、E 值(E-value)、最大一致性(Max ident)等信息,如图 4-43(b)所示。

Graphic Summary 栏目：主要用来展示比对图形。在这里,用线条表示序列,线条数代表匹配的序列数,线条长度表示序列匹配长度,线条位置表示匹配的位置。在本次 BLAST 搜索中共找到了 8 条高度匹配的 EST 序列,如图 4-43(c)所示。

Alignments 栏目：主要给出了提交的查询序列与其匹配序列间两两比对的详细信息见图 4-43(d)所示。

Taxonomy 栏目：主要展现搜索结果出现在哪些物种中的详细信息,如图 4-43(e)。

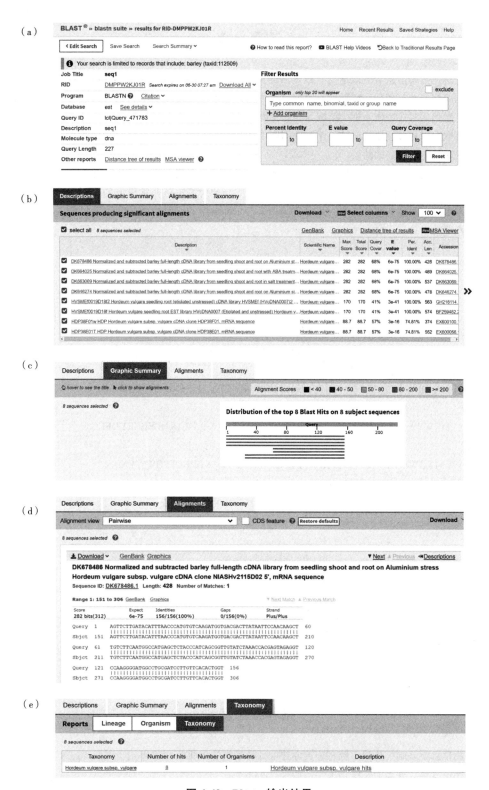

图 4-43 Blastn 输出结果

本章小结

　　序列比对是生物信息学中最基本、最重要的操作，其根本目的就是寻找序列间相似性最高的匹配，以反映序列间相似性关系与生物属性。序列比对可分为双序列比对与多序列比对，也可分为全局比对与局部比对。序列比对在进化分析、结构与功能预测、序列拼接、数据库相似性搜索等方面发挥着重要的作用。所谓数据库相似性搜索就是从序列数据库中搜索出与查询序列具有一定程度相似性的序列，其实际上是以双序列比对为基础的。

　　序列比对是通过一定的打分规则与比对算法来实现的。本章简要介绍了几种常用的打分规则与比对算法。根据序列比对的实际需要，选择合适的打分规则与比对算法是非常重要的。本章重点介绍了双序列比对与多序列比对及其基本操作，并以实例介绍了几种常用的比对软件的使用及目前应用最广泛的数据库相似性搜索工具——BLAST。

思考题

1. 什么是序列比对？序列比对的主要用途有哪些？
2. 全局序列比对与局部序列比对有何区别？在进行序列比对时应怎样选择？
3. 什么是替换矩阵？简要介绍你所知道的几种蛋白质替换矩阵。
4. 什么是空位罚分？
5. 试着对下面两条蛋白序列分别进行局部比对与全局比对，并解释比对结果。

\>Seq1

FQSTTVMKWVWALLAAWAVAERDVFRKENFDKARFGTWYAMAKDPERSRVDFE

\>Seq2

MKWVWALLAWAAAERDCSFRVKENFDKARSGTWYAMAKDPEDFSQWWVK

6. 下面给出了 3 条 DNA 序列：

\>seq1

actcccattgcctttagtgactttgtaacctagaaaattttcattttctctatctcca

\>seq2

tcacattgcctttagtgacttgtaacacagaggaattttcattttctattccagatcctg

\>seq3

actccctttgcctttagtgactttgtaaactagaaccttttcattttctctatctccagatc

试着对这 3 条序列进行多序列比对。

7. 数据库相似性搜索与前面章节中提到的数据库查询有何不同？
8. BLAST 中包含了 5 个常用的 BLAST 子程序，分别在什么情况下使用？
9. 举例说明 BLAST 的操作步骤。

推荐参考资料

1. 生物信息学基础. 孙啸, 陆祖宏, 谢建明. 清华大学出版社, 2005.
2. 生物信息学. 许忠能. 清华大学出版社, 2008.
3. Bioinformatics and functional genomics. Second edition. PEVSINER J. John Wiley & Sons, Inc., 2009.
4. 生物信息学. 樊龙江. 浙江大学出版社, 2017.

第 5 章 DNA 序列分析

遗传信息的载体主要是 DNA(少数情况下为 RNA)。控制生物体性状的基因则是一系列 DNA 片段。DNA 分子上不同的核苷酸排列顺序代表不同的生物信息，一旦核苷酸的排列顺序发生改变，它代表的生物学信息可能也会发生变化。DNA 序列分析通常可分为序列组成成分分析、序列结构分析、序列同源性分析和聚类分析四大类。通过对 DNA 序列的分析，可以获得以下信息：①核酸序列组分；②限制性酶切(位点)；③基因结构(外显子、内含子、启动子、开放性阅读框等)；④重复序列；⑤序列及所代表的类群间的系统发育关系等。

5.1 核酸序列组成成分分析

序列组成分析是最基本的核酸序列分析，主要包括碱基组成分析、核酸分子质量分析。

常用的软件有 BioEdit、DNAMAN 等。例如，运用 BioEdit 分析 Genbank 登录号为 FJ654265.1 的核酸序列的基本性质。

①运行 BioEdit(单击"开始"→"BioEdit"，图 5-1)，弹出 BioEdit 主界面(图 5-2)。

图 5-1 运行运行 BioEdit

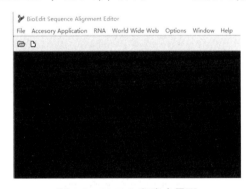
图 5-2 BioEdit 程序主界面

②单击"File"→"New Text"(图 5-3)，弹出"新建"对话框(图 5-4)。

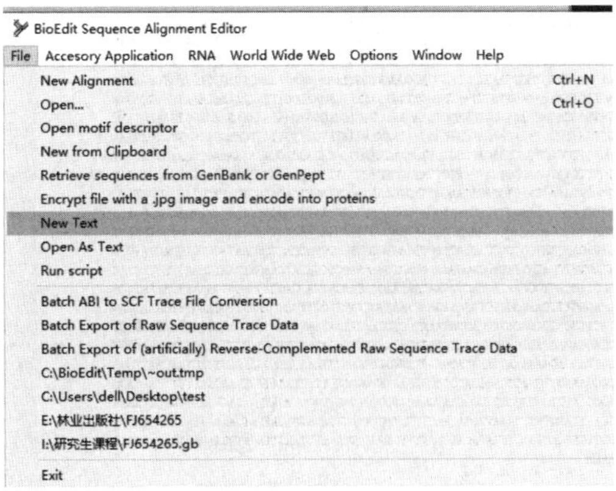

图 5-3 新建序列

图 5-4　新建序列窗口

③单击"Edit"→"Paste"(或 Ctrl+V)(图 5-5)把 FJ654265.1 序列粘贴至文本区(图 5-6)。

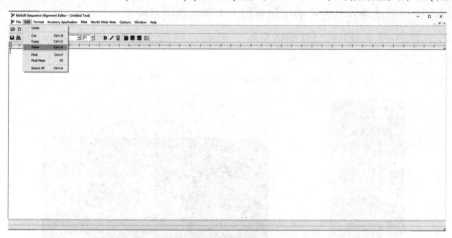

图 5-5　粘贴序列至文本区

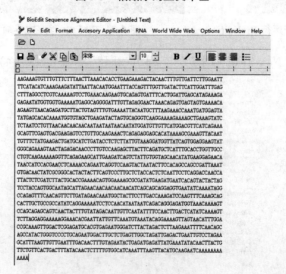

图 5-6　粘贴序列至文本区

④单击 File→Save(图 5-7),弹出"保存"对话框,如把序列命名为 FJ654265(图 5-8)。

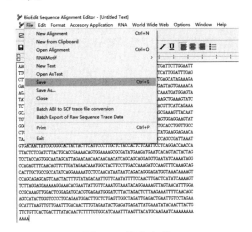

图 5-7 保存文件

图 5-8 保存文件对话框

另外,也可以先建好文本文件(FJ654265.txt),然后通过 Open 导入 Bioedit(图 5-9)。
⑤选中 FJ654265 文本文件后,单击图 5-9 中的 打开(O) 按钮。

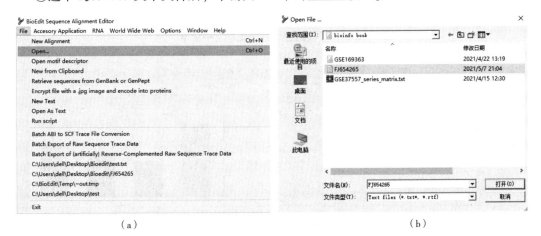

(a) (b)

图 5-9 文本文件导入

⑥弹出图 5-10 所示页面。

图 5-10 FJ654265 序列

⑦单击图 5-10 左侧的 FJ654265,选中 FJ654265 序列(图 5-11)。

图 5-11 选中 FJ654265 序列

⑧单击"Sequence"→"Nucleic Acid"→"Nucleotide Composition"(图 5-12),弹出分析结果界面(图 5-13)。

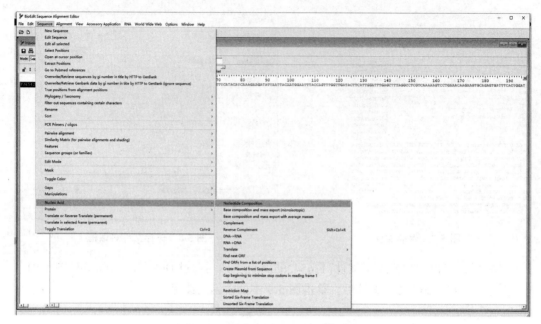

图 5-12　核酸组成分析菜单及子菜单

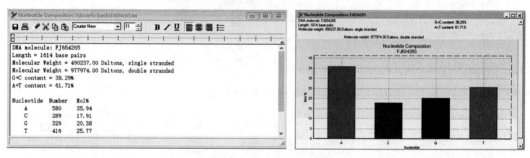

图 5-13　核酸组成分析结果

DNA 序列分析结果显示 FJ654265 序列长度为 1 614 bp；A、C、G、T 碱基数目分别为 580、289、329 和 416；A、C、G、T 碱基的含量分别为 35.94%、17.91%、20.38% 和 25.77%；单链的分子质量为 490 237.00 Da 等。

5.2　限制性内切酶酶切位点分析

在分子生物学和基因工程实验中,通常需要对核酸序列进行限制性核酸内切酶酶切位点分析。通过酶切分析,可以了解核酸序列中限制性核酸内切酶的类型、内切酶识别序列、酶切位点和同一内切酶的酶切次数。

常用的软件有 OMIGA、BioXM、Vector NTI Advance、Bioedit、DNAstar、DNAMAN 等。如运用 OMIGA 分析 Genbank no. 为 FJ654265 的核酸序列的基本性质。

①运行 OMIGA,弹出"OMIGA Startup"对话框(图 5-14)。

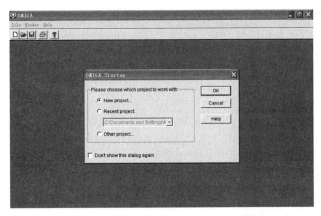

图 5-14　OMIGA2.0 程序开始界面

②选择"New Project"→单击 OK 按钮，弹出"New Project"对话框（图 5-15）。

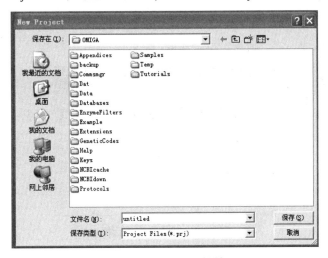

图 5-15　新建项目对话框

③给新建的项目文件命名，如命名为 FJ654265（图 5-16）→单击 保存(S) 按钮弹出"Project View"窗口（图 5-17）。

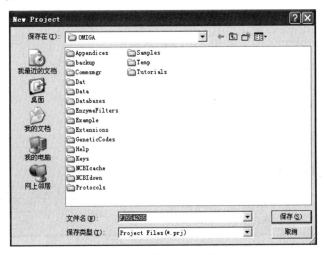

图 5-16　为新建项目文件命名

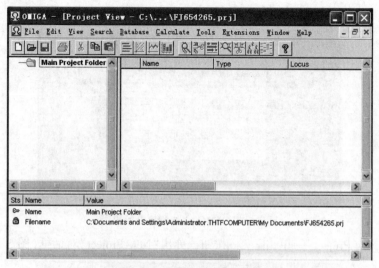

图 5-17　新建 FJ654265 视窗

④单击"File"→"New"，弹出新建对话框(图 5-18)。

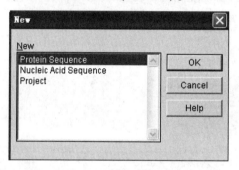

图 5-18　新建序列对话框

⑤点选"Nucleic Acid Sequence"→单击 OK 按钮，弹出"Save as"对话框(图 5-19)，输入 FJ654265→单击 保存(S) 按钮→弹出"Sequence View"视窗(图 5-20)。

图 5-19　保存为对话框

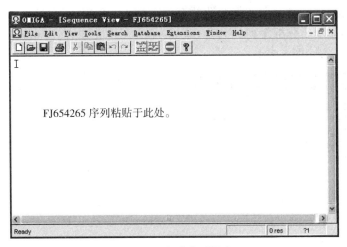

图 5-20 新建序列视窗

⑥拷贝 FJ654265 序列粘贴进文本区(图 5-21)。

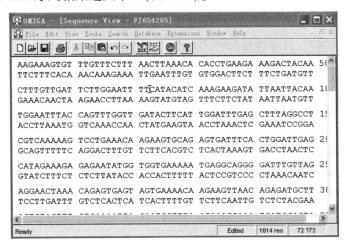

图 5-21 FJ654265 序列视窗

⑦单击"Search"→"Restriction Sites"弹出"Restriction Sites"窗口(图 5-22)。

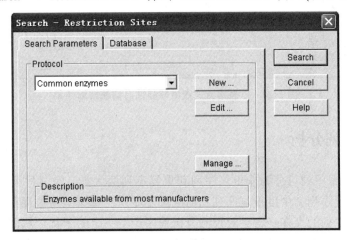

图 5-22 限制性内切酶搜索对话框

⑧通过"Protocol"下拉菜单选择合适的 Protocol 后，单击 Search 按钮弹出"搜索结果"对话框。图 5-23 中显示出分析序列的名称(Sequence)、分析方法(Search protocol)及拟采用的视图模式(View as)(图 5-23)。

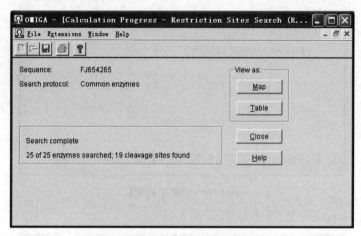

图 5-23　限制性内切酶搜索结果视窗

⑨单击 Table 按钮，以表格视图模式查看分析结果。酶切分析结果列出了能被剪切的内切酶的类型、剪切位点出现的次数、酶切位点在序列中的位置、内切酶识别的序列等信息(图 5-24)。

	Enzyme	Hit Frequency	Residue Position	Recog. Seq.	Recog. Seq. Size	Overhang	Overhang Sequence	Overhang Length
1	AluI	4	141	AGCT	4	blunt	-	0
2	AluI	4	374	AGCT	4	blunt	-	0
3	AluI	4	410	AGCT	4	blunt	-	0
4	AluI	4	668	AGCT	4	blunt	-	0
5	BamHI	0	-	-	-	-	-	-
6	BglI	0	-	-	-	-	-	-
7	BglII	0	-	-	-	-	-	-
8	EcoRI	0	-	-	-	-	-	-
9	EcoRV	0	-	-	-	-	-	-
10	HaeIII	2	148	GGCC	4	blunt	-	0
11	HaeIII	2	1051	GGCC	4	blunt	-	0
12	HindIII	0	-	-	-	-	-	-
13	HinfI	8	59	GATTC	5	5'	ATT	3
14	HinfI	8	509	GAGTC	5	5'	AGT	3
15	HinfI	8	797	GAATC	5	5'	AAT	3
16	HinfI	8	964	GAATC	5	5'	AAT	3
17	HinfI	8	1246	GACTC	5	5'	ACT	3
18	HinfI	8	1343	GACTC	5	5'	ACT	3
19	HinfI	8	1378	GACTC	5	5'	ACT	3
20	HinfI	8	1599	GAATC	5	5'	AAT	3
21	KpnI	0	-	-	-	-	-	-

图 5-24　以表格方式查看限制性内切酶搜索结果

5.3　重复序列分析

真核生物 DNA 序列可分为非重复序列和重复序列两大类。重复序列据重复次数的多少又分为轻度重复序列、中度重复序列和高度重复序列。真核生物中存在大量的非编码的重复序列。重复序列的存在经常会对预测分析程序产生一定的干扰，从而影响序列分析结果的正确性。因此，在进行基因识别之前应该把简单的、大量的重复序列屏蔽掉。

常用的软件有 CENSOR、RepeatMasker、Tandem Repeats Finder 和 XBLAST。

①进入 CENSOR(http://www.girinst.org/censor/index.php)页面(图 5-25)。

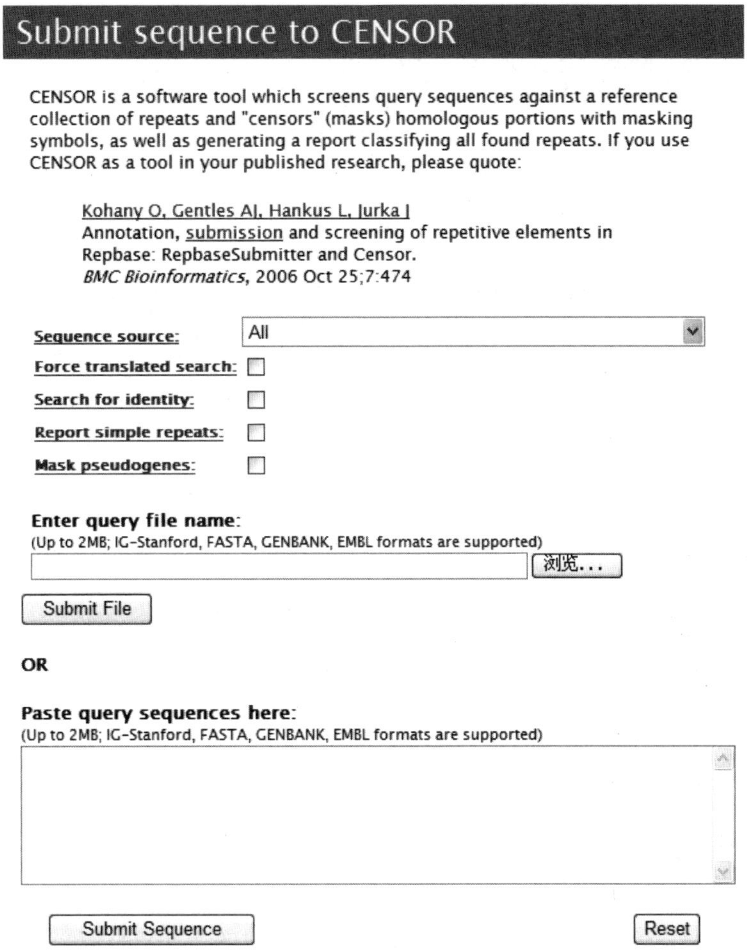

图 5-25　CENSOR 主页

②粘贴 AH002844.2 序列至文本区(图 5-26)。

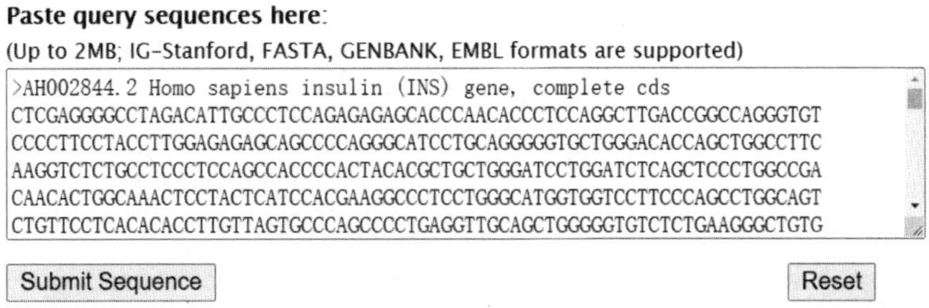

图 5-26　粘贴并提交序列

③单击 Submit Sequence 按钮，弹出序列屏蔽结果结果页面(图 5-27~图 5-32)。

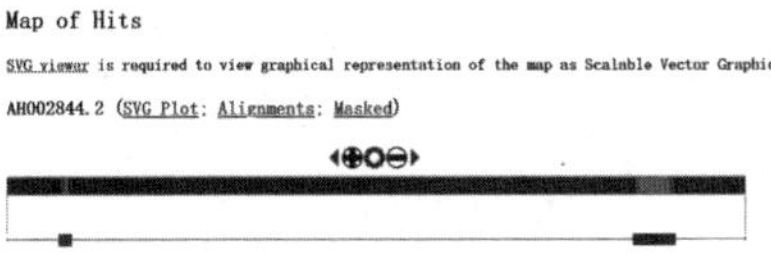

Name	From	To	Name	From	To	Class	Dir	Sim	Pos/Mm:Ts	Score
AH002844.2	352	439	MER52D	280	393	ERV/ERV1	c	0.7419	1.9000	218
AH002844.2	4213	4496	AluSq	1	284	NonLTR/SINE/SINE1	d	0.9120	1.2632	2024

图 5-27　CENSOR 分析结果特征性表

Masked Sequence

>AH002844.2
CTCGAGGGGCCTAGACATTGCCCTCCAGAGAGAGCACCCAACACCCTCCAGGCTTGACCGGCCAGGGTGT
CCCCTTCCTACCTTGGAGAGAGCAGCCCCAGGGCATCCTGCAGGGGGTGCTGGGACACCAGCTGGCCTTC
AAGGTCTCTGCCTCCCTCCAGCCACCCCACTACACGCTGCTGGGATCCTGGATCTCAGCTCCCTGGCCGA
CAACACTGGCAAACTCCTACTCATCCACGAAGGCCCTCCTGGGCATGGTGGTCCTTCCCAGCCTGGCAGT
CTGTTCCTCACACACCTTGTTAGTGCCCAGCCCCTGAGGTTGCAGCTGGGGGTGTCTCTGAAGGGCTGTG
AXXXXXXXXXXXXXXXXXXXXXXXXXXXXXXXXXXXXXXXXXXXXXXXXXXXXXXXXXXXXXXXXXXXXX
XXXXXXXXXXXXXXXXXXXATCCAGCCTCCCTCCCTACACACTCCTCTCAAGGAGGCACCCATGTCCTCT
CCAGCTGCCGGGCCTCAGAGCACTGTGGCGTCCTGGGGCAGCCACCGCATGTCCTGCTGTGGCATGGCTC
AGGGTGGAAAGGGCGGAAGGGAGGGGTTCCTGCAGATAGCTGGTGCCCACTACCAAACCCGCTCGGGGCAG
GAGAGCCAAAGGCTGGGTGTGTGCAGAGCGGCCCCGAGAGGTTCCGAGGCTGAGGCCAGGGTGGGACATA
GGGATGCGAGGGGCCGGGGCACAGGATACTCCAACCTGCCTGCCCCCATGGTCTCATCCTCCTGCTTCTG
GGACCTCCTGATCCTGCCCCTGGTGCTAAGAGGCAGGTAAGGGGCTGCAGGCAGCAGGGCTCGGAGCCCA
TGCCCCCTCACCATGGGTCAGGCTGGGCCTCCTGTTCTGGGGAGCTGGGAGGGCCGGAGGGGT
GTACCCCAGGGGCTCAGCCCAGATGACACTATGGGGGTGATGGTGTCATGGGACCTGGCCAGGAGAGGGG
AGATGGGCTCCCAGAAGAGGAGTGGGGGCTGAGAGGGTGCCTGGGGGGCCAGGACGGAGCTGGGCCAGTG
CACAGCTTCCCACACCTGCCCACCCCCAGAGTCCTGCCGCCACCCCCAGATCACACGGAAGATGAGGTCC
GAGTGGCCTGCTGAGGACTTGCTGCTTGCTGAGGAAGACCATTGCCTGGACCCCAGGCCATGCCCTCCTTCTGCCACCCTGGG
GAGCTGAGGGCCTCAGCTGGGGCTGCTGTCCTAAGGCAGGGTGGGAACTAGGCAGCCAGCAGGGAGGGGA
CCCCTCCCTCACTCCCACTCTCCCACCCCCACCACCTTGGCCCATCCATGGCGGCATCTTGGGCCATCCG
GGACTGGGGACAGGGGTCCTGGGGACAGGGGTCCGGGGACAGGGTCCTGGGGACAGGGGTGTGGGGACAG
GGGTCTGGGGACAGGGGTGTGGGGACAGGGGTGTGGGGACAGGGGTCTGGGGACAGGGGTGTGGGGACAG
GGGTCCGGGGACAGGGGTGTGGGGACAGGGGTCTGGGGACAGGGGTGTGGGGACAGGGGTGTGGGGACAG
GGGTCTGGGGACAGGGGTGTGGGGACAGGGGTCCTGGGGACAGGGGTGTGGGACAGGGGTGTGGGGACA
GGGGTGTGGGGACAGGGGTGTGGGGACAGGGGTCCTGGGGATAGGGGTGTGGGGACAGGGGTGTGGGGAC
AGGGGTCCGGGGACAGGGGTGTGGGACAGGGGTGTGGGGACAGGGGTCCTGGGGACAGGGGTCCTGAGG
ACAGGGGTGTGGGCACAGGGGTCCTGGGGACAGGGGTCCTGGGGACAGGGGTCCTGGGGACAGGGGTCTG
GGGACAGCAGCGCAAAGAGCCCCGCCCTGCAGCCTCCAGCTCTCCTGGTCTAATGTGGAAAGTGGCCCAG
GTGAGGGCTTTGCTCTCCTGGAGACATTTGCCCCCAGCTGTGAGCAGGGACAGGTCTGGCCACCGGGCCC
CTGGTTAAGACTCTAATGACCCGCTGGTCCTGAGGAAGAGGTGCTGACGACCAAGGAGATCTTCCCACAG
ACCCAGCACCAGGGAAATGGTCCGGAAATTGCAGCCTCAGCCCCCAGCCATCTGCCGACCCCCCCACCCC
GCCCTAATGGGCCAGGCGGCAGGGGTTGACAGGTAGGGGAGATGGGCTCTGAGACTATAAAGCCAGCGGG
GGCCCAGCAGCCCTCAGCCCTCCAGGACAGGCTGCATCAGAAGAGGCCATCAAGCAGGTCTGTTCCAAGG
GCCTTTGCGTCAGGTGGGCTCAGGGTTCCAGGGTTGCCAGGGTGGCTGGACCCCAGGCCCCAGCTCTGCAGCAGGGAG
ACGTGGCTGGGCTCGTGAAGCATGTGGGGGTGAGCCCAGGGGCCCCAAGGCAGGGCACCTGGCCTTCAGC
CTGCCTCAGCCCTGCCTGTCTCCCAGATCACTGTCCTTCTGCCATGGCCCTGTGGATGCGCCTCCTGCCC
CTGCTGGCGCTGCTGGCCCTCTGGGGACCTGACCCAGCCGCAGCCTTTGTGAACCAACACCTGTGCGGCT
CACACACTGGTGGAAGCTCTCTACCTAGTGTGCGGGGAACGAGGCTTCTTCTACACACCCAAGACCCGCCG
GGAGGCAGAGGACCTGCAGGGTGAGCCAACCGCCCATTGCTGCCCCTGGCCGCCCCAGCCACCCCCTGC
TCCTGGCGCTCCCACCCAGCATGGGCAGAAGGGGGCAGGAGGCTGCCACCCAGCAGGGGGTCAGGTGCAC
TTTTTTAAAAGAAGTTCTCTTGGTCACGTCCTAAAAGTGACCAGCTCCCTGTGGCCCAGTCAGAATCTC
AGCCTGAGGACGGTGTTGGCTTCGGCAGCCCCGATATACATCAGAGGGTGGGCACGCTCCTCCCTCCACT
CGCCCCTCAAACAAATGCCCCGCAGCCCATTTCTCCACCCTCATTTGATGACCGCAGATTCAAGTGTTTT
GTTAAGTAAAGTCCTGGGTGACCTGGGGTCACAGGGTGCCCCACGCTGCCTGCCTCTGGGCGAACACCCC
ATCACGCCCGGAGGAGGGCGTGGCTGCCTGCCTGAGTGGGCCAGACCCCTGTCGCCAGCCTCACGGCAGC
TCCATAGTCAGGAGATGGGGAAGATGCTGGGGACAGGCCCTGGGGAGAAGTACTGGGGACCACCTGTTCAG
GCTCCCACTGTGACGCTGCCCCGGGGGCGGGGAAGGAGGTGGGACATGTGGGCGTTGGGGCCTGTAGGTC
CACACCCAGTGTGGGTGACCCTCCCTCTAACCTGGGTCCAGCCCGGCTGGAGATGGGTGGGAGTGCGACC
TAGGGCTGGCGGGCAGGCGGGCACTGTGTCTCCCTGACTGTGTCCTCCTGTGTCCCTCTGCCTCGCCGCT
GTTCCGGAACCTGCTCTGCGCGGGCACTGTTGCTGGCAGTGGGGGCAGGTGGAGCTGGGCGGGGGCCCTGGTGC
AGGCAGCCTGCAGCCCTTGGCCCTGGAGGGGTCCCTGCAGAAGCGTGGCATTGTGGAACAATGCTGTACC
AGCATCTGCTCCCTCTACCAGCTGGAGAACTACTGCAACTAGACGCAGCCTGCAGGCAGCCCCACACCCG
CCGCCTCCTGCACCGAGAGAGATGAATAAAGCCCTTGAACCAGCCCTGCTGTGCCGTCTGTGTGTCTTG
GGGGCCCTGGGCCAAGCCCCACTTCCCGGCACTGTTGTGAGCCCCTCCCAGCTCTCTCCACGCTCTCTGG
GTGCCCACAGGTGCCAACGCCGGCCAGGCCCAGCCAGCATGCAGTGGCTCTCCCCAAAGCGGCCATGCCTGTTG
GCTGCCTGCTGCCCCCACCCTGTGGCTCAGGGTCCAGTATGGGAGCTTCGGGGGTCTCTGAGGGGCCAGG
GATGGTGGGGCCACTGAGAAGTGACTTCTTGTTCAGTAGCTCTGGACTCTTGGAGTCCCCAGAGACCTTG
TTCAGGAAAGGGAATGAGAACATTCCCAGCAATTTTCCCCCCACCTAGCCCTCCCAGGTTCTATTTTTAGA
GTTATTTCTGATGGAGTCCCTGTGGAGGGAGGAGGCTGGGCTGAGGGAGGGGGTNNNNNNNNNNNNNNNN
NNNNNNNNNNNNNNNNNNNNNNNNNNNNNNNNNNNNNNNNNNNNNNNNNNNNNNNNNNNNNNNNNNNN
NNNNNNNNNNNNNCTCGAGGGAGGAGACCCGGGGCTGGGTACGGAGGCCTCTGCACATCTTAGAGTAAA
ACAAGCAGGAGAXXXXXXXXXXXXXXXXXXXXXXXXXXXXXXXXXXXXXXXXXXXXXXXXXXXXXXXXX
XXXXXXXXXXXXXXXXXXXXXXXXXXXXXXXXXXXXXXXXXXXXXXXXXXXXXXXXXXXXXXXXXXXXX
XXXXXXXXXXXXXXXXXXXXXXXXXXXXXXXXXXXXXXXXXXXXXXXXXXXXXXXXXXXXXXXXXXXXX
XXXXXXXXXXXXXAAAAAAACAAAAACAAAAAAATCAAAACAATCAAAAAAACAAGCAGGAGGGGCTCT
GAGGTGCCTGCAACACCCAGGTACAATCCGTGGCCCTGAGGCCCCATCACAGGGAAGGGGTCTTTGCAGCT
CTTTCAACCCCCAGCCCAGCATCCAAGGAAGCCCAGGGCAGGGAGGAAACCTCAGCTGCACCATCAGAGCT
CAGAACAGAAGGCAGAAATTAGCAGGGAGTGGGGCTGGGGAGGCTTCCTAGAAGACGTGTCTCCCGCC
TTGCTGGCACTGAGGCCTTGAGGATGGGTCCATACTGGGCCCCCACTGCCAGGGATGCAGATCCGCCCA
CTGCTGAAATCTGTGCTCCTGGAGCCTCCCTCCTGTTCATGGGCCACAGGCTGTGAAAACCCCAGAGTCC
TCCCAGGCAGCAAGTTTTGTTTTGTTTTTTGTTGTTTGCTTGTTTGTTTTTTGAGAGTCTGCTCGTCA

图 5-28 屏蔽了重复序列后的输出序列

图中 X 代表被屏蔽的序列

Local Alignments*

Name	From	To	Name	From	To	Dir	Sim	Pos/Mm:Ts	Score
AH002844.2	352	439	MER52D	280	393	c	0.7419	1.9000	218

```
352 GCCCCCAGGA-----AGCCCTGGGGAAGTGCC----TG-CCTTGCCTCCCCCCGGC---------CCTGC 402
    |||||||||:-----:||:|:||||::|: ||----||-||:|| ||||| |||||---------| ||
393 GCCCCCAGGGCGGCGGGCTCCGGGGGGGCTCCCACTTGTCCCTGGCTCCCGCCGGCTCCATGGGGCNTGG 324

403 CAGCGCCTGG-------CTCTGCCCTCCTACCTGGGCTCCCCCC 439
    ||||||| ||-------||||||| |||| |||| ||:|:||||
323 CAGCGCCNGGGNCCCAGCTCTGCCNTCCTCCCTGCGCCCTCCCC 280
```

Name	From	To	Name	From	To	Dir	Sim	Pos/Mm:Ts	Score
AH002844.2	4213	4495	AluSp	1	284	d	0.9120	1.2632	2024

```
4213 GGCTGGGTGCGGTGGCTCATGCCTATAATCCCAGCACTTTAGGAGGCTGAGGCGGGCAGATCACCTGAGG 4282
     |||:|||:|||||||||||:||||:|||||||||||||||:||||||:|||||||||:||||||||||||
   1 GGCCGGGCGCGGTGGCTCACGCCTGTAATCCCAGCACTTTGGGAGGCCGAGGCGGGCGGATCACCTGAGG 70

4283 TCGGGAGTTCAAGACCAGCCTGACCAACAGGGAGAAACCCCATCTTTACTAAAACTACAAAA-TTAGCTG 4351
     ||||||||||:|||||||||||||||||| |||||||||||:|||:|||||||| |||||||-||||:||
  71 TCGGGAGTTCGAGACCAGCCTGACCAACATGGAGAAACCCCGTCTCTACTAAAAATACAAAAATTAGCCG 140

4352 GGTGTGGTGGCACATGCCTGTAATCCCAGATATTCGGGAGGCTGAGGCAGGAGAATCGCTTGAACCTGGG 4421
     ||:||||||||:||||||||||||||||| ||:|||||||||||||||||||||||||||||||||:|||
 141 GGCGTGGTGGCGCATGCCTGTAATCCCAGCTACTCGGGAGGCTGAGGCAGGAGAATCGCTTGAACCCGGG 210

4422 AAGCAGAGGTTGCGCTGAGCCGAGATGGCACCATTGCACTCCAGCCTGGGCAACGAGAGCGAAACTCCGT 4491
     |:||:||||||||| ||||||||||| ||:||||||||||||||||||||||||:|||||||||||||||
 211 AGGCGGAGGTTGCGGTGAGCCGAGATCGCGCCATTGCACTCCAGCCTGGGCAACAAGAGCGAAACTCCGT 280

4492 CTCA 4495
     ||||
 281 CTCA 284
```

图5-29 与Repbase数据库比对的结果

Masked Regions

```
>AH002844.2 FRAGMENT 439 -> 352
GGGGGGAGCCCAGGTAGGAGGGCAGAGCCAGGCGCTGGCAGGGCCGGGGGGAGGCAAGGCAGGCACTTCC
CCAGGGCTTCCTGGGGGC
>AH002844.2 FRAGMENT 4213 -> 4495
GGCTGGGTGCGGTGGCTCATGCCTATAATCCCAGCACTTTAGGAGGCTGAGGCGGGCAGATCCACCTGAGG
TCGGGAGTTCAAGACCAGCCTGACCAACAGGGAGAAACCCCATCTTTACTAAAACTACAAAATTAGCTGG
GTGTGGTGGCACATGCCTGTAATCCCAGATATTCGGGAGGCTGAGGCAGGAGAATCGCTTGAACCTGGGA
AGCAGAGGTTGCGCTGAGCCGAGATGGCACCATTGCACTCCAGCCTGGGCAACGAGAGCGAAACTCCGTC
TCA
```

图 5-30 被屏蔽序列列表

Annotation of Repbase Sequences

```
ID   AluSp      repbase;    DNA;     PRI; 284 BP.
XX
AC   .
XX
DT   20-AUG-1998 (Rel. 1.00, Created)
DT   20-AUG-1998 (Rel. 1.00, Last updated, Version 1)
XX
DE   Alu-Sp subfamily - a consensus.
XX
KW   SINE1/7SL; SINE; Non-LTR Retrotransposon; Transposable Element;
KW   Nonautonomous; Alu-Sp; AluSp; Repetitive sequence.
XX
OS   Primates
OC   Eukaryota; Metazoa; Chordata; Craniata; Vertebrata; Euteleostomi;
OC   Mammalia; Eutheria; Euarchontoglires.
XX
RN   [1]
RP   105-121
RA   Jurka J. and Milosavljevic A.;
RT   "Reconstruction and analysis of human Alu genes.";
RL   J. Mol. Evol 32(2), 105-121 (1991).
XX
DR   [1] (Consensus)
XX
SQ   Sequence 284 BP; 65 A; 80 C; 94 G; 45 T; 0 other;

//
ID   MER52D     repbase;    DNA;     PRI; 2123 BP.
XX
AC   .
XX
DT   23-APR-2001 (Rel. 6.03, Created)
DT   23-APR-2001 (Rel. 6.03, Last updated, Version 1)
XX
DE   Long terminal repeat from MER4I-group retroelement.
XX
KW   ERV1; Endogenous Retrovirus; Transposable Element; LTR;
KW   MER4I-group; MER52; MER52A; MER52B; MER52C; MER52D; subfamily.
XX
OS   Homo sapiens
OC   Eukaryota; Metazoa; Chordata; Craniata; Vertebrata; Euteleostomi;
OC   Mammalia; Eutheria; Euarchontoglires; Primates; Haplorrhini;
OC   Catarrhini; Hominidae; Homo.
XX
RN   [1]
RP   1-2123
RA   Jurka J.;
RL   Direct Submission to Repbase Update (APR-2001).
XX
DR   [1] (Consensus)
XX
CC   Another variant of MER52 LTRs different by an additional
CC   ~540 bp from the 5'-end. This is the longest of the MER52
CC   LTRs to date. Characteristically, the first 80 bp or so
CC   from the 5' end are similar to 5'-ends of MER52A and MER52B.
CC   There is also a patchy similarity to MER52C over a longer
CC   5' ~300 bp region.
XX
SQ   Sequence 2123 BP; 391 A; 685 C; 680 G; 316 T; 51 other;
//
```

图 5-31 与被屏蔽序列匹配的 Repbase 数据库中相关的序列注释信息

```
Summary Table
Repeat Class                                    Fragments         Length
Transposable Element                                2              371
      Endogenous Retrovirus                         1               88
            ERV1                                    1               88
      Non-LTR Retrotransposon                       1              283
            SINE                                    1              283
                SINE1/7SL                           1              283
Total                                               2              371
```

图 5-32　不同重复元件在分析序列中的构成

5.4　基因结构分析

原核基因的结构比较简单。完整的基因结构从基因的 5′端启动子区域开始，到 3′端终止区结束。基因的转录开始位置由转录起始位点确定，转录过程直至遇到转录终止位点结束，转录的内容包括 5′端非翻译区(5′UTR)、开放阅读框以及 3′端非翻译区(3′UTR)。基因翻译的准确起止位置由起始密码子和终止密码子决定，翻译的对象即为介于这两者之间的开放阅读框。原核基因为连续基因，其编码区是一个完整的 DNA 片段。

真核基因远比原核基因复杂，图 5-33 为真核基因典型结构的示意图。真核基因的编码区域是非连续的，编码区域被内含子分割为若干个小片段，因此在真核基因中没有发现原核基因具有显著长度的开放阅读框的标志，但编码蛋白质的外显子与内含子之间的连接绝大部分满足 GT-AG 规则。即在每个外显子和内含子的接头区都是一段高度保守的共有序列，内含子的 5′端是 GT，3′端是 AG，这种接头方式称为 GT-AG 法则，普遍存在于真核生物中，是 RNA 剪接的识别信号，这有助于编码区域的识别。真核生物某些结构基因没有内含子，如组蛋白和干扰素基因等，它们多以基因簇形式存在，大多数的酵母结构基因也没有内含子。

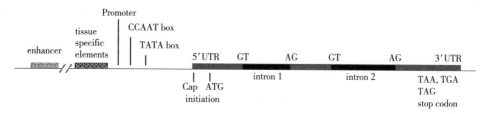

图 5-33　真核生物基因结构

DNA 序列结构分析主要包括 DNA 序列中重复片段、编码区、启动子、内含子/外显子、转录调控因子结合位点等信息的分析和识别。

5.4.1　开放阅读框的识别

一个开放阅读框(opening reading frame，ORF)就是一个潜在的蛋白质编码区，因此，要确定 DNA 序列的编码区，就需要检测出这段序列有多少个 ORF。由于原核生物基因不含内含子，基因翻译的准确起止位置由起始密码子和终止密码子决定。因此，原核生物翻译的对象即为介于这两者之间的 ORF。多数真核生物基因含有内含子，首先需要能够正确地识别出内含子和外显子的边界，以检测出序列中的多个 ORF。分析 ORF 时，应综合运用密码子使用的偏好性、ORF 长度、Kozak 规则等多种信息进行综合分析，以提高所预测

ORF 的可信度。

较为可靠的方法是利用已知的蛋白质序列和 cDNA 序列、EST 序列进行比对，来识别编码区和内含子、外显子的剪接位点。也可以利用软件预测 ORF，常用的 ORF 预测软件有 ORF Finder、Gene Finder、Vector NTI Advance 和 GENSCAN 等。其中，ORF Finder 是 NCBI 提供的一个图形化的序列分析工具，可以找到所有可能的 ORF 并推导出相应的氨基酸序列。为提高预测结果的可信度，可进一步使用 SMART BLAST、BlastP、CCD 和 Pfam 等工具进行验证。

如利用 ORF Finder 预测 FJ654265 序列的 ORF：

①进入 ORF Finder 页面（https://www.ncbi.nlm.nih.gov/orffinder/）（图 5-34）。

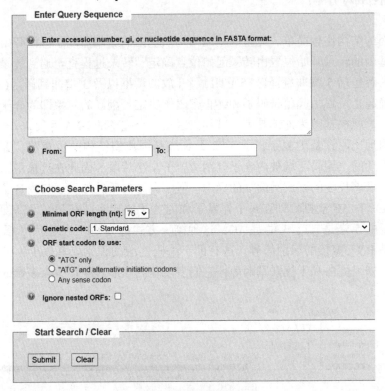

图 5-34　ORF Finder 主页

②输入预分析序列的 Genbank 登录号或直接在文本区以 FASTA 格式输入核酸序列（图 5-35）。

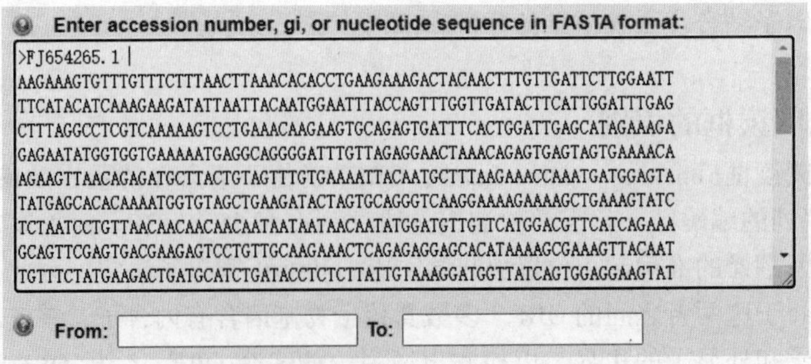

图 5-35　粘贴 FJ654265.1 序列至文本区

③采用默认参数，单击 OrfFind 按钮，弹出 ORF Finder 分析结果页面(图 5-36)。

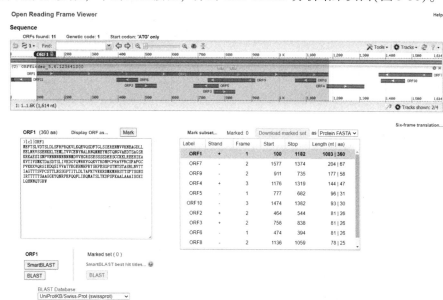

图 5-36　ORF Finder 分析结果

④单击 Display ORF as... 按钮，弹出 ORF 显示方式对话框(图 5-37)，单击相应的选项可以变更 ORF 显示方式(如果有相应的注释信息)。

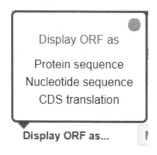

图 5-37　ORF 显示方式对话框

⑤单击图 5-36 中的 SmartBLAST 按钮或 BLAST 按钮可以对选中的 ORF 编码的蛋白质进行 BLASTP 分析(图 5-38)。

5.4.2　启动子及转录因子结合位点分析

启动子是指在基因上由 RNA 聚合酶识别、结合并确定转录起始位点的特定序列，通常包括转录因子结合点、核心启动序列和上下游相关的调控元件。原核生物具有多个基因共享一个启动子的操纵子结构，原核生物的启动子有两个保守序列，即位于 -10 的 Pribnow 框(TATAAT)和位于 -35 的识别区。与原核生物不同，每个真核生物的基因都有自己的启动子。真核生物的启动子有 3 类，分别由 RNA 聚合酶Ⅰ、Ⅱ和Ⅲ进行转录。

真核基因的启动子一般由 3 个元件构成：

①TATA 框(TATA box)。真核生物基因的启动子在 -25 ~ -35 区域含有 TATA 序列，是 RNA 聚合酶Ⅱ识别和结合位点。由于该序列前 4 个碱基为 TATA，所以称为 TATA 框。一般有 8 bp，改变其中任何一个碱基都会显著降低转录活性。如人类的 β 珠蛋白基因启动子

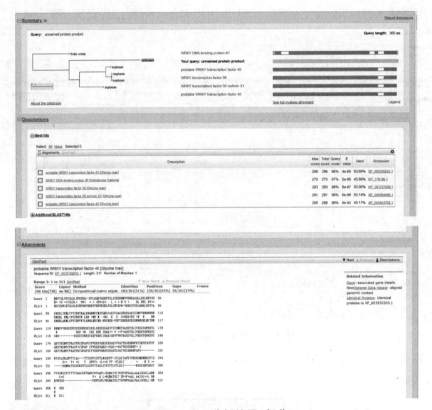

图 5-38　Blast 分析结果（部分）

中 TATA 序列发生突变，β 珠蛋白产量就会大幅度下降而引起贫血症。

②CAAT 框（CAAT box）。真核生物基因的启动子在-70~-80 区域含有 CCAAT 序列，共有序列为 GGCC(T)CAATCT。主要控制转录起始的频率。兔的 β 珠蛋白基因的 CAAT 框变成 TTCCAATCT，其转录效率只有原来的 12%。

③GC 框（GC box）。在-80~-110 区域含有 GCCACACCC 或 GGGCGGG 序列。功能与 CAAT 框相同，也是主要控制转录起始的频率。

以上 3 种序列具有重要功能，但并不是每个基因的启动子区域都包含 3 种序列。如 SV40 的早期基因缺少 TATA 框和 CAAT 框，只有 6 个串联在上游-40~-110 区域的 GC 区；组蛋白 H_2B 基因启动子中不含 GC 框，但有两个 CAAT 框和一个 TATA 框。

启动子前后还有若干其他有控制作用的 DNA 片段。特别是在真核生物中，这些控制片段更为多样，从而更有效地调控基因的表达。典型的启动子常包含 TATA 和 CAAT 等片段，但也有不少例外。各种转录因子帮助 RNA 聚合酶结合到控制片段上，启动和完成 RNA 的转录（图 5-39）。

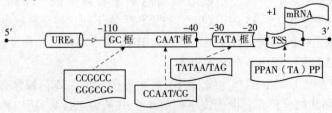

图 5-39　真核生物的启动子结构

目前，已经建立了很多真核生物启动子预测相关数据库(表 5-1)。

例如，以 Promoter Scan 预测人胰岛素基因(Genbank no. AH002844.2)的启动子和转录因子结合位点。

表 5-1 真核生物启动子数据库及相关预测分析工具

名 称	网 址	说 明
EPD	http://epd.vital-it.ch/	真核 RNA 聚合酶 II 型启动子的非冗余数据库
PLACE	http://www.dna.affrc.go.jp/PLACE/	植物顺式作用元件模体数据库
TRRD	http://www.mgs.bionet.nsc.ru/mgs/gnw/trrd/	真核生物基因组转录调控区数据库
TRANSFAC	http://www.gene-regulation.com/pub/databases.html	真核生物基因表达调控因子的数据库
Promoter 2.0	http://www.cbs.dtu.dk/services/promoter	真核启动子预测分析
WWW promoter Scan	http://www-bimas.cit.nih.gov/molbio/proscan/	真核启动子预测分析
Neural network promoter prediction	http://www.fruitfly.org/seq_tools/promoter.html	真核启动子预测分析
TFSEARCH	http://www.cbrc.jp/research/db/TFSEARCH.html	转录因子结合位点分析
WWW Signal Scan	http://www-bimas.cit.nih.gov/molbio/signal/	

① 进入 Promoter Scan 主页(图 5-40)。

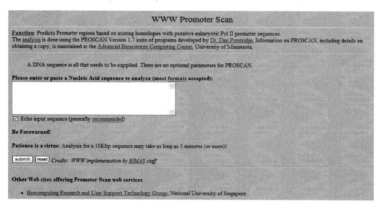

图 5-40 Promoter Scan 主页

② 粘贴 AH002844.2 序列至文本区(图 5-41)。

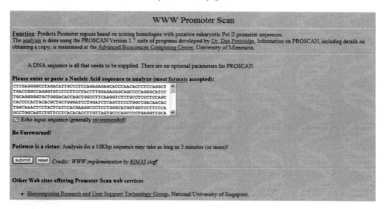

图 5-41 AH002844.2 序列粘贴至文本区

③单击 submit，弹出预测分析结果页面(图 5-42)。

```
Proscan: Version 1.7
Processed Sequence: 4045 Base Pairs

Promoter region predicted on forward strand in 1931 to 2181
Promoter Score: 81.22 (Promoter Cutoff = 53.000000)
TATA found at 2155, Est.TSS = 2185
Significant Signals:
 Name                  TFD #    Strand  Location  Weight
 C/EBP                 S00266    +       1966     1.229000
 CREB                  S00489    -       2009     1.147000
 CREB                  S00144    -       2011     2.549000
 AP-2                  S01936    +       2072     1.108000
 AP-2                  S00346    +       2090     1.355000
 EARLY-SEQ1            S01081    +       2097     6.322000
 (Sp1)                 S01187    +       2097     8.117000
 Sp1                   S00801    +       2098     2.755000
 PuF                   S02016    -       2099     1.391000
 Sp1                   S00802    +       2099     3.292000
 JCV_repeated_sequenc  S01193    -       2099     1.658000
 Sp1                   S00781    -       2103     2.772000
 Sp1                   S00978    -       2104     3.361000
 AP-2                  S01936    -       2125     1.091000
 TFIID                 S00087    +       2156     2.618000
 T-Ag                  S00974    +       2169     1.086000


Promoter region predicted on forward strand in 3111 to 3361
Promoter Score: 55.07 (Promoter Cutoff = 53.000000)

Significant Signals:
 Name                  TFD #    Strand  Location  Weight
 AP-2                  S01936    -       3124     1.091000
 AP-2                  S00346    -       3126     1.672000
 CREB                  S00489    -       3165     1.147000
 AP-2                  S01936    +       3169     1.108000
 T-Ag                  S00974    +       3173     1.086000
 Sp1                   S00979    +       3173     6.023000
 Sp1                   S00326    +       3173     3.129000
 JCV_repeated_sequenc  S01193    +       3174     1.427000
 Sp1                   S00978    +       3174     3.013000
 Sp1                   S00781    +       3175     3.191000
 Sp1                   S00802    -       3179     3.061000
 Sp1                   S00801    -       3180     3.119000
 EARLY-SEQ1            S01081    -       3181     5.795000
 (Sp1)                 S01187    -       3181     6.819000
 Sp1                   S00956    -       3182     3.129000
 (Sp1)                 S01027    -       3205     2.233000
 AP-2                  S01936    -       3209     1.091000
 PuF                   S02016    +       3275     1.082000
 JCV_repeated_sequenc  S01193    +       3275     1.427000
 Sp1                   S00781    +       3298     3.191000
 AP-2                  S00346    -       3302     1.672000
 Sp1                   S00801    -       3303     3.119000


Promoter region predicted on reverse strand in 3392 to 3142
Promoter Score: 66.53 (Promoter Cutoff = 53.000000)

Significant Signals:
```

图 5-42 Promoter Scan 分析结果

Name	Strand	Location	Weight
GCF	+	3378	2.284000
Sp1	-	3311	2.755000
Sp1	+	3306	2.772000
AP-2	-	3302	1.355000
JCV_repeated_sequenc	+	3275	1.658000
PuF	+	3275	1.391000
AP-2	-	3209	1.108000
AP-2	-	3183	1.355000
Sp1	-	3182	9.386000
(Sp1)	-	3181	8.117000
EARLY-SEQ1	-	3181	6.322000
Sp1	-	3180	2.755000
Sp1	-	3179	3.292000
Sp1	+	3175	2.772000
Sp1	+	3174	3.361000
JCV_repeated_sequenc	+	3174	1.658000
Sp1	+	3173	9.386000
Sp1	+	3173	6.023000
T-Ag	-	3172	1.086000
AP-2	+	3169	1.091000

图 5-42　Promoter Scan 分析结果（续）

由分析结果可知，启动子预测的阈值为 53 时，在 forward strand 上预测的启动子区域为 1931～2181 和 3311～3361；在 reverse strand 中预测的启动子区域为 3392～3142。分析结果还列出了已知的转录因子结合位点。

另外，Neural network promoter prediction 为利用神经网络法识别启动子位点信息的一种启动子分析方法。此方法分析结果简单明了。

①进入 Neural network promoter prediction（https：//www.fruitfly.org/seq_tools/promoter.html）主页（图 5-43）。

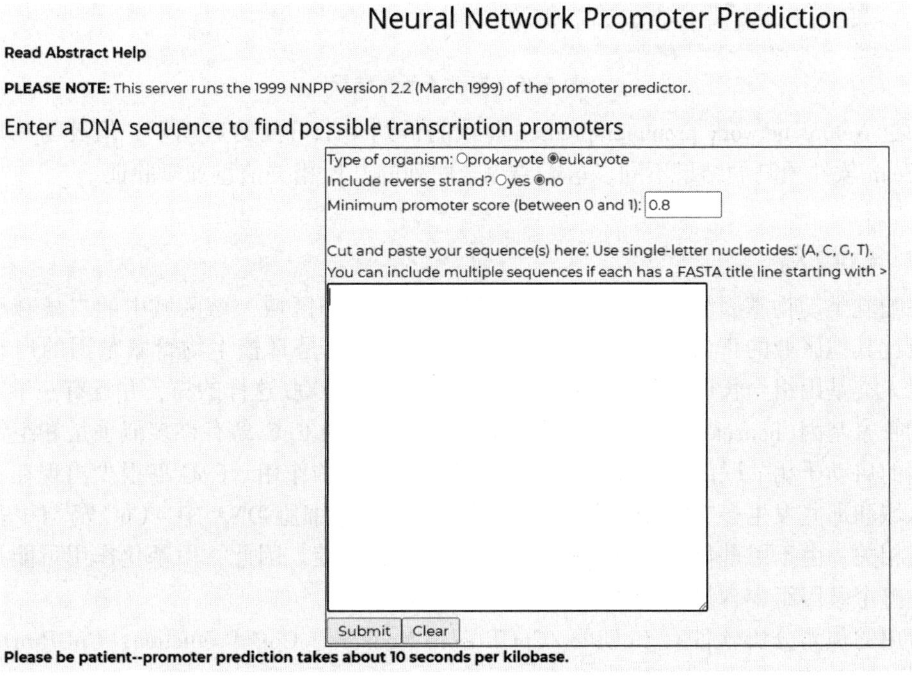

图 5-43　Neural Network Promoter Prediction 主页

②粘贴 J00265.1 序列至文本区(图 5-44)。

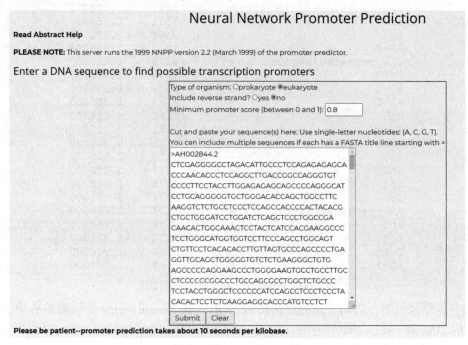

图 5-44　J00265.1 序列粘贴至文本区

③单击 Submit 按钮，弹出预测分析结果页面(图 5-45)。

Promoter predictions for 1 eukaryotic sequence with score cutoff 0.80 (transcription start shown in larger font):

Promoter predictions for AH002844.2 :

Start	End	Score	Promoter Sequence
2146	2196	1.00	GCTCTGAGACTATAAAGCCAGCGGGGGCCCAGCAGCCCTCAGCCCTCCAG
2753	2803	0.99	GGTCACGTGCTAAAAGTGACCAGCTCCCTGTGGGCCAGTCAGAATCTCAG
2870	2920	0.90	TCGCCCCTCAAACAAATGCCCCGCAGCCCATTTCTCCACCCATTTGAT
4226	4276	0.85	GGCTCATGCCTATAATCCCAGCACTTTAGGAGGCTGAGGCGGCAGATCA

图 5-45　启动子预测结果

通过 Neural network promoter prediction 预测得到 4 个可能的启动子，但其与利用 Promoter Scan 软件预测的结果不同。这需要综合序列的其他相关信息加以验证。

5.4.3　CpG 岛

在哺乳类动物基因组中的一个 500 bp 到 3 000 bp 的区域，该区域中的二核苷酸 CpG 的含量比其他区域的正常水平要高。通常，与此相关的是真核生物管家基因的启动子区域。对人类基因组全长序列的分析结果表明，大约有 45 000 这样的岛，并且有一半左右与已知的管家基因(housekeeping gene)是有关联的，其余的 CpG 岛有许多似乎是和组织特异性基因的启动子相关联的。CpG 岛具有抵抗序列甲基化的作用。CpG 岛很少出现在不含基因的区域和那些发生多次突变的基因中。在大多数真核细胞 DNA 中，CpG 岛与甲基化修饰密切相关。由于甲基化后的胞嘧啶较易突变为胸腺嘧啶。因此，甲基化作用可能是导致 CpG 在整个基因组中含量极少的主要原因。

常用的预测分析软件有 CpGPlot/CpGReport/Isochore、CpG Prediction、CpGProD、CpG Island Searcher 等。

如利用 CpGPlot 预测 P16 基因(Genbank no. L81167.1)中 CpG 岛：

①进入 CpGPlot(https：//www.ebi.ac.uk/Tools/seqstats/emboss_cpgplot/)主页(图 5-46)。

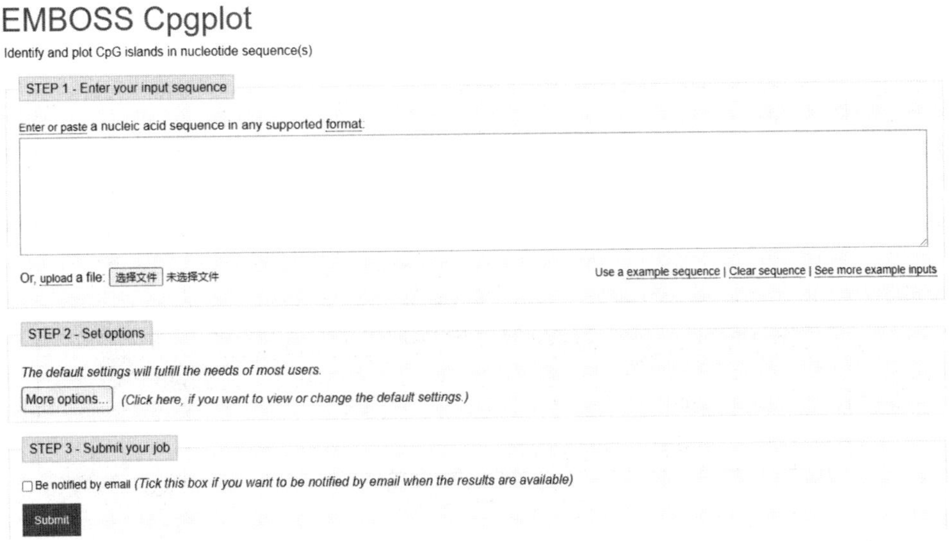

图 5-46　CpGPlot 主页

②粘贴 L81167.1 基因序列至文本区(图 5-47)。

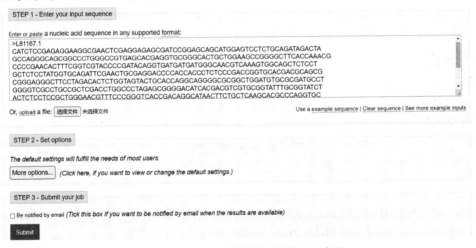

图 5-47　L81167.1 基因序列粘贴至文本区

③单击"Submit"按钮，弹出 CpG 岛预测结果界面。

由图 5-48 可知，该序列中存在一个长度约为 404 bp 的 CpG 岛。

5.4.4　转录终止位点分析

多数真核生物 mRNA 具有 poly(A)尾巴，是在转录后经 poly(A)聚合酶的作用而添加上去的。其长度因 mRNA 种类不同而变化，一般为 40~200 个。研究发现，几乎所有真核基因的 3′末端转录终止位点上游 15~30 bp 处的保守序列 AAUAAA 对于初级转录产物的切割及加 poly(A)是必需的。真核细胞 mRNA 3′末端的 poly(A)是在转录后经 polyA 聚合酶的作用而添加上去的。原核生物的 mRNA 一般无 polyA。

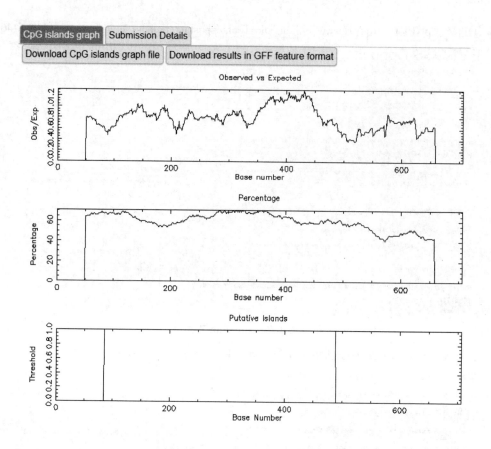

图 5-48　CpG 岛预测结果

对多腺苷化信号进行预测和分析有利于界定基因的范围。

例如，利用 POLYAH 分析 AH002844.2 基因 poly(A)结构。

①进入 POLYAH 主页(http://linux1.softberry.com/berry.phtml?topic=polyah&group=programs&subgroup=promoter)(图 5-49)。

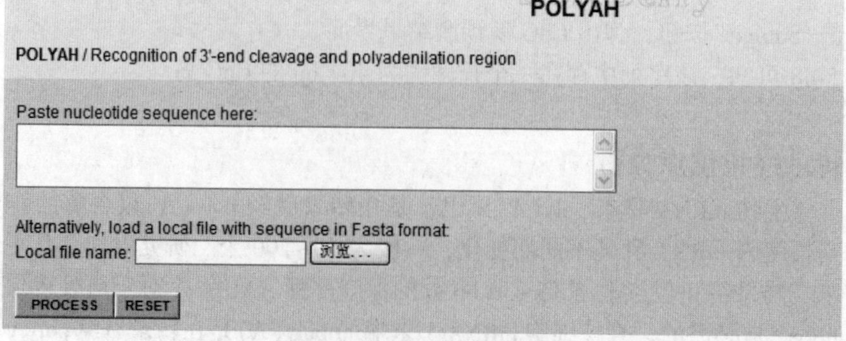

图 5-49　POLYAH 主页

②粘贴 AH002844.2 序列至文本区(图 5-50)。

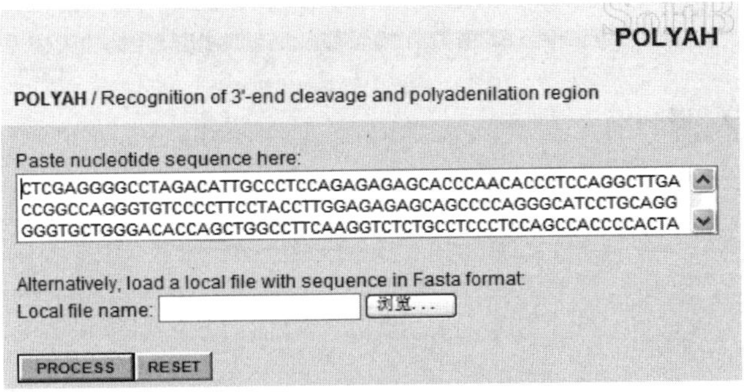

图 5-50　AH002844.2 序列粘贴至文本区

③单击 PROCESS 按钮，弹出预测结果页面(图 5-51)。

```
> test sequence
Length of sequence-     4969
    1 potential polyA sites were predicted
Pos.:    3596  LDF-   5.24
```

图 5-51　POLYAH 预测结果

分析结果显示，poly(A)在 3596 碱基处，权重为 5.24。

5.5　序列同源性分析

在实际工作中，当我们克隆到一个 DNA 序列时，接下来的工作就是分析该 DNA 是不是我们所需要的目的序列及其可能具有的功能。较常用的方法就是通过数据库搜索寻找同源序列。数据库搜索的基础是序列的相似性比对，而寻找同源序列则是数据库搜索的主要目的之一。

同源序列，简单地说，是指从某一共同祖先经趋异进化而形成的不同序列。相似性是指序列比对过程中用来描述检测序列和目标序列之间相同 DNA 碱基或氨基酸残基序列所占比例的高低。由此我们可以看出，同源性(homology)和相似性(similarity)是两个完全不同的概念。相似性是指一种很直接的数量关系，如部分相同或相似的百分比或其他一些合适的度量；同源性指从一些数据中推断出的两个基因或蛋白质序列具有共同祖先的结论，属于质的判断。只有当两个序列具有足够的相似性时，才认为两者具有同源性。

那么进行核酸和蛋白质序列比对之后，如何来判断比对得出的同源性的结果是否具有生物学上的意义呢？

对于蛋白质来说，如果蛋白质序列之间在至少 80 个氨基酸的区域中具有 25%或更高的相似性，那么它们一般具有相类似的生物学性质。在此标准(25%相似性)之下，两条蛋白质序列可能具有相似的功能，也可能是性质上完全不同的蛋白质。

对核酸来说，序列比对情况更为复杂。由于 DNA 编码的冗余特点，编码区的 DNA 序列在进行比对之前可以先翻译为蛋白质序列，再进行分析。当拟分析的核酸序列不是编码区时，序列一致性的结果是否具有生物学意义上的显著性则很难给出明确的结论。一般来说，DNA 序列具有 75%以上相似性时的同源性才可能具有潜在的生物学意义。

如在番茄中克隆到一 WRKY 转录因子 cDNA 序列(Genbank no. FJ654265.1)，接下来要搜索 Genbank 数据库以寻找其同源序列。

①进入 NCBI(http://www.ncbi.nlm.nih.gov/)主页(图 5-52)。

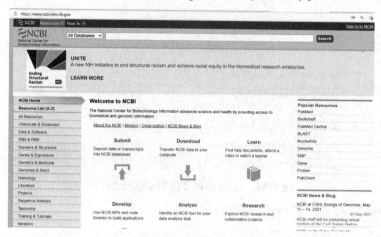

图 5-52　NCBI 主页

②单击 BLAST 进入 BLAST 主界面(图 5-53)。

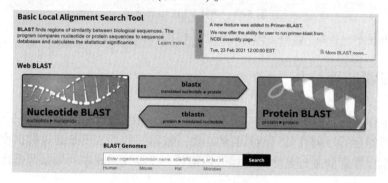

图 5-53　NCBI BLAST 主页面

③单击"Nucleotide BLAST"进入 blastn 界面(图 5-54)。

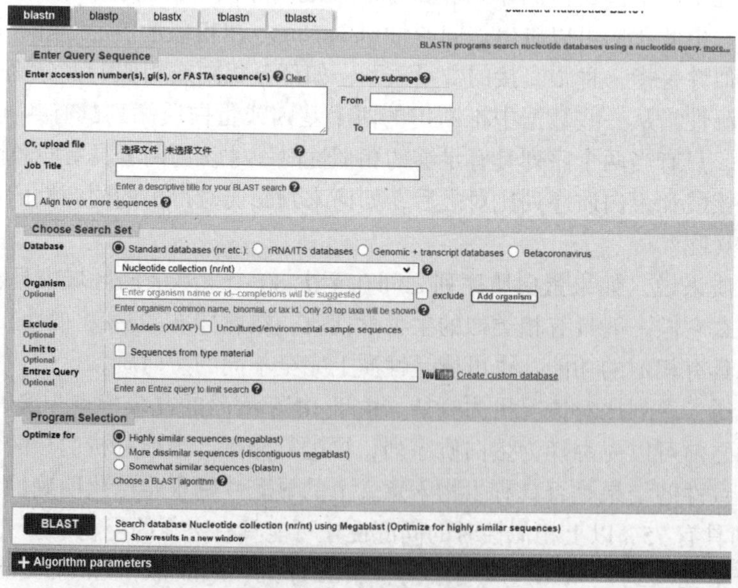

图 5-54　Blastn 主页面

④以 FASTA 格式粘贴 FJ654265.1 序列→"Choose search Set"→"Database"中选择"Standard database(nr etc.)"→"Program Selection"→"Optimize for"中选择"Highly similar sequences(megablast)"→点选"show results in a new window"(图 5-55)。

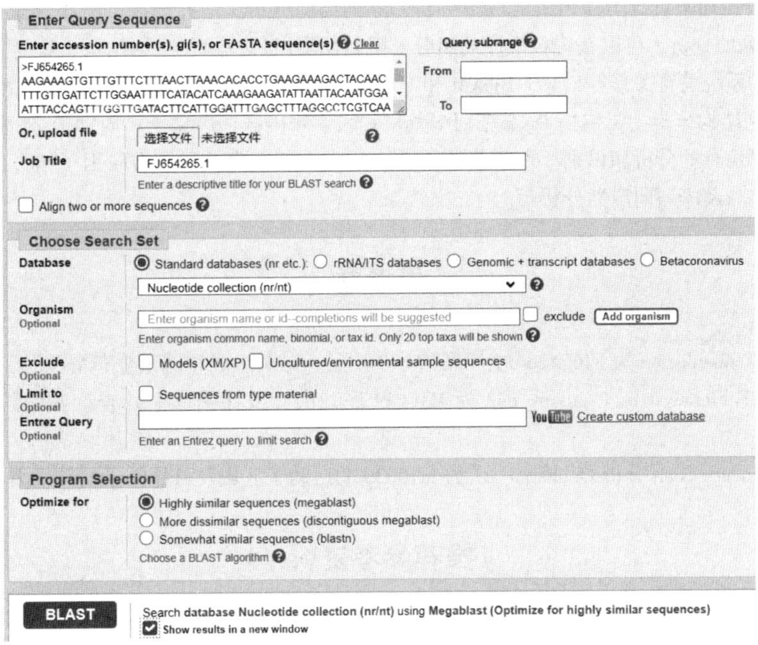

图 5-55　FJ654265.1 序列粘贴至文本区

⑤单击 BLAST 即弹出 BLAST 结果，结果有 Descriptions、Graphic Summary、Alignments、Taxonomy 4 种显示方式，单击相应的按钮即可查看(图 5-56)。

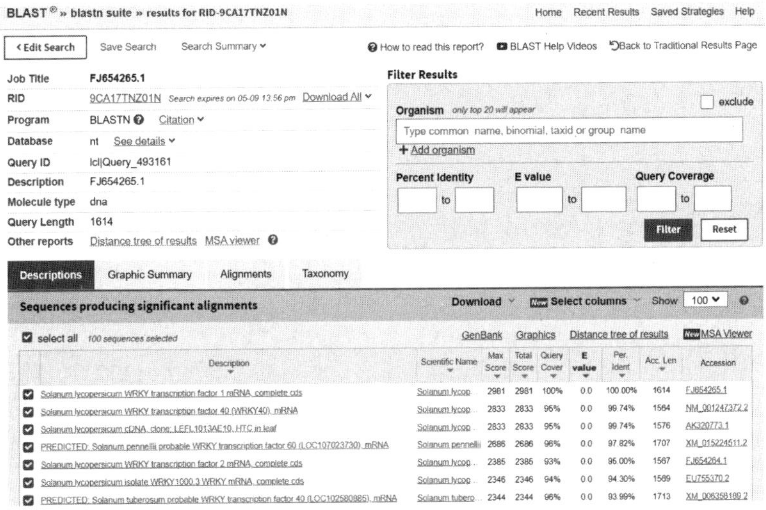

图 5-56　Blastn 搜索结果

输出结果中包括程序名称、版本号及文献引用出处，以及检索序列的名称、数据库名称；列出相似性值较高的序列条目，以及它们在数据库中的编号和简要说明。每个条目后面给出相似性分数值 Score 和期望频率值 E，以相似性分数值大小为序排列，分数越高，相似性越大。而 E 值则表示随机匹配的可能性，E 值越大，随机匹配的可能性也越大。

本章小结

DNA 序列分析通常可分为序列组成成分分析、序列结构分析、序列同源性分析和聚类分析四大类。通过对 DNA 序列的分析，可以获得核酸序列组分、限制性酶切(位点)、基因结构、重复序列、序列及所代表的类群间的系统发育关系等信息。BioXM 和 OMIGA 为进行常规的序列组分和限制性酶切分析的常用软件。DNA 序列结构分析主要包括 DNA 序列中重复片段、编码区、启动子、内含子/外显子、转录调控因子结合位点等信息的分析和识别。本章着重介绍了 ORF 分析、启动子及转录因子结合位点分析、CpG岛、转录终止位点及序列同源性分析等。

思考题

1. 试分析 Genbank no. 为 FJ654264.1 序列的分子质量、碱基组成和碱基分布情况。
2. 利用 ORF Finder 预测 Genbank no. 为 M10039 序列的开放性阅读框并查询其编码的蛋白的同源序列。
3. 利用 Promoter Scan 分析 Genbank no. 为 M10039 的启动子区域及可能转录的转录因子结合位点。

推荐参考资料

1. Bioinformatics(Methods Express Series). Paul Dear. Cold Spring Harbor Laboratory Press, 2007.
2. 生物信息学分析实践. 吴祖建, 高芳銮, 沈建国. 科学出版社, 2010.
3. 生物信息学：序列与基因组分析. 曹志伟(编译). 科学出版社, 2006.

第 6 章 蛋白质序列分析

确认一段 DNA 为蛋白质编码序列后，接下来的工作就是根据预测的 ORF 推知其编码的蛋白质序列，然后进一步分析预测蛋白质理化性质和生物学功能。包括分子质量、等电点（pI）、二级结构、三级结构、四级结构、膜蛋白的跨膜区段、酶的活性位点、以及蛋白质之间相互作用等结构和功能信息。蛋白质序列分析主要包括理化性质分析和结构预测。

6.1 蛋白质的一级结构分析

蛋白质的一级结构指多肽链内氨基酸残基从 N 末端到 C 末端的排列顺序，是蛋白质最基本的结构。根据预测的蛋白质序列，可以进一步预测分析蛋白质的基本理化性质和其含有的序列模式，如蛋白质的分子质量、等电点、氨基酸组成、疏水性和亲水性分析等。

常用的分析软件有 ProtParam、ProtScale、REP、ExPASy 和 PROPSEARCH（http://www.embl-heidelberg.de/prs.html）等。

例如，利用 ProtParam（https://web.expasy.org/protparam/）预测分析 ACN38396.1 的基本性质：

①进入 ProtParam 主页（图 6-1）。

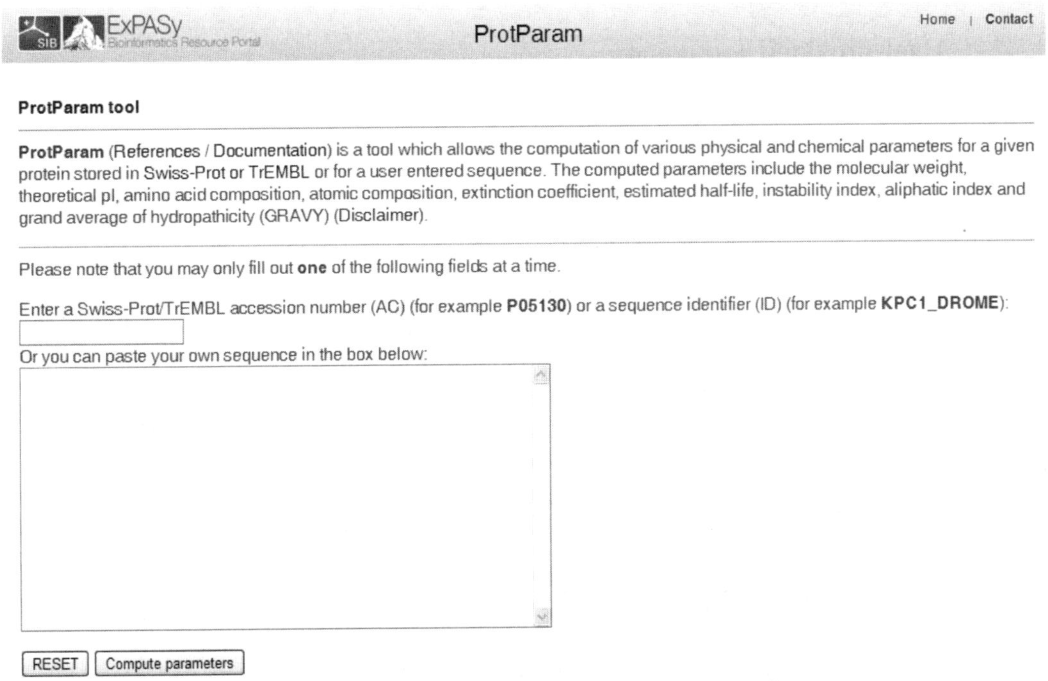

图 6-1 ProtParam 主页

②输入 ACN38396.1 序列至文本区(如果有 Swiss-Prot 或 TrEMBL accession numbe 也可输入 accession numbe 直接分析)(图 6-2)。

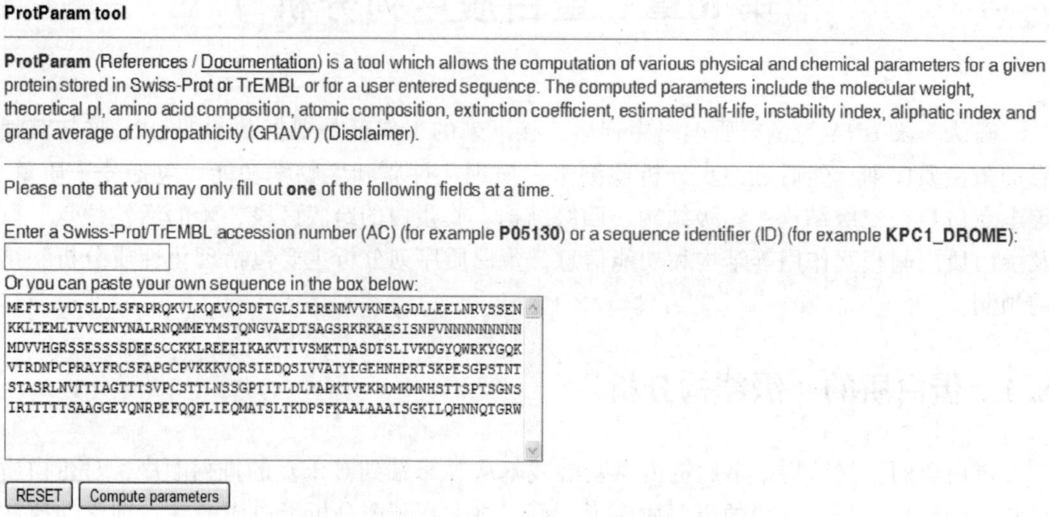

ProtParam tool

ProtParam (References / Documentation) is a tool which allows the computation of various physical and chemical parameters for a given protein stored in Swiss-Prot or TrEMBL or for a user entered sequence. The computed parameters include the molecular weight, theoretical pI, amino acid composition, atomic composition, extinction coefficient, estimated half-life, instability index, aliphatic index and grand average of hydropathicity (GRAVY) (Disclaimer).

Please note that you may only fill out **one** of the following fields at a time.

Enter a Swiss-Prot/TrEMBL accession number (AC) (for example **P05130**) or a sequence identifier (ID) (for example **KPC1_DROME**):

Or you can paste your own sequence in the box below:

```
MEFTSLVDTSLDLSFRPRQKVLKQEVQSDFTGLSIERENMVVKNEAGDLLEELNRVSSEN
KKLTEMLTVVCENYNALRNQMMEYMSTQNGVAEDTSAGSRKRKAESISNPVNNNNNNNNN
MDVVHGRSSESSSSDEESCCKKLREEHIKAKVTIVSMKTDASDTSLIVKDGYQWRKYGQK
VTRDNPCPRAYFRCSFAPGCPVKKKVQRSIEDQSIVVATYEGEHNHPRTSKPESGPSTNT
STASRLNVTTIAGTTTSVPCSTTLNSSGPTITLDLTAPKTVEKRDMKMNHSTTSPTSGNS
IRTTTTTSAAGGEYQNRPEFQQFLIEQMATSLTKDPSFKAALAAAISGKILQHNNQTGRW
```

[RESET] [Compute parameters]

图 6-2　ACN38396.1 序列粘贴至文本区

③单击 [Compute parameters]，弹出分析结果页面(图 6-3)。

分析结果页面包含用户提交序列和序列分析结果两部分内容。由图 6-3 可知，Genbank no. 为 ACN38396.1 的蛋白由 360 个氨基酸残基组成，相对分子质量为 39 772.3，理论等电点为 8.57 的亲水性蛋白。另外，结果中还包含每种氨基酸含量、带正电荷与带负电荷的氨基酸残基数、分子式、消光系数、稳定性等信息。

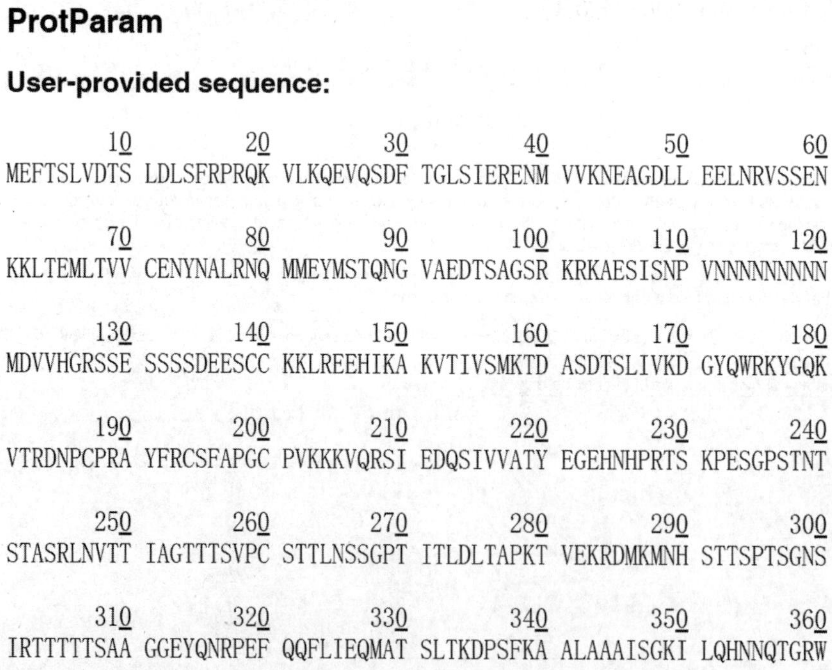

ProtParam

User-provided sequence:

```
         10         20         30         40         50         60
 MEFTSLVDTS LDLSFRPRQK VLKQEVQSDF TGLSIERENM VVKNEAGDLL EELNRVSSEN
         70         80         90        100        110        120
 KKLTEMLTVV CENYNALRNQ MMEYMSTQNG VAEDTSAGSR KRKAESISNP VNNNNNNNNN
        130        140        150        160        170        180
 MDVVHGRSSE SSSSDEESCC KKLREEHIKA KVTIVSMKTD ASDTSLIVKD GYQWRKYGQK
        190        200        210        220        230        240
 VTRDNPCPRA YFRCSFAPGC PVKKKVQRSI EDQSIVVATY EGEHNHPRTS KPESGPSTNT
        250        260        270        280        290        300
 STASRLNVTT IAGTTTSVPC STTLNSSGPT ITLDLTAPKT VEKRDMKMNH STTSPTSGNS
        310        320        330        340        350        360
 IRTTTTTSAA GGEYQNRPEF QQFLIEQMAT SLTKDPSFKA ALAAAISGKI LQHNNQTGRW
```

图 6-3　ProtParam 分析结果

Number of amino acids: 360

Molecular weight: 39772.36

Theoretical pI: 8.57

Amino acid composition: [CSV format]

Ala (A)	21	5.8%
Arg (R)	20	5.6%
Asn (N)	28	7.8%
Asp (D)	15	4.2%
Cys (C)	7	1.9%
Gln (Q)	15	4.2%
Glu (E)	26	7.2%
Gly (G)	17	4.7%
His (H)	6	1.7%
Ile (I)	13	3.6%
Leu (L)	21	5.8%
Lys (K)	25	6.9%
Met (M)	11	3.1%
Phe (F)	8	2.2%
Pro (P)	15	4.2%
Ser (S)	42	11.7%
Thr (T)	38	10.6%
Trp (W)	2	0.6%
Tyr (Y)	7	1.9%
Val (V)	23	6.4%
Pyl (O)	0	0.0%
Sec (U)	0	0.0%
(B)	0	0.0%
(Z)	0	0.0%
(X)	0	0.0%

Total number of negatively charged residues (Asp + Glu): 41
Total number of positively charged residues (Arg + Lys): 45

Atomic composition:

Carbon	C	1685
Hydrogen	H	2736
Nitrogen	N	502
Oxygen	O	573
Sulfur	S	18

Formula: $C_{1685}H_{2736}N_{502}O_{573}S_{18}$
Total number of atoms: 5514

Extinction coefficients:

Extinction coefficients are in units of $M^{-1} cm^{-1}$, at 280 nm measured in water.

Ext. coefficient 21805
Abs 0.1% (=1 g/l) 0.548, assuming all pairs of Cys residues form cystines

Ext. coefficient 21430
Abs 0.1% (=1 g/l) 0.539, assuming all Cys residues are reduced

Estimated half-life:

The N-terminal of the sequence considered is M (Met).

The estimated half-life is: 30 hours (mammalian reticulocytes, in vitro).
                           >20 hours (yeast, in vivo).
                           >10 hours (Escherichia coli, in vivo).

Instability index:

The instability index (II) is computed to be 43.04
This classifies the protein as unstable.

Aliphatic index: 61.19

Grand average of hydropathicity (GRAVY): -0.747

图 6-3　ProtParam 分析结果(续)

6.2 蛋白质二级结构分析

蛋白质的二级结构是指多肽链主链在空间盘绕、折叠所形成的立体结构形态。包括 α-螺旋、β-折叠、β-转角和无规则卷曲等。目前，蛋白质二级结构预测工具较多，各有优缺点。一般对 α-螺旋的预测精度较好，β-折叠次之，对无规则二级结构的预测效果最差。

表 6-1 列出了常用的二级结构预测工具。

表 6-1 常用的蛋白质二级结构预测工具

名 称	网 址
SOPMA	https://npsa-prabi.ibcp.fr/cgi-bin/npsa_automat.pl?page=npsa_sopma.html
PSIPRED	http://bioinf.cs.ucl.ac.uk/psipred/
Paircoil2	http://cb.csail.mit.edu/cb/paircoil2/paircoil2.html
SMART	http://smart.embl-heidelberg.de/
InterProScan	http://www.ebi.ac.uk/interpro/search/sequence-search

例如，以 SOPMA 预测 Genbank no. 为 ACN38396.1 蛋白的二级结构：
①登录 SOPMA 主页（图 6-4）。

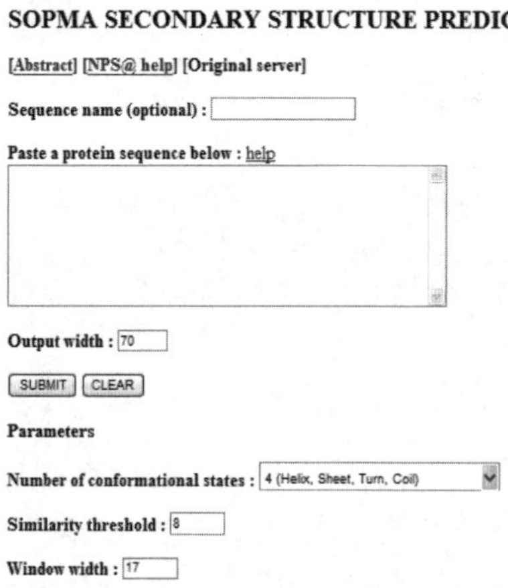

图 6-4 SOPMA 主页

②输入 ACN38396.1 序列至文本区（图 6-5）。

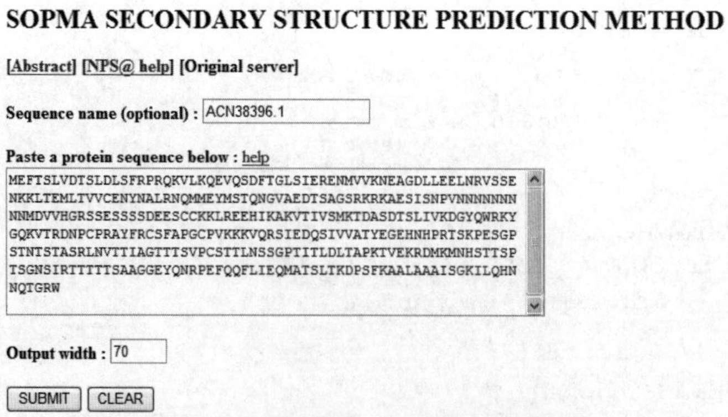

图 6-5 ACN38396.1 序列粘贴至文本区

③单击 SUBMIT 按钮，弹出分析结果对话框(图 6-6)。

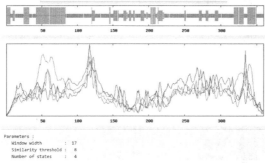

图 6-6　SOPMA 分析结果

SOPMA 预测结果采用上下双行的方式显示，上行为氨基酸序列，下行为氨基酸残基对应的二级结构。图中 h 为 Alpha helix，e 为 Extended sheet，c 为 Random coil，t 为 Beta turn。

6.3　蛋白质三级结构分析

蛋白质三级结构指的是多肽链在二级结构的基础上，通过侧链基团的相互作用进一步卷曲折叠，借助次级键维系而形成的特定的立体构象。蛋白质的一级结构决定其空间结构，而空间结构又决定其生理功能。因而研究和了解蛋白质的高级结构是充分研究和了解蛋白质功能的前提和基础。目前，蛋白质三级结构预测的方法主要有同源模建、折叠识别和从头预测。

表 6-2 列出了常见的三级结构预测工具。

表 6-2　常见的蛋白质三级结构预测工具

名　称	网　址
Swiss-Model	https://swissmodel.expasy.org/interactive
CPHmoders	http://www.cbs.dtu.dk/services/CPHmodels/
Phyre^2	http://www.sbg.bio.ic.ac.uk/phyre2/html/page.cgi?id=index

例如，以 Phyre² 工具预测 ACN38396.1 蛋白的三级结构：

① 进入 Phyre² 主页（图 6-7）。

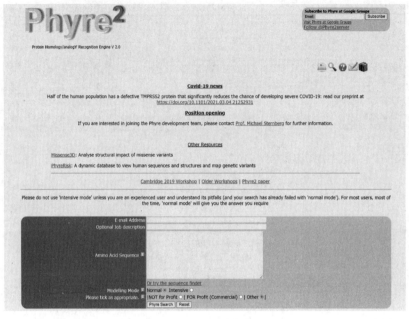

图 6-7　phyre² 主页

② 填写 E-mail 地址，输入 ACN38396.1 序列至文本区（图 6-8），选择 Normal 模式、非营利性（NOT for Profit）等信息。

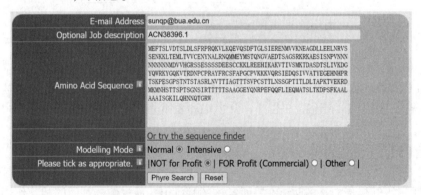

图 6-8　ACN38396.1 序列输入至文本区

③ 单击 Phyre Search 按钮，弹出预测结果界面（此步所需时间较长，但无须等待，系统会自动把搜索结果发送至用户提供的邮箱）（图 6-9~图 6-13）。

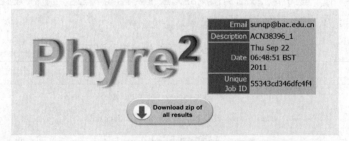

图 6-9　可以压缩包形式下载 Phyre² 预测分析结果

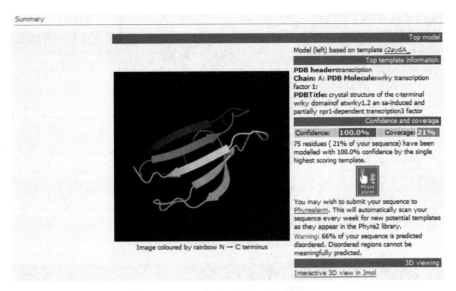

图 6-10　Phyre² 预测的三维结构模式图

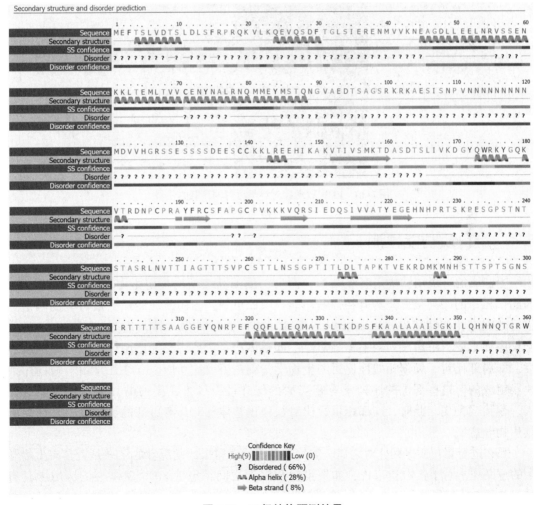

图 6-11　二级结构预测结果

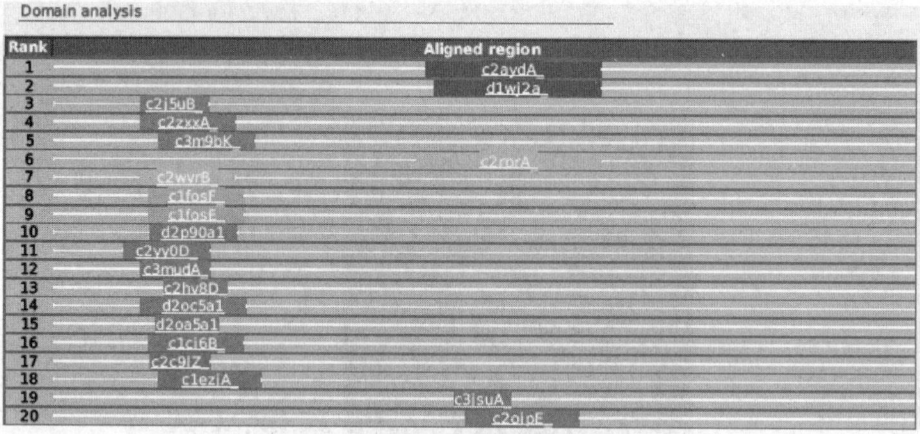

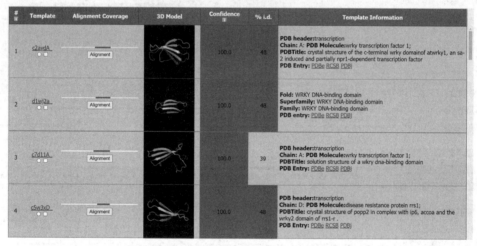

图 6-12 结构域预测分析结果

图 6-13 PDB 数据库对参与比对的序列的注释

6.4 蛋白质功能预测

  蛋白质的一级结构决定高级结构，而蛋白质的高级结构决定蛋白质的性质和功能。因此，相似的序列很可能具有相似的功能。由此可知，蛋白质功能预测最可靠的方法是进行数据库相似性搜索（序列比对）。序列比对的数学模型大体可以分为两类，一类从全长序列出发，考虑序列的整体相似性，即整体比对；另一类考虑序列部分区域的相似性，即局部比对。局部相似性比对的生物学基础是蛋白质功能位点往往是由较短的序列片段组成的，这些部位的序列具有相当大的保守性，尽管在序列的其他部位可能有插入、删除或突变。此时，局部相似性比对往往比整体比对具有更高的灵敏度，其结果更具生物学意义。

  那么进行蛋白质序列比对之后，如何来判断比对得出的同源性的结果是否具有生物学上的意义呢？对于蛋白质来说，如果蛋白质序列之间在至少 80 个氨基酸的区域中具有 25%或更高的相似性，那么它们一般具有相类似的生物学性质。在此标准（25%相似性）之下，两条蛋白质序列可能具有相似的功能，也可能是性质上完全不同的蛋白质。

表 6-3 列出了常用的蛋白质功能预测工具。

表 6-3　常用的蛋白质功能预测工具

程序名称	网址	备注
BlastP	https://blast.ncbi.nlm.nih.gov/Blast.cgi	基于序列同源性分析的蛋白质功能预测
FASTA3	https://www.ebi.ac.uk/Tools/sss/fasta/	
Motif scan(PFSCAN)	https://myhits.sib.swiss/cgi-bin/PFSCAN	基于 motif、结构位点、结构功能域数据库的蛋白质功能预测
InterProScan	http://www.ebi.ac.uk/interpro/search/sequence/	
SMART	http://smart.embl-heidelberg.de/	

以上程序用法类似于核酸序列分析软件 Blastn(见第 4 章)。

本章小结

蛋白质的一级结构可以决定蛋白质的高级结构,而高级结构可以决定蛋白质的性质和功能。因此,蛋白质高级结构预测分析对了解蛋白质的功能非常重要。蛋白质序列分析主要包括理化性质分析和结构预测。本章主要介绍了如何根据蛋白质的一级结构预测蛋白质的理化性质及高级结构、结构域等信息。

思考题

1. 试分析 Genbank no. 为 ACJ24298.1 的蛋白的分子质量、等电点、氨基酸组成情况。
2. 试分析 ACJ24298.1 蛋白的二级结构。
3. 试分析 ACJ24298.1 蛋白的三级结构。

推荐参考资料

1. 生物信息学:基础及应用. 王举,王兆月,田心. 清华大学出版社,2014.
2. 生物信息学. 张德阳. 科学出版社,2009.
3. 生物信息学应用技术. 王禄山,高培基. 化学工业出版社,2008.
4. 生物信息学分析实践. 吴祖建,高芳銮,沈建国. 科学出版社,2010.

第 7 章　生物信息学软件及使用

目前已经开发出许多生物信息分析工具和实用软件，如序列比较工具、基因识别工具、生物分子结构预测工具、基因表达数据分析工具等。前几章已经陆续介绍了一些生物信息学网络分析工具，本章主要介绍 Windows 环境下的软件资源。

7.1　引物设计软件

引物设计有 3 条基本原则：一是引物与模板的序列要紧密互补；二是引物与引物之间避免形成稳定的二聚体或发夹结构；三是引物不能在模板的非目的位点引发 DNA 聚合反应（即错配）。具体实现这 3 条基本原则需要考虑到诸多因素（张新宇，高燕宁，2004）。

引物设计常用的软件有 Primer premier 6.0 和 Oligo7.0 等。

例如，使用 Primer premier 6.0，以 FJ654265 序列为模板设计引物。

①打开 Primer premier 6.0（图 7-1）。

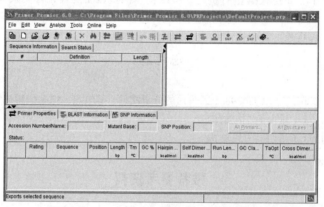

图 7-1　Primer premier 6.0 主程序窗口

②单击"File"→"New"→"Project"，弹出新建项目对话框（图 7-2）。

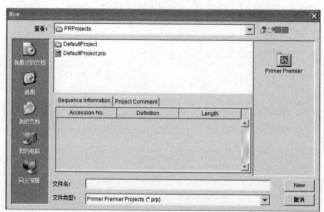

图 7-2　新建项目对话框

③在文件名文本框处输入 FJ654265（即将新建项目命名为 FJ654265），单击 New 按钮建立 FJ654265 项目文件夹（图 7-3）。

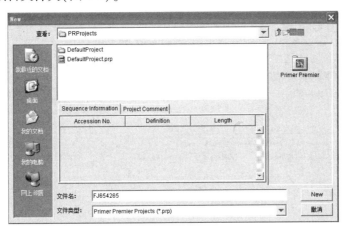

图 7-3　新建项目命名为 FJ654265

④单击"File"→"New"→"Sequence"按钮，弹出新建序列窗口（图 7-4）。

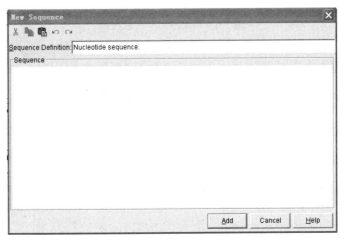

图 7-4　新建序列窗口

⑤粘贴 FJ654265 序列至文本区（图 7-5）。

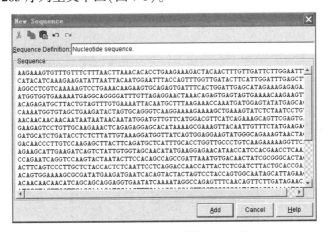

图 7-5　FJ654265 序列输入文本区

⑥单击 add 按钮添加序列，弹出序列信息界面下图中000001即为新建立的FJ654265序列(图7-6)。

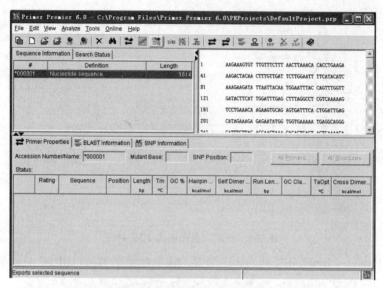

图7-6 新建序列完成后视图

⑦单击"Analyze"→"Primer Search"，弹出"Primer Search"对话框，用户可在此界面修改搜索引物的相关参数设置(图7-7)(本例采用默认参数设置)。

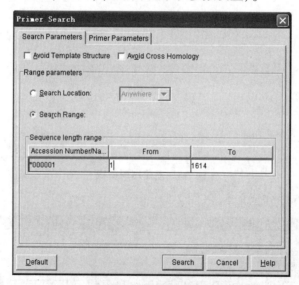

图7-7 引物搜索对话框

⑧单击 Search 按钮，弹出"Search Completed"对话框(图7-8)。

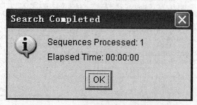

图7-8 引物搜索完成对话框

⑨单击 OK 按钮，弹出最优引物界面(图 7-9)。

图 7-9 引物搜索结果

⑩单击"File"→"Export Primer Results"，弹出"Export Primer Results"对话框(图 7-10)。

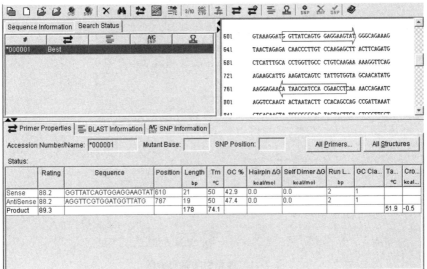

图 7-10 输出"引物搜索结果"对话框

⑪Export 选项卡下选"All Primers"(程序默认为 Best Primer)，Export to File 后的文本框中输入拟保存的地址及文件名 G:\引物设计\FJ654265(本例保存地址为 G:\引物设计，文件名为 FJ654265)(图 7-11)。

⑫单击 Export，输出文件名为 FJ654265 的 Excel 格式结果文件，文件中包含了引物的详细信息且引物按照的得分值(Pair Rating)从低到高的顺序排列(Primer premier 软件设计的引物，最高得分值 100)。

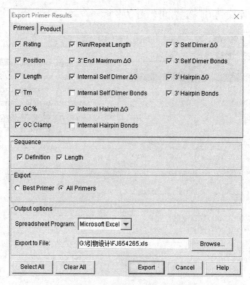

图 7-11　调整引物输出参数

⑬另外，也可通过单击"View"→"All Primers"[图 7-12(a)]弹出"All Primers"对话框[图 7-12(b)]，然后通过对话框查看全部引物的信息。

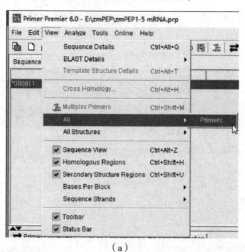

图 7-12　All Primers 对话框

7.2 综合序列分析软件

当前，许多生物信息软件大都朝着综合性分析软件的方向发展。较常用的综合序列分析软件主要有 Vector NTI Advance、Genscan、DNAMAN、SnapGene 和 Discovery Studio Gene 等。其中，Vector NTI Advance 是由 Informax 公司开发的一种高度集成、功能齐全的综合性蛋白核酸分析工具包，具有蛋白核酸序列分析、引物设计分析、序列显示、多序列比对、序列装配等多种功能，还具有增强 Internet 功能，可直接在软件中使用互联网相关网站的生物信息功能。

下面以 FJ654265 序列分析为例，简要介绍 Vector NTI Advance 11 的使用方法。

7.2.1 建立新序列

①程序→invitrogene→Vector NTI Advance 11→Vector NTI 启动，Vector NTI Advance 11（图 7-13）。

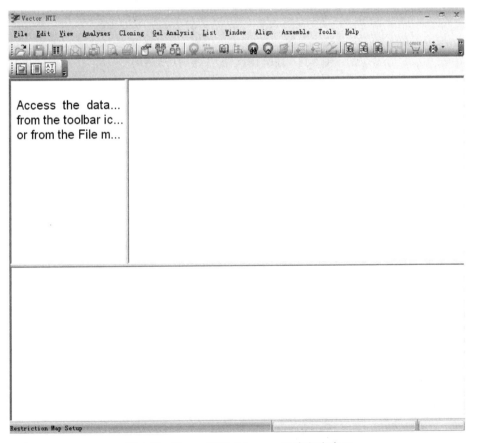

图 7-13　Vector NTI Advance 11 主程序窗口

②单击"Flile"→"Creat New Sequence"→"Using Sequence Editor（DNA、RNA）"，弹出"New DNA/RNA Molecule"对话框（图 7-14）。

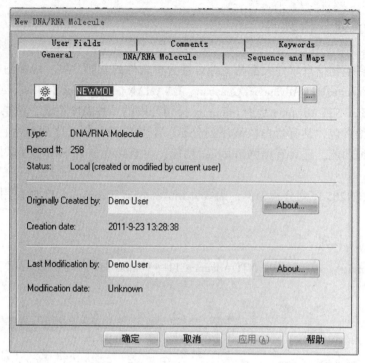

图 7-14　新建 DNA/RNA 序列对话框

③将图 7-14 中 NEWMOL 改为 FJ654265，并单击"Sequence and Maps"，弹出"Sequence and Maps"对话框（图 7-15）。

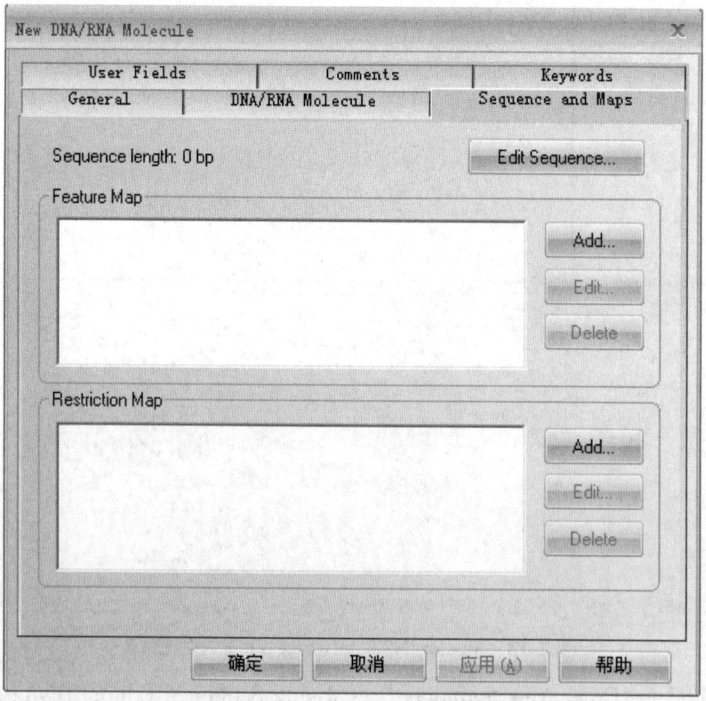

图 7-15　Sequence and Maps 对话框

④单击 Edit Sequence... 按钮,弹出"Edit Nucleotide Sequence of FJ654265"对话框(图7-16)。

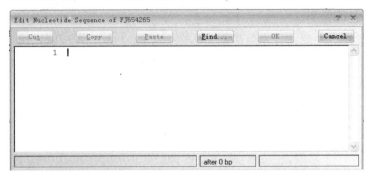

图 7-16　Edit Nucleotide Sequence of FJ654265 对话框

⑤粘贴 FJ654265 序列至文本区(图7-17)。

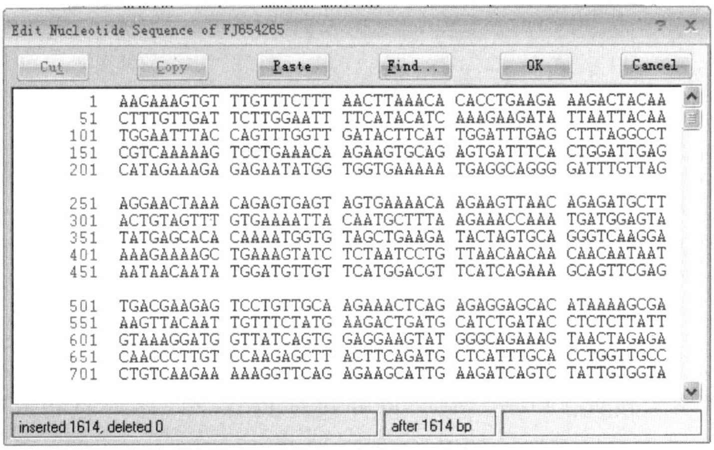

图 7-17　FJ654265 序列输入至文本区

⑥单击 OK →"确定"按钮,弹出"FJ654265 序列显示"视窗(图7-18)。序列显示视窗由序列区、图形区和注释区3部分组成。

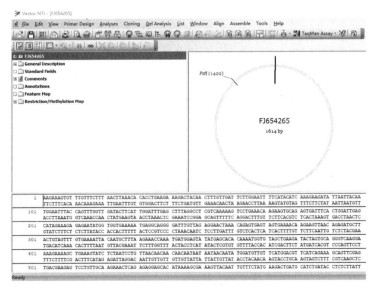

图 7-18　FJ654265 序列显示窗口

7.2.2 PCR 引物设计

①打开 FJ654265 序列，将光标移至文本区，单击"Edit"→"Select All 全选序列"，单击"Primer Design"→"Find PCR Primers inside Selection"，弹出"Find Primers in Selected Region of FJ654265"（图 7-19）。

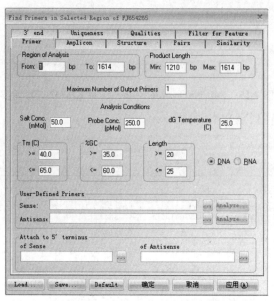

图 7-19　Vector NTI Advance 11 引物设计对话框

②采用默认参数设置，单击"确定"即完成对 FJ654265 序列的 PCR 引物设计过程（图 7-20），同时在注释区增加了 PCR Analysis 选项。

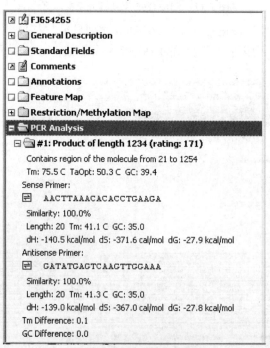

图 7-20　引物搜索结果

7.2.3 ORF 分析

①打开 FJ654265 序列，单击"Analyses"→"Find ORF"，弹出"ORF Setup"对话框（图 7-21）。

②采用默认参数设置，单击"OK"，完成 ORF 分析。结果显示在注释区 Opening Reading Frames 文件夹中（图 7-22）。

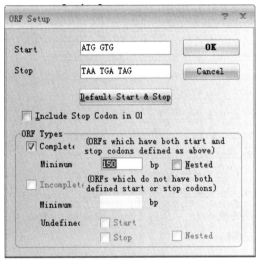

图 7-21 ORF 搜索对话框

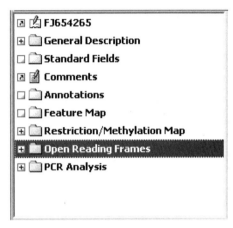

图 7-22 ORF 搜索结果

7.2.4 将 FJ654265 编码区翻译为蛋白质序列

①打开 FJ654265 序列，单击"Analyses"→"Translation"→"Into New Protein"→"In Sequence Pane"→"Translates ORFs"，弹出"Filter ORFs to be Translated"对话框（图 7-23）。

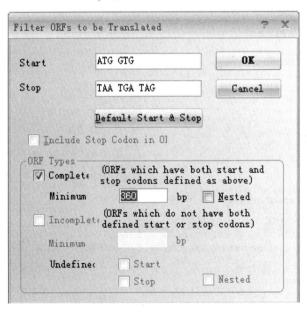

图 7-23 阅读框翻译对话框

②单击"OK",编码区核酸序列翻译为蛋白质序列(图7-24)。

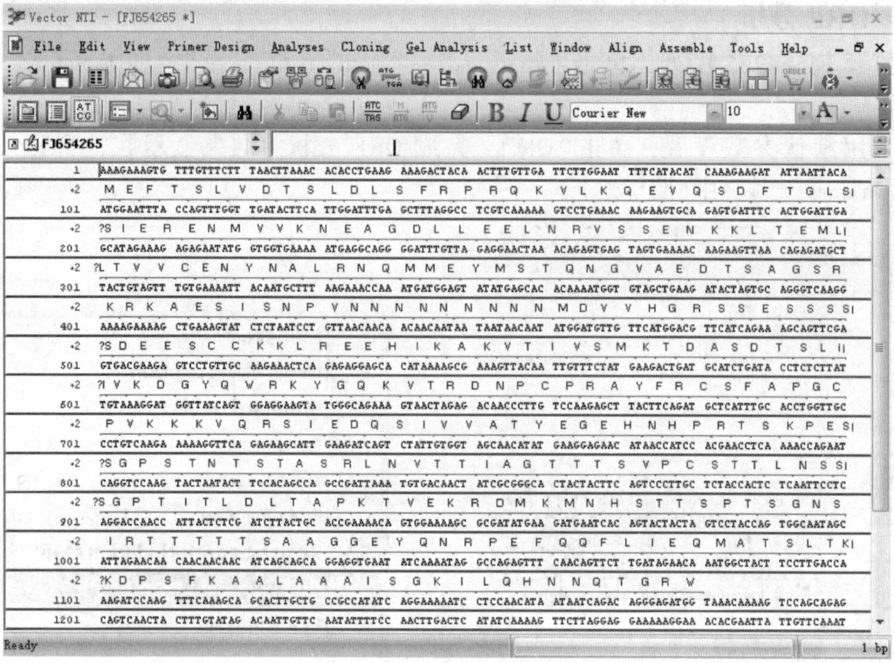

图 7-24　翻译结果

7.2.5　限制性内切酶分析

①打开 FJ654265 序列,单击"Analyses"→"Restriction Analyses"→"Restriction Site",弹出"Restriction Map Setup"对话框(图7-25)。

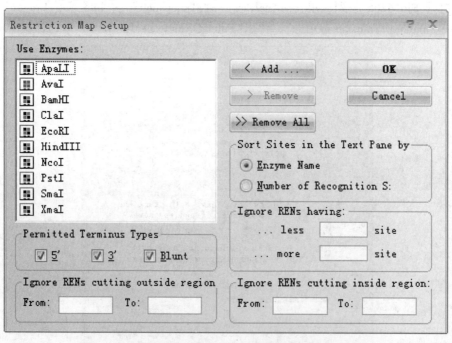

图 7-25　Vector NTI Advance 11 限制性内切酶搜索对话框

②选用默认参数设置，单击"OK"完成限制性内切酶酶切位点分析。结果显示在注释区 Restriction/Methylation Map 文件夹中(图7-26)。

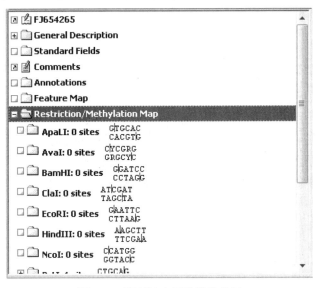

图7-26 限制性内切酶搜索结果

7.2.6 序列比对分析

①打开 FJ654265 序列，单击"Tools"→"Blast Search"，弹出 Sequence Data 对话框(图7-27)。

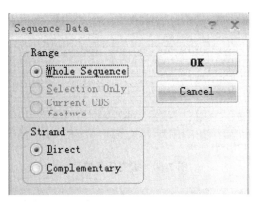

图7-27 Vector NTI Advance 11 序列比对参数设置对话框

②选择 Whole Sequence 和 Direct，单击"OK"按钮，弹出"Blast Search"对话框(图7-28)。

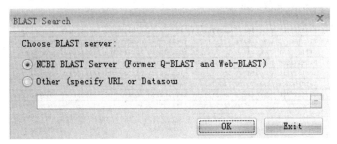

图7-28 服务器选择对话框

③选择 NCBI BLAST server，单击"OK"，弹出"FJ654265-BLAST Search（NCBIQBlast server）"窗口（图7-29）。

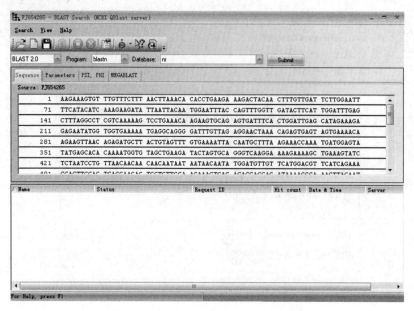

图 7-29　FJ654265-BLAST Search 窗口

④单击 Submit 后，显示提交任务信息（图 7-30），任务完成后显示如图 7-31 所示。

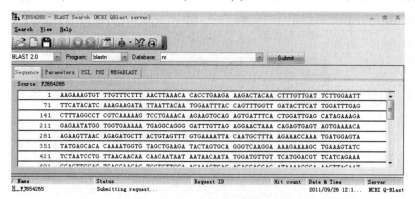

图 7-30　提交任务信息

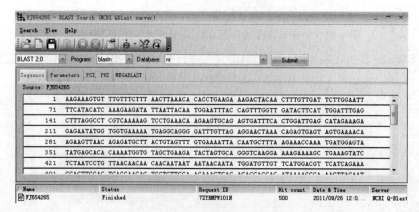

图 7-31　比对结果完成后窗口

⑤双击"FJ654265",弹出比对结果出口(图 7-32)。

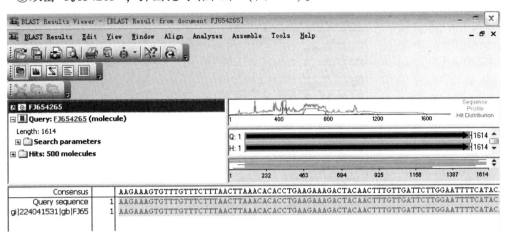

图 7-32 比对结果

7.2.7 蛋白质基本组成分析

①单击"Flile"→"Creat New Sequence"→"Using Sequence Editor(Protein)",弹出"New Protein Molecule"对话框,参照 7.2.1 的流程新建 Gnebank no. 为 ACN38396 序列。

②打开 ACN38396 蛋白质序列(图 7-33)。

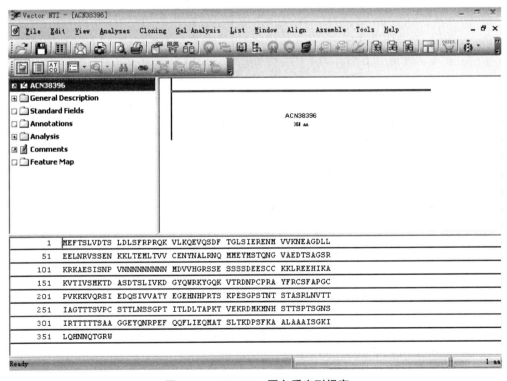

图 7-33 ACN38396 蛋白质序列视窗

③打开注释区 Analysis 文件夹,即可看到有关 ACN38396 蛋白质的分子质量、等电点等基本信息(图 7-34)。

Analysis	Entire Protein
Length	360 aa
Molecular Weight	39770.00
1 microgram =	25.145 pMoles
Molar Extinction coefficient	21180
1 A[280] corr. to	1.88 mg/ml
A[280] of 1 mg/ml	0.53 AU
Isoelectric Point	8.58
Charge at pH 7	4.27

Amino Acid(s)	Number count	% by weight	% by frequency
Charged (RKHYCDE)	106	34.62	29.44
Acidic (DE)	41	12.59	11.39
Basic (KR)	45	15.44	12.50
Polar (NCQSTY)	137	36.65	38.06
Hydrophobic (AILFWV)	88	23.26	24.44
A Ala	21	4.05	5.83
C Cys	7	1.83	1.94
D Asp	15	4.32	4.17
E Glu	26	8.27	7.22
F Phe	8	2.86	2.22
G Gly	17	2.76	4.72
H His	6	2.01	1.67
I Ile	13	3.69	3.61
K Lys	25	7.90	6.94
L Leu	21	5.96	5.83
M Met	11	3.55	3.06
N Asn	28	8.00	7.78
P Pro	15	3.73	4.17
Q Gln	15	4.74	4.17
R Arg	20	7.53	5.56
S Ser	42	9.55	11.67
T Thr	38	9.79	10.56
V Val	23	5.83	6.39
W Trp	2	0.88	0.56
Y Tyr	7	2.74	1.94
B Asx	43	12.32	11.94
Z Glx	41	13.01	11.39
X Xxx	0	0.00	0.00

图 7-34 分析结果

本章小结

本章主要介绍了 Windows 环境下的生物信息软件资源。详细介绍引物设计软件 Primer premier 6.0 和综合性序列分析软件 Vector NTI Advance 11 的主要功能及使用方法。

思考题

1. 如果想通过 PCR 扩增 Genbank no. 为 FJ654264 序列的特异片段，请设计一对特异引物。
2. 请分析 FJ654264 序列的限制性内切酶位点。
3. 利用 Vector NTI Advance 对 FJ654265 序列在 Genbank 中进行 Blast 分析。

推荐参考资料

生物信息学方法与实践. 张成岗, 贺福初. 科学出版社, 2002.

第 8 章　R 与 Bioconductor

Bioconductor 是基于 R 语言(或部分基于 R 语言)的开源和开放式软件包发布平台,它提供了大量的生物信息学分析软件包,可以进行生物数据的注释、分析、统计和可视化等。Bioconductor 于 2002 年 5 月 2 日正式对外发布第一版软件包,截至 2021 年 4 月,其提供的生物信息学分析软件包已从最初的 15 个发展到 1 974 个(Bioconductor 3.12)。

8.1　Bioconductor 简介

Bioconductor 主页(http://www.bioconductor.org/)展示了其主要内容(图 8-1),包括安装(Install)、学习(Learn)、使用(Use)、开发(Develop)及帮助(help)5 个部分。

图 8-1　Bioconductor 主页

8.2 Bioconductor 包的安装

安装 Bioconductor 之前需安装 R 和 Rstudio，安装方式见附录。

8.2.1 安装 Bioconductor 核心包(core packages)

单击图 8-1 中的 Install 进入安装指导页面(图 8-2)。拷贝图 8-2 中的安装命令至 Rstudio 源代码(Source)窗口并运行(图 8-3)。

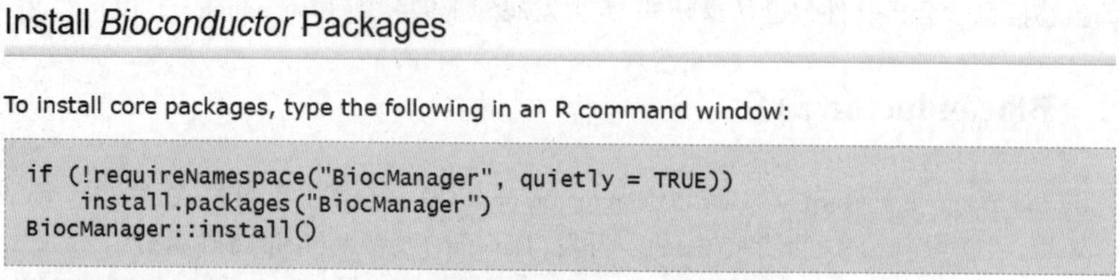

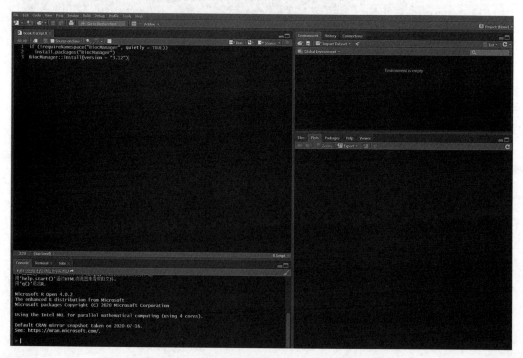

图 8-2 Bioconductor 核心包安装命令

图 8-3 在 Rstudio 中安装 Bioconductor 核心包

8.2.2 安装 Bioconductor 特定包(specific packages)

8.2.2.1 通过 RStuidio Tools 菜单安装

①打开 RStudio→单击"Tools"→"Install Packages"(图 8-4)。

②弹出"Install Packages"对话框，在 Packages 下方的文本框中输入 R 包的名称"GenomicFeatures"后，单击"Install"按钮(图 8-5)。

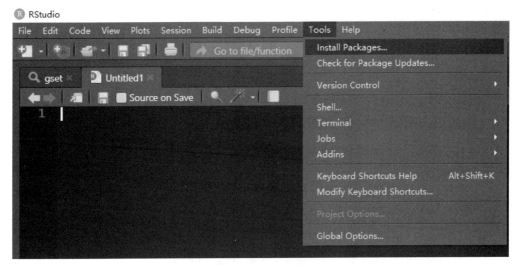

图 8-4　RStudio 菜单栏

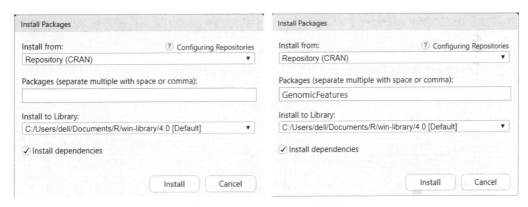

图 8-5　Install Packages 对话框

8.2.2.2　通过 Rstudio 控制台安装

①如果需要安装 Bioconductor 的"GenomicFeatures"包，可在图 8-1 右上角 Search 后的文本框中输入"GenomicFeatures"并单击 Enter 键，弹出搜索结果页面（图 8-6）。

图 8-6　以 GenomicFeatures 为关键词的搜索结果

②单击图 8-6 中的 Biocnductor-GenomicFeatures 链接，弹出 GenomicFeatures 包说明页面(图 8-7)。

图 8-7　GenomicFeatures 包说明

③拷贝图 8-7 中的命令至 Rstudio 源代码(Source)窗口并运行(图 8-8)。

图 8-8　在 Rstudio 中安装 Bioconductor 特定包

注意：如果同时安装 Bioconductor 的"GenomicFeatures"和"DESeq2"包，可用 BiocManager:: install(c("GenomicFeatures"，"DESeq2"))命令(图 8-9)；CRAN 上 R 包安装需用 install.packages()命令；命令行中的标点符号需在英文状态下输入。

图 8-9　在 Rstudio 中同时安装两个 Bioconductor 包

8.3 Bioconductor 包应用举例

8.3.1 DESeq2 使用

DESeq2 是基于 Counts 输入的差异分析方法。下面以 GEO accession 为 GSE169363 (https://www.ncbi.nlm.nih.gov/geo/query/acc.cgi?acc=GSE169363)的分析为例进行介绍(只选择野生型 wt 的相关数据。ABA：C24_A1，C24_A2，C24_A3；moc：C24_m1，C24_m2，C24_m3)。

①下载 counts 文件。进入 https://www.ncbi.nlm.nih.gov/geo/query/acc.cgi?acc=GSE169363，单击"ftp"或"http"即可下载(图 8-10)。

Supplementary file	Size	Download	File type/resource
GSE169363_driver_countmatrix_readcount.csv.gz	1.1 Mb	(ftp)(http)	CSV

图 8-10 GSE169363 counts 文件下载界面

②启动 RStudio。
③设置工作目录。setwd("I:/bioinfo book/GSE169363")#可以根据自己的情况设置
④载入数据。
counts<-as.matrix(read.csv("GSE169363_driver_countmatrix_readcount.csv",
　　　　　　　　　　　　row.names="Gene"))#读入 reads 计数并转换为矩阵。
head(counts)#查看首 6 行
tail(counts)#查看尾 6 行
dim(counts)#查看行数和列数
nrow(counts)
⑤筛选待分析数据。
counts_sel<-counts[,c(1:6)]#选择所有行的 1-6 列，1-3 列 ABA 处理，4-6 列对照处理。
write.csv(counts_sel, file="counts_sel.csv")#保存为 csv 文件
counts_sel<-counts_sel[-which(rowSums(counts_sel)<4),]#过滤 count 总数小于 4 的基因。
nrow(counts_sel)
tail(counts_sel)#查看修改后的数据表末尾六行
⑥设置样本处理信息(实验组、对照组及重复信息)。
Treatment<-factor(c(rep("ABA",3),rep("CK",3)),levels=c("ABA","CK"))#ABA 处理和 CK 对照组，各 3 个重复。
Treatment
coldata<-data.frame(row.names=colnames(counts_sel), Treatment)
Coldata
all(rownames(coldata)%in% colnames(counts_sel))#查看 count matrix 列名与 coldata 行名是否一致。
all(rownames(coldata)==colnames(counts_sel))

⑦构建 dds 对象。
library("DESeq2")
dds<-DESeqDataSetFromMatrix(countData=counts_sel,
                            colData=coldata,
                            design=~Treatment)
dds
⑧差异表达分析。
dds<-DESeq(dds)#进行差异表达分析
res<-results(dds,contrast=c("Treatment","ABA","CK"))#ABA versus CK 的总体结果。这里需注意：处理在前，对照在后(默认的是前面的和后面的比较)。
res
res<-res[order(res$pvalue, res$log2FoldChange, decreasing=c(FALSE, TRUE)),]#按 pvalue 升序排列，pvalue 相同时按照 log2FoldChange 降序排列。
head(res)
summary(res)#统计上调和下调的基因数
mcols(res, use.names=TRUE)##结果中各列的意义
⑨定义上下调基因。
res[which(res$log2FoldChange>=1 & res$padj<0.01),"sig"]<-"up"
res[which(res$log2FoldChange<=-1 & res$padj<0.01),"sig"]<-"down"
res[which(abs(res$log2FoldChange)<1 | res$padj>=0.01),"sig"]<-"normal"
nrow(res)
⑩输出自定义的差异表达基因。
res_select<-subset(res, sig %in% c("up","down","normal"))
⑪将差异表达分析结果输出到 csv 文件(文件名 diff.select)。
write.csv(res_select,"diff.select.csv")

8.3.2 利用 ggplot2 绘制火山图

①数据来源：8.3.1⑪中保存的差异表达文件(diff.select.csv)。
rm(list=ls())#清除所有变量
②绘制火山图。
library(ggplot2)#调用 ggplot2 软件包，调用前需先使用 8.2.2 中方法安装包
library(ggprism)#调用 ggprism 包
volcano_data<-read.csv("diff.select.csv")
volcano_data<-na.omit(volcano_data)#删除含 NA 的行
Change<-as.factor(abs(volcano_data$log2FoldChange)>=2 & volcano_data$padj<=0.01)#设置显著性阈值
Change<-factor(volcano_data$sig, levels=c("up","down","normal"), order=TRUE)
volcano<-ggplot(volcano_data, aes(x=log2FoldChange, y=-1*log10(padj)))+
geom_point(aes(color=Change))+
theme_prism()+#graphpad prism 风格

labs(title="Volcano Plot", x=expression((log[2](FC)), y=expression(-log[10](padj))))+

geom_hline(yintercept=1.3,linetype=4)+geom_vline(xintercept=c(-1,1),linetype=4)

volcano

本章小结

Bioconductor 提供了大量的基于 R 语言(或部分基于 R 语言)的生物信息学分析软件包,可以进行生物数据的注释、分析、统计和可视化等。本章简要介绍了 Bioconductor 软件包的安装方法,并以 DESeq2 为例介绍了其使用方法。

思考题

试利用 Excel 或 WPS 建立样品分组文件 colData.csv,并读入 R。

推荐参考资料

1. 生物信息学(第三版). 陈铭. 科学出版社,2018.
2. http://www.bioconductor.org/
3. http://www.bioconductor.org/packages/release/bioc/html/DESeq2.html

第 9 章 GEO2R

GEO2R 是一种基于 Bioconductor 中的 R 包 GEOquery 和 limma 对 GEO 数据库中表达谱芯片的矩阵数据文件进行两组或多组比较的交互式的网页工具,通过分析,用户可以得到不同处理时的差异表达基因。GEO2R 提供了一种无需编程即可进行 R 统计分析的简单接口。

以 GSE130255(https://www.ncbi.nlm.nih.gov/geo/query/acc.cgi?acc=GSE130255)为例介绍利用 GEO2R 进行差异分析的方法。

①登录 NCBI 主页(https://www.ncbi.nlm.nih.gov)(图 9-1)。

图 9-1 NCBI 主页搜索界面

②单击"All Databases"下拉框,选择"GEO DataSets 数据库",在文本输入框中输入"GSE130255",单击"Search"按钮(图 9-2)。

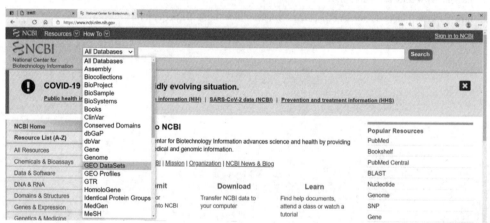

图 9-2 选择数据库类型

③弹出 GSE130255 的记录信息(图 9-3)。

④单击"Analyze with GEO2R",弹出"GEO2R"分析界面(图 9-4)。

⑤单击 Define groups 设定样本分组;在文本框中分别输入 CK、MeJA 并按 Enter 键(图 9-5)。

⑥单击选中 GSM3734682 行,然后按住 Ctrl 键单击选取 GSM3734683 行,依次单击 Define groups→CK,即完成把 GSM3734682、GSM3734683 设定为 CK 组,以同样的方式把 GSM3734684、GSM3734685 设为 MeJA 处理组(图 9-6)。

⑦单击 Analyze 进行分析(图 9-7),结果如图 9-8 所示。结果中包含两部分:一是可视化信息(Vusualization);二是差异最显著的 250 个差异基因的信息(Top differentially expressed genes)。

| Scope: | Self | Format: | HTML | Amount: | Quick | GEO accession: | GSE130255 | | GO |

Series GSE130255　　　　　　　　　　　　　　　Query DataSets for GSE130255

Status	Public on Jan 01, 2020
Title	Transcriptomic analysis of Arabidopsis wild-type (Col-0), phyb-9, jaz10 and jaz10phyB-9 plants to methyl jasmonate (MeJA)
Organism	Arabidopsis thaliana
Experiment type	Expression profiling by array
Summary	We used Affymetrix 1.0 ST arrays to compare the transcriptome of 4 weeks-day-old plants sprayed with 250uM of MeJA or mock (control). For the experiments we used wild-type (Col-0), phyB-9 and jaz10 single mutants and jaz10phyb double mutant. Samples were harvested after 3hours of induction with MeJA or mock.
	We performed a first analysis with the transcriptomes of wild-type (Col-0) to identify those group of genes that are up- and down-regulated by MeJA treatment (2 fold-changes). We founded 719 genes whose expression was statistically significantly different between the two treatments. To gain knowledge into the regulation of phyB over these set of 719 genes, we contrasted their expression levels against phyB transcriptome. By cluster analysis, we identified five major groups of genes, where in two of them the transcript levels increased in presence of MeJA (clusters 1 and 2) and three whose expression decrease after MeJA treatment (Cluster 3, 4 and 5).
Overall design	We used a factorial experimental design comprising four genotypes (Col-0, phyb-9, jaz10 and jaz10phyb-9) and two treatments (MeJA or mock). 4 weeks-day-old plants were sprayed with MeJA (250μM) or mock solution and harvested 3hs later. Two replicates per treatment were performed for col and tree replicates for phyb-9. RNA was extracted using The Spectrum Plant Total RNA Kit (Sygma), prepared, labelled and hybridized to the arrays in accordance with the manufacturer's instructions for the GeneChip Arabidopsis Gene 1.0 ST Array (Affymetrix). Raw microarray data were processed and analyzed using Affymetrix Expression Console® software. Genes with 'absent' calls and a signal of <50 units in all replicate experiments were filtered out. Significantly differentially expressed genes were identified by performing profile analysis using Significance Analysis of Microarrays with a p-value <0.05. A test filter was performed to work only with those genes for which the ratio of expression showed at least a 2-fold change between "col mock" vs "col MeJA".
Contributor(s)	Ballaré C, Crocco CD
Citation missing	Has this study been published? Please login to update or notify GEO.
Submission date	Apr 24, 2019
Last update date	Jan 02, 2020
Contact name	Carlos Daniel Crocco
E-mail(s)	ccrocco@agro.uba.ar
Organization name	University of Buenos Aires - IFEVA - CONICET
Street address	Av. San Martín 4453
City	Buenos Aires
State/province	Buenos Aires
ZIP/Postal code	1417
Country	Argentina
Platforms (1)	GPL17416　[AraGene-1_0-st] Arabidopsis Gene 1.0 ST Array [transcript (gene) version]
Samples (18) More...	GSM3734682　Col Control R1
	GSM3734683　Col Control R2
	GSM3734684　Col MeJA R2

Relations
BioProject　　PRJNA534468

[Analyze with GEO2R]

Download family	Format
SOFT formatted family file(s)	SOFT ?
MINiML formatted family file(s)	MINiML ?
Series Matrix File(s)	TXT ?

Supplementary file	Size	Download	File type/resource
GSE130255_RAW.tar	77.6 Mb	(http)(custom)	TAR (of CEL)

Raw data provided as supplementary file
Processed data included within Sample table

图 9-3　GSE130255 的记录信息

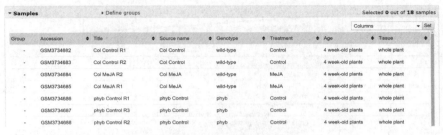

图 9-4　样本分组界面

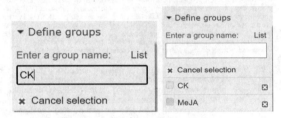

图 9-5　设定 CK 和 MeJA 组

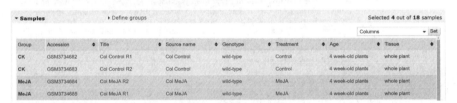

图 9-6　样本分组结果

图 9-7　GEO2R 分析界面

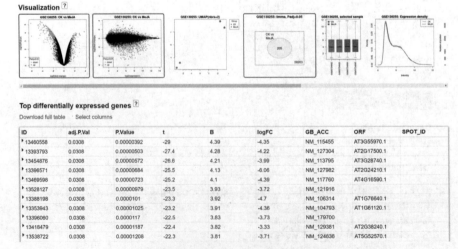

图 9-8　GEO2R 分析结果

⑧图 9-8 中的 Vusualization 下的图为可视化分析的结果。其中,绿色框标示的是具有交互特性的图。如单击火山图(Volcano plot)后,弹出"Volcano plot"页面(图 9-9),进一步单击图 9-9 中"Explore and download"按钮,弹出火山图的详细信息(图 9-10),单击图 9-10 中"Download significant genes"按钮可以下载保存差异显著基因的相关信息[ID、log2(fold change)等信息]。

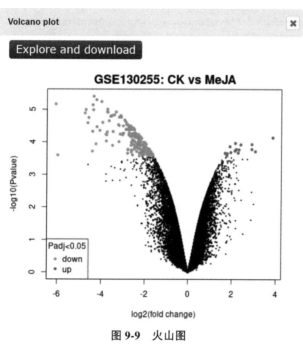

图 9-9　火山图

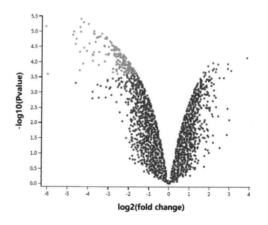

图 9-10　火山图及差异显著基因下载界面

⑨可以通过单击图9-8中的“Download full table”下载保存所有基因的信息。

⑩如果有兴趣，可以单击“R script”选项卡查看分析所使用的R程序(图9-11)。

GEO2R | Options | Profile graph | R script

```
# Version info: R 3.2.3, Biobase 2.30.0, GEOquery 2.40.0, limma 3.26.8
################################################################
#   Differential expression analysis with limma
library(GEOquery)
library(limma)
library(umap)

# load series and platform data from GEO

gset <- getGEO("GSE130255", GSEMatrix =TRUE, AnnotGPL=FALSE)
if (length(gset) > 1) idx <- grep("GPL17416", attr(gset, "names")) else idx <- 1
gset <- gset[[idx]]

# make proper column names to match toptable
fvarLabels(gset) <- make.names(fvarLabels(gset))

# group membership for all samples
gsms <- "0011XXXXXXXXXXXXXX"
sml <- strsplit(gsms, split="")[[1]]

# filter out excluded samples (marked as "X")
sel <- which(sml != "X")
sml <- sml[sel]
gset <- gset[ ,sel]

# log2 transformation
ex <- exprs(gset)
qx <- as.numeric(quantile(ex, c(0., 0.25, 0.5, 0.75, 0.99, 1.0), na.rm=T))
LogC <- (qx[5] > 100) ||
          (qx[6]-qx[1] > 50 && qx[2] > 0)
if (LogC) { ex[which(ex <= 0)] <- NaN
  exprs(gset) <- log2(ex) }
```

图9-11 GEO2R分析使用的R程序

本章小结

GEO2R是一种基于Bioconductor中的R包GEOquery和limma对GEO数据库中表达谱芯片的矩阵数据文件进行两组或多组比较的交互式的网页工具，通过分析，用户可以得到不同处理时的差异表达基因。GEO2R提供了一种无需编程即可进行R统计分析的简单接口。

思考题

试利用GEO2R分析其他处理时基因的差异表达情况。

推荐参考资料

1. https://www.ncbi.nlm.nih.gov/geo/info/geo2r.html
2. https://www.ncbi.nlm.nih.gov/geo/query/acc.cgi?acc=GSE130255

第 10 章　富集分析

转录组测序后经差异分析可以得到差异表达基因列表，接下来的工作就是进行基因富集分析，即基于基因组的注释信息对差异表达基因进行分类，以便了解差异表达基因在分子功能（MF：molecular function）、细胞组分（CC：cellular component）及生物学过程（BP：biological process）方面的相关性。进行基因富集分析的工具有多种，如 DAVID（database for annotation, visualization and integrated discovery）、GSEA（gene set enrichment analysis）、Bioconductor R 包（clusterprofiler、ttgsea、RGSEA 等）。

10.1　DAVID 简介

DAVID 是一款基于多种公共数据库（如 NCBI、Uniprot、Ensembl、Gene Ontology、KEGG、Reactome 等）的综合性在线富集分析工具，目前可进行 40 多个类别的注释，如 GO、KEGG 等。DAVID 富集分析结果可下载保存（.txt 格式）以供后续可视化分析之用。为保证上传和分析的效率，DAVID 要求待分析的基因列表中总基因数应≤3 000。

DAVID 提供多种分析工具，使用者可根据自己的需求选择（图 10-1）。

	Functional Annotation Chart	Functional Annotation Clustering	Functional Annotation Table	Gene Functional Classification	Gene Name Batch Viewer	Gene ID Conversion Tool	DAVID Knowledgebase	DAVID API
Initial glance of major biological functions associated with my gene list	++	++	++	+	+			
Which biological terms/functions are specifically enriched in my gene list?	++	++						
View the genes in my list on related biological pathways	++	++						
Which diseases areassociated with my gene list?	++	++						
Which protein functional domains are associated with my gene list?	++	++						
Which other genes frequently interact with the genes in my list?	++	++						
How to group the highly redundant annotations intogroup?		++						
What are the major gene functional groups in my gene list?				++				
View related annotation and related genes on a single graphic view			++	++				
What are other functionally simialar gens in genome, but not in my list?	+	+		++	++			
What are other annotations functionally similar to my interesting one?	++	++						
What are the gene namse in my list?			+		++			
How to convert my gene IDs to other type of IDs?	+					++		
How to directly link to DAVID functions?							++	
How can I download DAVID data for in-house study?	+	+	+	+		++		

图 10-1　DAVID 提供的分析工具及使用情形

（引自：https://david.ncifcrf.gov/content.jsp?file=documentation.html）

10.2 DAVID 富集分析

以第 9 章 GEO2R 分析时得到的差异基因为例进行 DAVID 富集分析。
① 进入 DAVID 主页(https：∥david.ncifcrf.gov/)(图 10-2)。

图 10-2　DAVID 主页

② 单击"Start Analysis"(图 10-3)。

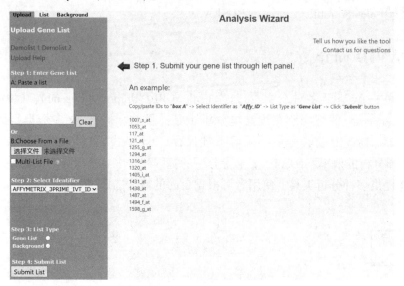

图 10-3　DAVID 分析页面

③ 把 GEO2R 中的差异基因(选取 1~27)粘贴在图 10-3 的文本框 A 中(图 10-4)。

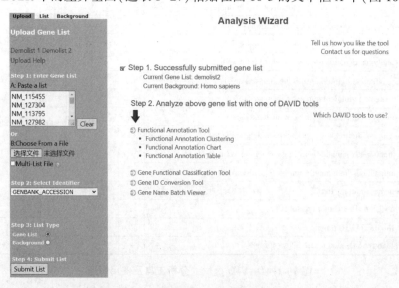

图 10-4　输入待分析的基因列表

④在"Select Identifier"下方的下拉框中选取"GENBANK_ACCESSION"(图 10-5)。
⑤在 List Type 中选择"Gene List"或"Background",本例选择"Gene List"(图 10-6)。
⑥单击"Submit List"按钮(图 10-7)。

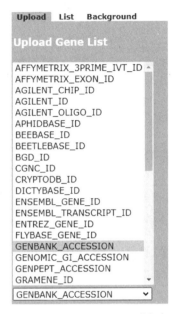

图 10-5 Select Identifier 选择框

图 10-6 List Type 选择框

图 10-7 提交列表

⑦页面自动跳转至 List 页面(图 10-8)。

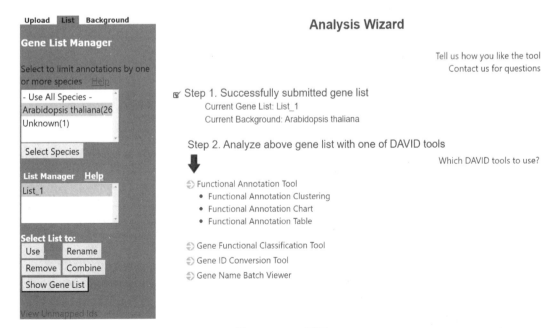

图 10-8 List 页面

⑧单击"Show Gene List"按钮,弹出基因列表报告结果页面(图 10-9)。

Gene List Report

Current Gene List: List_1
Current Background: Arabidopsis thaliana
26 DAVID IDs

GENBANK_ACCESSION	Gene Name	Related Genes	Species
NM_001085035	mitogen-activated protein kinase kinase kinase 21(MAPKKK21)	RG	Arabidopsis thaliana
NM_001125135	monodehydroascorbate reductase(MDHAR)	RG	Arabidopsis thaliana
NM_103546	IAA-amino acid hydrolase ILR1-like 6(ILL6)	RG	Arabidopsis thaliana
NM_104278	GDSL-like Lipase/Acylhydrolase superfamily protein(AT1G54010)	RG	Arabidopsis thaliana
NM_104793	terpene synthase 04(TPS04)	RG	Arabidopsis thaliana
NM_105309	myb domain protein 114(MYB114)	RG	Arabidopsis thaliana
NM_106314	Calcium-binding EF-hand family protein(AT1G76640)	RG	Arabidopsis thaliana
NM_106329	O-methyltransferase family protein(IGMT5)	RG	Arabidopsis thaliana
NM_113795	Cytochrome P450 superfamily protein(CYP81D11)	RG	Arabidopsis thaliana
NM_114710	cytochrome P450, family 94, subfamily B, polypeptide 3(CYP94B3)	RG	Arabidopsis thaliana
NM_115455	jasmonate-regulated gene 21(JRG21)	RG	Arabidopsis thaliana
NM_117415	Nucleotide-diphospho-sugar transferases superfamily protein(ATCSLA15)	RG	Arabidopsis thaliana
NM_119904	cytochrome P450, family 81, subfamily F, polypeptide 4(CYP81F4)	RG	Arabidopsis thaliana
NM_120783	sulfotransferase 2A(ST2A)	RG	Arabidopsis thaliana
NM_121916	Eukaryotic aspartyl protease family protein(AT5G19110)	RG	Arabidopsis thaliana
NM_122350	6-phosphogluconolactonase 5(PGL5)	RG	Arabidopsis thaliana
NM_123772	MATE efflux family protein(AT5G44050)	RG	Arabidopsis thaliana
NM_124636	beta-carotene hydroxylase 2(BETA-OHASE 2)	RG	Arabidopsis thaliana
NM_127304	Auxin efflux carrier family protein(AT2G17500)	RG	Arabidopsis thaliana
NM_127920	methyl esterase 7(MES7)	RG	Arabidopsis thaliana

图 10-9　基因列表报告(部分)

⑨单击图 10-8 中的 View Unmapped Ids, 可弹出未注释 Id 信息(图 10-10)。

Unmapped User Ids

Current Gene List: List_1
Current Background: Arabidopsis thaliana

User Id
NM_117760

图 10-10　未注释 Id 信息

⑩单击图 10-7 中的 Functional Annotation Tool, 弹出"Annotation Summary Results"页面(图 10-11)。

Annotation Summary Results

Current Gene List: List_1
Current Background: Arabidopsis thaliana
26 DAVID IDs　Check Defaults ☑　Clear All

- ⊞ Functional_Categories (3 selected)
- ⊞ Gene_Ontology (3 selected)
- ⊞ General_Annotations (0 selected)
- ⊞ Literature (0 selected)
- ⊞ Main_Accessions (0 selected)
- ⊞ Pathways (1 selected)
- ⊞ Protein_Domains (3 selected)
- ⊞ Protein_Interactions (0 selected)

Red annotation categories denote DAVID defined defaults

Combined View for Selected Annotation

- Functional Annotation Clustering
- Functional Annotation Chart
- Functional Annotation Table

图 10-11　Annotation Summary Results

⑪单击相应描述信息前的加号,即可进一步查看详细信息;如单击 Gene_Ontology 前的加号,显示出基因本体论注释结果(GO 富集分析),分为生物过程(BP:Biological Process)、细胞组分(CC:Cellular Component)和分子功能(MF:Molecular Function)(图 10-12);单击相应选项后的 Chart 图标(Chart),即可得到详细的信息。

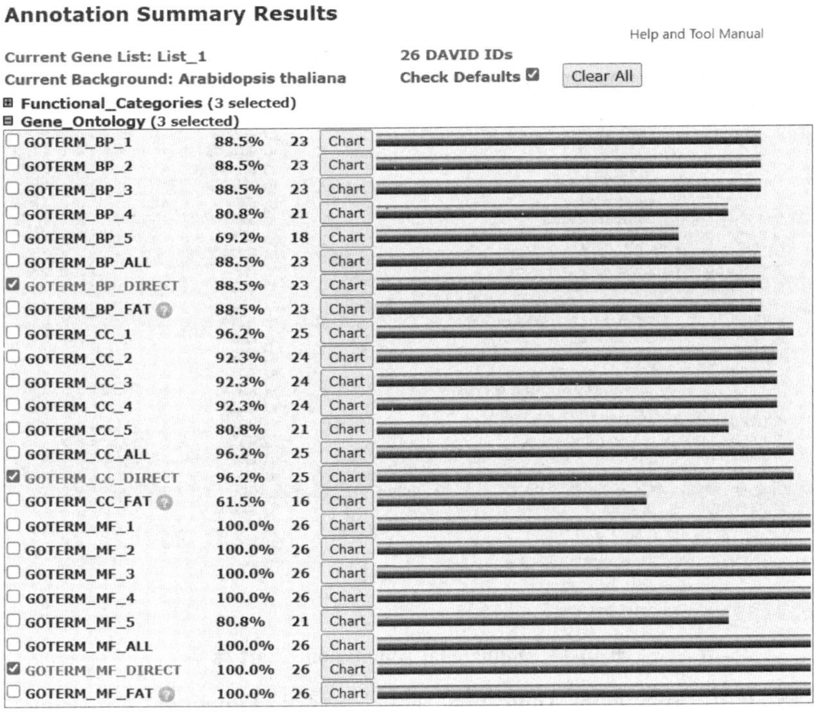

图 10-12 Functional_Categories 展开信息

⑫单击图 10-11"Functional Annotation Clustering",弹出"Functional Annotation Clustering"页面结果(图 10-13)。

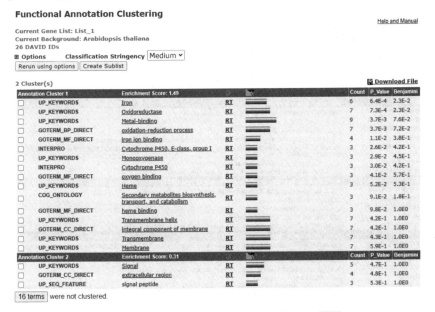

图 10-13 Functional Annotation Clustering 页面

⑬单击图 10-10“Functional Annotation Chart”，弹出“Functional Annotation Chart”结果(图 10-14)。

Functional Annotation Chart

Help and Manual

Current Gene List: List_1
Current Background: Arabidopsis thaliana
26 DAVID IDs
⊞ Options

Rerun Using Options | Create Sublist

28 chart records

Download File

Sublist	Category	Term	RT	Genes	Count	%	P-Value	Benjamini
☐	GOTERM_BP_DIRECT	response to jasmonic acid	RT		7	26.9	2.2E-8	1.3E-6
☐	GOTERM_BP_DIRECT	jasmonic acid metabolic process	RT		3	11.5	2.0E-5	5.9E-4
☐	UP_KEYWORDS	Iron	RT		6	23.1	6.4E-4	2.3E-2
☐	UP_KEYWORDS	Oxidoreductase	RT		7	26.9	7.3E-4	2.3E-2
☐	UP_KEYWORDS	Metal-binding	RT		9	34.6	3.7E-3	7.6E-2
☐	GOTERM_BP_DIRECT	oxidation-reduction process	RT		7	26.9	3.7E-3	7.2E-2
☐	GOTERM_MF_DIRECT	iron ion binding	RT		4	15.4	1.1E-2	3.8E-1
☐	GOTERM_BP_DIRECT	response to herbivore	RT		2	7.7	1.2E-2	1.7E-1
☐	GOTERM_MF_DIRECT	hydrolase activity, acting on ester bonds	RT		3	11.5	1.4E-2	3.8E-1
☐	GOTERM_CC_DIRECT	cytoplasm	RT		10	38.5	1.6E-2	3.1E-1
☐	GOTERM_BP_DIRECT	defense response to insect	RT		2	7.7	2.0E-2	2.0E-1
☐	GOTERM_BP_DIRECT	response to wounding	RT		3	11.5	2.3E-2	2.0E-1
☐	GOTERM_BP_DIRECT	indole glucosinolate metabolic process	RT		2	7.7	2.5E-2	2.0E-1
☐	INTERPRO	Cytochrome P450, E-class, group I	RT		3	11.5	2.6E-2	4.2E-1
☐	UP_KEYWORDS	Monooxygenase	RT		3	11.5	2.9E-2	4.5E-1
☐	INTERPRO	Cytochrome P450	RT		3	11.5	3.0E-2	4.2E-1
☐	INTERPRO	Terpene synthase, N-terminal domain	RT		2	7.7	3.4E-2	4.2E-1
☐	INTERPRO	Terpene synthase, metal-binding domain	RT		2	7.7	3.5E-2	4.2E-1
☐	UP_KEYWORDS	Lyase	RT		3	11.5	3.6E-2	4.5E-1
☐	GOTERM_MF_DIRECT	oxygen binding	RT		3	11.5	4.1E-2	5.7E-1
☐	GOTERM_MF_DIRECT	terpene synthase activity	RT		2	7.7	4.2E-2	5.7E-1
☐	UP_KEYWORDS	Heme	RT		3	11.5	5.2E-2	5.3E-1
☐	INTERPRO	Terpenoid cyclases/protein prenyltransferase alpha-alpha toroid	RT		2	7.7	5.4E-2	4.6E-1
☐	INTERPRO	Terpenoid synthase	RT		2	7.7	5.7E-2	4.6E-1
☐	UP_KEYWORDS	Hydrolase	RT		6	23.1	7.5E-2	6.7E-1
☐	COG_ONTOLOGY	Secondary metabolites biosynthesis, transport, and catabolism	RT		3	11.5	9.1E-2	1.8E-1
☐	GOTERM_MF_DIRECT	heme binding	RT		3	11.5	9.8E-2	1.0E0
☐	INTERPRO	Non-haem dioxygenase N-terminal domain	RT		2	7.7	9.9E-2	5.9E-1

5 gene(s) from your list are not in the output.

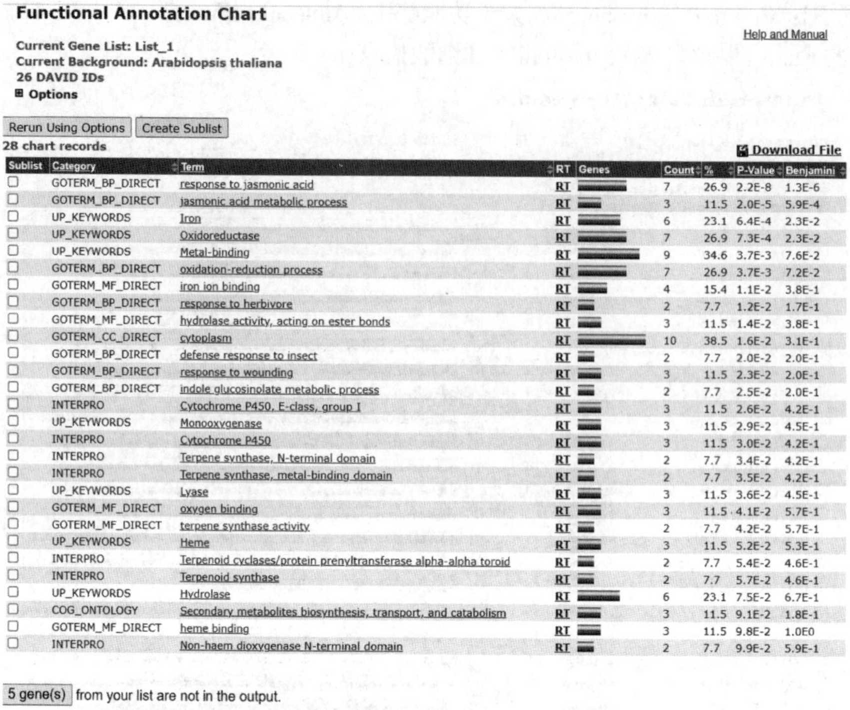

图 10-14　Functional Annotation Chart 结果

⑭单击图 10-10“Functional Annotation Table”，弹出“Functional Annotation Table”结果(图 10-15)。

Functional Annotation Table

Help and Manual

Current Gene List: List_1
Current Background: Arabidopsis thaliana
26 DAVID IDs

26 record(s)

Download File

NM_129381	2-oxoglutarate (2OG) and Fe(II)-dependent oxygenase superfamily protein(AT2G38240)	Related Genes	Arabidopsis thaliana
COG_ONTOLOGY	General function prediction only,		
GOTERM_BP_DIRECT	oxidation-reduction process,		
GOTERM_CC_DIRECT	cytoplasm,		
GOTERM_MF_DIRECT	metal ion binding, dioxygenase activity,		
INTERPRO	Oxoglutarate/iron-dependent dioxygenase, Non-haem dioxygenase N-terminal domain, Isopenicillin N synthase-like,		
UP_KEYWORDS	Complete proteome, Iron, Metal-binding, Oxidoreductase, Reference proteome,		
NM_122350	6-phosphogluconolactonase 5(PGL5)	Related Genes	Arabidopsis thaliana
GOTERM_BP_DIRECT	carbohydrate metabolic process, pentose-phosphate shunt,		
GOTERM_CC_DIRECT	cytosol, chloroplast,		
GOTERM_MF_DIRECT	6-phosphogluconolactonase activity,		
INTERPRO	6-phosphogluconolactonase, DevB-type, Glucosamine/galactosamine-6-phosphate isomerase,		
KEGG_PATHWAY	Pentose phosphate pathway, Metabolic pathways, Biosynthesis of secondary metabolites, Biosynthesis of antibiotics, Carbon metabolism,		
UP_KEYWORDS	Complete proteome, Hydrolase, Reference proteome,		
UP_SEQ_FEATURE	chain:Probable 6-phosphogluconolactonase 3, sequence conflict,		
NM_129460	Acyl-CoA N-acyltransferases (NAT) superfamily protein(NATA1)	Related Genes	Arabidopsis thaliana
GOTERM_BP_DIRECT	ornithine metabolic process, defense response, response to jasmonic acid,		
GOTERM_CC_DIRECT	cytoplasm, chloroplast,		
GOTERM_MF_DIRECT	N-acetyltransferase activity,		
INTERPRO	GNAT domain, Acyl-CoA N-acyltransferase,		
UP_KEYWORDS	Acyltransferase, Complete proteome, Plant defense, Reference proteome, Transferase,		
NM_127304	Auxin efflux carrier family protein(AT2G17500)	Related Genes	Arabidopsis thaliana
GOTERM_BP_DIRECT	response to auxin, auxin-activated signaling pathway, auxin polar transport, auxin homeostasis, lateral root formation, regulation of growth rate, transmembrane transport,		
GOTERM_CC_DIRECT	endoplasmic reticulum membrane, chloroplast, integral component of membrane,		
GOTERM_MF_DIRECT	auxin:proton symporter activity, auxin efflux transmembrane transporter activity,		
INTERPRO	Auxin efflux carrier,		
UP_KEYWORDS	Auxin signaling pathway, Complete proteome, Endoplasmic reticulum, Membrane, Reference proteome, Transmembrane, Transmembrane helix, Transport,		

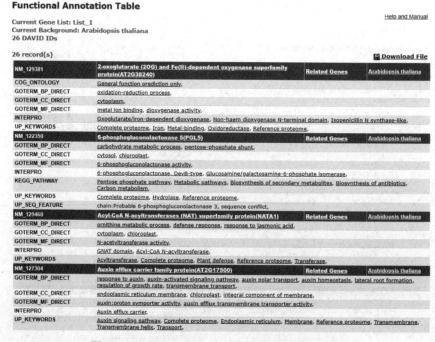

图 10-15　Functional Annotation Table 结果(部分)

本章小结

DAVID 是常用的综合性的在线富集分析工具。目前可进行 40 多个类别的注释，如 GO、KEGG 等。

思考题

试查看图 10-10 中 Pathways (1 selected) 中的 KEGG 富集分析结果。

推荐参考资料

生物信息学：基础及应用．王举，王兆月，田心．清华大学出版社，2014.

第 11 章　文献信息检索

文献(literature, document)是记录知识的一切载体。凡是人类积累创造的知识信息以文字、图形、符号、音频、视频等手段记录保存下来并用于交流传播的一切物质形态的载体，都称为文献。因此，文献作为人类承载智慧和传递文明的载体，记录着人类在漫长的历史长河中逐渐积累的经验和创造的知识，成为人类不断发展进步的智慧源泉。

随着 Internet 的发展，大量的网络文献数据库随之生成，其中生物相关文献数据库的发展尤其引人注目。面对这些庞大的文献资源和极其复杂的网络系统，一个新的问题出现在我们面前：如何才能快速、准确、有效地利用这些文献资源？这就是文献检索所要解决的首要问题。熟练掌握文献检索的方法与技巧是所有生物学研究人员高效利用现有文献资源的基础。

11.1　学术搜索引擎

学术搜索引擎是专门搜集学术资源的搜索引擎，具有信息涵盖广、重复率低、相关性好、学术性强等特点。学术搜索引擎能够为用户提供某一特定领域全面、快速、高价值的学术信息，以满足检索相关文献的需求。目前，常用的学术搜索引擎有百度学术、Bing 学术、Google 学术搜索(Google Scholar)、LitSense、SCI-HUB 等。

11.1.1　Google Scholar

Google 搜索引擎由斯坦福大学的两个博士生 Larry Page 和 Sergey Brin 于 1998 年在美国硅谷创建，是目前互联网上最大的搜索引擎。

图 11-1　Google Scholar 搜索中文页面

Google Scholar 是 Google 公司于 2004 年 11 月宣布推出的一款新的搜索学术性论文、书籍、摘要及科技报告等学术文献的免费搜索引擎产品。Google Scholar 的资料来源主要包括网络免费的学术资源(免费的机构及个人网站)、付费电子资源提供商(维普、Springer 等)、图书馆资源链接(斯坦福大学等)、开放获取的期刊网站(HighWire、PubMed Central 等)。Google Scholar 同时提供了中文版界面(图 11-1)，供中国用户更方便地搜索全球的学术科研信息。

11.1.1.1　基本搜索

在浏览器地址栏输入 http://scholar.google.com/，即可进入 Google Scholar 主页面，也为基本搜索页面。也可以在 Google 主页面，单击"更多"链接，然后选择"学术搜索"选项进入 Google Scholar 基本搜索页面。Google Scholar 界面简洁明了，在搜索框输入关键词即可实现基本搜索。页面左上角的"高级搜索"链接为用户提供进入高级搜索页面的路径。"搜索设置"链接能够让用户对某些选项进行设置，包括界面语言、搜索语言、图书馆链接、结果数量和文献管理软件，使搜索结果更符合用户的要求。

11.1.1.2 高级搜索

单击"学术高级搜索"链接即可进入 Google Scholar 高级搜索页面，为用户提供进一步限定检索结果的选项，包括检索词的逻辑组合、检索词的出现位置、作者、刊物、和文献发表的日期。

11.1.1.3 搜索结果页面

Google Scholar 搜索结果页面包含每条信息的文献篇名、刊名、出版日期、摘要、被引用次数、相关文章、所有版本、导入文献管理软件等。其中，"文献篇名"链接到文献的摘要或全文、文献的来源出处等；"被引用次数"链接到引用该文献的所有其他文献；"相关文章"链接到 Google Scholar 认为与显示的当前文献相关度较高的文献；"相关版本"为用户显示提供当前文献的所有版本信息，根据这些版本，用户可以找到相应的免费全文链接，进行全文下载。

另外，Google Scholar 检索结果默认按照相关性排序，相关性主要综合考虑文献的作者、出版社知名度、文献引用和全文信息等，也可以选择按照日期排序。

11.1.2 LitSense

LitSense 是 NCBI 推出的一个基于句子水平的文献检索系统，于 2019 年 7 月发表在 *Nucleic Acids Research* 杂志上。该系统提供了对 PubMed 和 PMC 内容的统一访问，总共有超过 5 亿个句子，可将检索句与数据库的句子进行匹配查找，并且支持双引号的精确匹配检索。

11.1.2.1 LitSense 检索

打开 LitSense 主页 https://www.ncbi.nlm.nih.gov/research/litsense/（图 11-2），在检索框可输入关键词或检索句子，LitSense 就会通过最先进的神经嵌入方法，根据术语重合情况以及语义相似性找到文献中最匹配的句子并返回相关文献。

11.1.2.2 检索结果页面

LitSense 的检索框下面提供了一个范例 Try："Breast cancers with HER2 amplification have a higher risk of CNS metastasis and poorerprognosis"，单击即可得到图 11-3 所示的检索结果页面。

结果页面左侧为筛选条件，用户可以按文献的不同部分如题目(Title)、摘要(Abstract)等筛选检索结果，也可以按出版年份(Publication Date)进行筛选。中间部分是通过系统计算选择的最匹配的句子，检索结果匹配到的术语会加粗显示，如果 LitSense 嵌套的 PubTator 发现加粗的术语是生物学概念，则会以不同的颜色突出显示。页面右侧对不同颜色的生物学概念进行了解释，主要分为基因、疾病、化学成分、突变、物种和细胞系，可以对这些生物学概念选择突出显示或关闭。

在每个返回的句子下方包括：彩色圆点表示返回的句子与检索句的相似程度，从橙色(高)到绿色(中)到蓝色(低)，本例第一条结果显示为橙色；返回句子在文献中的出现部位，如题目、摘要等，本例第一条结果显示为 Abstract(摘要)；文献全文链接的

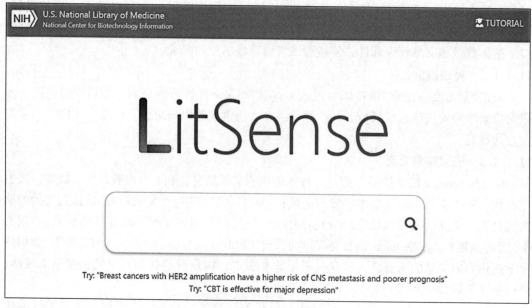

图 11-2　LitSense 检索主页面

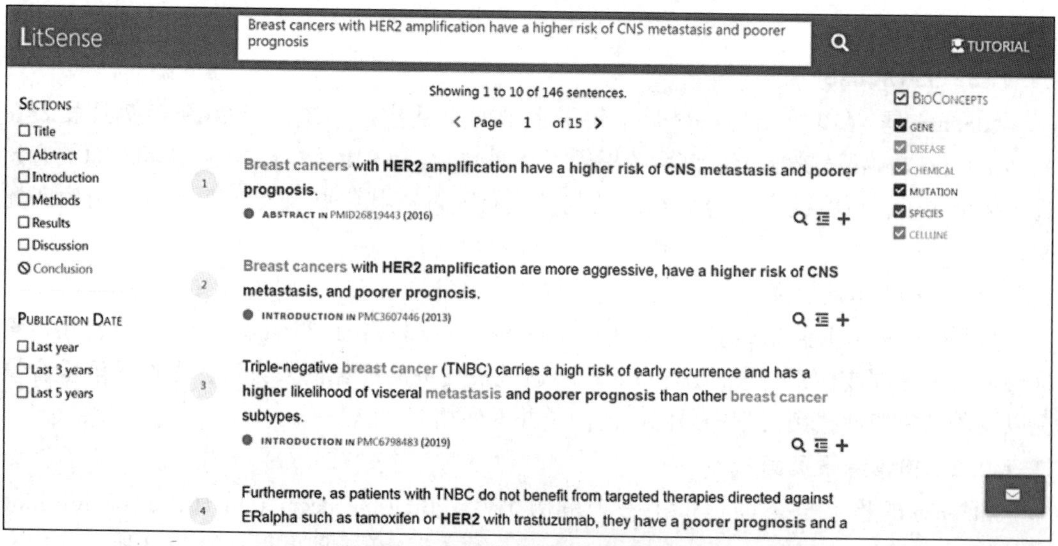

图 11-3　LitSense 检索结果页面

PMID（PubMed Unique Identifier）号。返回句的右下方有 3 个按钮：搜索按钮（放大镜图标），可以对该返回句作为检索句进一步搜索；中间按钮可以对返回句在文中的出现位置进行标识，同时也可以查看该句的上下文；加号按钮，单击后显示该返回句所在文献的题目、作者、期刊及发表时间。

11.1.3　SCI-HUB

SCI-HUB 是一个学术论文在线搜索引擎（图 11-4），在搜索框输入论文题目、PMID 号、DOI 号或 URL 即可免费获取大部分论文的 PDF 全文，目前已经成为许多科研工作者手中的"科研神器"，但由于版权问题也一直备受争议。

图 11-4　SCI-HUB 检索主页面

11.2　文摘数据库检索

文摘数据库不仅摘录每篇文献的篇名、作者等，还摘录文献的内容摘要。文献的内容摘要既是标题的扩充，也是全文的高度概括，读者可以通过内容摘要大致了解文献的主要内容，进而判断是否获取全文。

11.2.1　NCBI-PubMed

PubMed(http://www.ncbi.nlm.nih.gov/pubmed)是由美国国立医学图书馆(NLM)下属的 NCBI 开发的基于 Web 的网上医学文献检索系统(图 11-5)。该系统具有强大的检索和链接功能，是国际上公认的最具权威和查找文献利用率最高的免费生物医学文献数据库。目前，PubMed 数据库已收录超过 3 200 万篇来自 MEDLINE、生命科学期刊及在线书籍的生物医学文献，大部分记录提供摘要(除 1975 年前)和全文链接，每条记录都有唯一的识别号 PMID，部分文献可以免费获取全文，存放在 PubMed Central。PubMed 内容广泛，涉及生物学、医药学、分子生物学、护理学、牙科学、兽医学、卫生保健和预防等多个科学领域。数据库从星期二到星期六每日更新。

PubMed 收录的数据主要由出版商提供的文献数据、PREMEDLINE、MEDLINE、属于 PubMed 但最终没有被 MEDLINE 收录的数据、OLDMEDLINE 5 部分组成，其中，MEDLINE

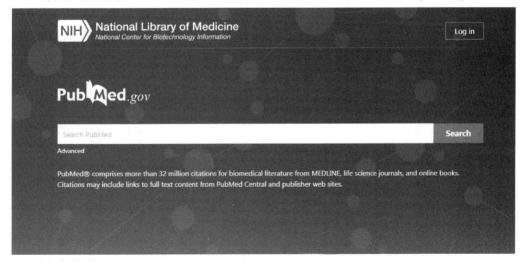

图 11-5　PubMed 检索主页面

是最主要的组成部分。出版商提供的数据是最新的文献数据，带有[PubMed-as supplied by publisher]标记。PREMEDLINE 是收集未正式给予 MeSH 词、文献类型等深度标引信息的临时性数据库，其数据经过标引和加工，每周向 MEDLINE 移加一次，同时在 PREMEDLINE 中删去这些数据，每条记录均带有[PubMed-in process]标记。MEDLINE 是当今世界上最具权威的医学文献数据库，收录年限从 1966 年至今，数据来源于 70 多个国家的 5 000 多种生物医学期刊，每条记录标有[PubMed-indexed for MEDLINE]标记。属于 PubMed 但最终没有被 MEDLINE 收录的数据，带有[PubMed]标记，主要是指一些非生物医学的文献。OLDMEDLINE 收集 1966 年以前的数据信息，每条记录标有[PubMed-OLD-MEDLINE]标记。

PubMed 的可检索字段共有 49 个，详情请见 http://www.ncbi.nlm.nih.gov/books/NBK3827/。表 11-1 列出了常用检索字段的标识(Tags)、字段名称及说明。

表 11-1 PubMed 常用检索字段

字段标识	字段名称	字段说明
AD	Affiliation	主要作者的联系地址
ALL	All Fields	所有字段
AU	Author	作者(姓+名首字母)
CN	Corporate Author	团体作者
EDAT	Entrez Date	文献被 PubMed 收录的日期
1AU	First Author Name	第一作者
FAU	Full Author Name	作者(全名)
GR	Grant Number	资助项目编号
IR	Investigator	对项目有贡献的主要研究者或合作者
IP	Issue	期刊期号
TA	Journal	期刊刊名
LA	Language	文献原文语种
SH	MeSH Subheadings	MeSH 副主题词
MH	MeSH Terms	MeSH 主题词
MAJR	MeSH Major Topic	主要 MeSH 主题词，在主题词后加"*"以标记
PG	Pagination	文献在期刊中的起始页码
PL	Place of Publication	出版物所在国家地区
PT	Publication Type	文献出版类型
PMID	PubMed Unique Identifier	文献唯一的识别号
DP	Publication Date	文献的出版日期
SI	Secondary Source ID	文献条目相关序列所在的数据库及登录号
SB	Subset	用于限定检索的一些数据库子集
TW	Text Words	文本词，来自 TI、AB、MH、SH、PT 等字段
TIAB	Title/Abstract	文献题目/摘要
VI	Volume	期刊的卷号

11.2.1.1 基本检索

基本检索就是在 PubMed 主页面的检索词输入框中，输入各种检索词或检索式所完成的检索。与其他检索相比较，PubMed 主要具有自动词语匹配、强制词组检索、截词和布尔逻辑检索 4 种基本检索功能。自动词语匹配是 PubMed 最具特色的检索功能之一。所谓自动词语匹配功能是指 PubMed 对输入检索框中的一个或若干个检索词会进行智能化的分析、匹配、转换并检索。其原理是：对输入的检索词，系统将其逐步与数据库中的 MeSH 转换表、期刊转换表、作者转换表及索引进行搜索、匹配，并自动转换为相应的 MeSH 主题词、刊名或作者，再将检索词在所有字段（all fields）中检索，并执行"OR"布尔逻辑运算；如果输入的是短语或词组，系统会在上述 4 个表中寻找相匹配的词，如果找不到，系统就将短语或词组进行拆分，再重复以上顺序分别单独查找，直到找到相匹配的词。如果仍找不到相匹配的词，则用单词在所有字段中检索，单词之间执行"AND"布尔逻辑运算。

强制词组检索指输入的短语没有对应的匹配词组时，使用双引号强制把它当成一个不可分割的词组进行检索，此时 PubMed 关闭自动词语匹配功能，直接在所有字段中查找。截词功能指可以使用"*"作为通配符进行截词检索。布尔逻辑检索是指 PubMed 支持布尔逻辑检索，运算符号必须大写，分别是 AND（与）、OR（或）、NOT（非）。运算顺序是从左到右执行，可以通过括号改变运算次序。下面分别举例说明。

(1) 单词、词组、短语检索

在检索词输入框中，输入任何一个具有实质性意义的词语，不区分检索词的大小写，系统都会自动匹配智能检索。例如，我们输入一个单词 cancer，单击"Search"按钮即可完成一个最简单的基本检索。输入一个词组，如 liver cancer，系统会把它当成一个词组检索。

如果输入的是一个短语，如 aids diagnosis，尽管这不是一个常见固定搭配的词组，但是系统仍然可以检索。系统将对这个短语进行智能化的拆分，会把 aids 这个词作为一个自由词，在所有字段及与其所映射的主题词在主题词和所有字段的检索，diagnosis 做主题词、副主题和自由词检索，然后再把这两个词按照布尔逻辑运算"AND"自动进行检索。所以，在检索框只需输入 aids diagnosis 即可，而不需要输入 aids AND diagnosis 仍然可以检索出相应的文献。

(2) 强制词组检索

有时候系统自动转换匹配的功能也会给用户带来一些麻烦。如现在要检索肿瘤治疗方面的文献，在检索框中输入 cancer therapy 后，按照其智能化的原则会将 cancer 和 therapy 拆分成两个独立的词分别进行检索，然后再给它们做一个逻辑语的运算。因此，与将 cancer therapy 作为一个整体检索的初衷相违背，导致出现了大量无关的检索结果（图 11-6）。那么如何才能使 PubMed 认为 cancer therapy 是一个整体而不做这种智能化的拆分呢？只要在检索词组上加双引号（如"cancer therapy"），系统就会把它当成一个完整的词组检索，这样会大大精简检索结果（图 11-7）。

(3) 作者姓名检索

在检索词输入框中，也可输入作者姓名进行检索，输入作者姓名时应采用姓+名（名的首字母缩写，不用标点符号）的格式。如要查询陈润生院士发表的文章，输入格式为：chen rs，系统会自动在作者字段内进行检索。但通过作者姓名检索难免有同名的作者，如果知道作者所在城市、研究领域等情况，就可以检索到比较理想的结果。如知道陈润生院士所在城市为北京，输入格式为 chen rs beijing，意思就是要检索在北京，作者名为陈润生

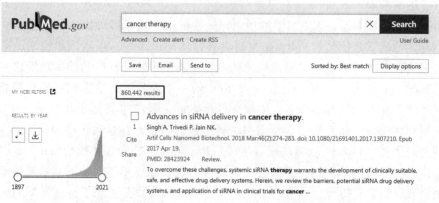

图 11-6　检索框输入 cancer therapy 后所显示的检索结果

图 11-7　输入"cancer therapy"所显示的检索结果

的文章。在 beijing 和 chen rs 之间并不需要加逻辑运算符，只留一个空格，系统会把 beijing 在地址字段检索，chen rs 在作者字段检索，最后二者做一个逻辑"AND"运算。

（4）刊名检索

在检索词输入框中，输入刊名全称、MEDLINE 形式的简称、ISSN 号，例如，molecular biology of the cell、mol biol cell、1059-1524，然后回车或单击"Search"按钮，PubMed 会自动检索出该期刊被 PubMed 收录的文献，并不需要强调这是一个期刊的名称，系统会自动和系统内部的期刊表转换匹配。需要特别注意的是，如果刊名与 MeSH 词表中的词相同，例如，Gene Therapy、Science 或 Cell 等，PubMed 也会将把这些词作为 MeSH 词检索，在这种情况下，需要用刊名字段标识[ta]符加以限定，如"gene therapy[ta]"。如果期刊名称是一个单词，也需要使用期刊名称检索字段标识，如"scanning[ta]"，否则会在所有字段检索该词。推荐使用刊名全称或 MEDLINE 形式的简称，因为使用 ISSN 号进行检索，不能保证检索到数据库中较早的记录。

（5）截词检索

PubMed 允许使用"*"作为通配符进行截词检索，即输入词根部分加"*"，运用通配符替换单词的剩余部分，最终检索出以该词为词根的所有词。例如，输入"bacter*"，系统会找到词根部分是 bacter 的单词（如 bacteria、bacterium、bacteriophage 等）。

截词功能只限于单词，对词组无效。如"infection*"包括"infections"，但不包括"infection control"等。截词检索对扩大检索范围是非常有用的，特别对一些同义词的词性变化,但是它也会使检索结果变得复杂和难以处理。

(6)复合检索式检索

所谓复合检索式是指在检索词输入框中可以做布尔逻辑运算,并且可以通过添加括号来改变检索式。如我们要检索肿瘤诊断和治疗方面的文献,我们可以在检索词输入框中输入:cancer AND(diagnosis OR therapy),单击"Search"按钮进行检索,在括号中可以增加更多的检索词、逻辑运算符、括号。

11.2.1.2 高级检索

PubMed 的高级检索(Advanced Search)界面将检索式生成器(Search Builder)、检索史(Search History)、检索详情(Details)、索引(Index)整合在一起,方便用户完成复杂课题的检索,使检索过程更加简单,便于提高检索效率。本节将对高级检索(Advanced Search)及主题词数据库(MeSH Database)、期刊数据库(Journals)、单篇引文匹配器(Single Citation Matcher)、临床查询(Clinical Queries)的使用方法进行介绍。

(1)检索式生成器

检索式生成器(Advanced Search Builder)是向用户提供将检索字段选项、逻辑运算符与已经在检索栏中的关键词进行组配的工具,也可以结合检索史完成复杂的布尔逻辑运算。检索时,可以在其左侧的下拉菜单选择检索字段(默认为 All Fields),然后在检索框中输入检索词,再选择布尔逻辑运算符 AND、OR 或 NOT,查询框(Query box)中便显示新生成的检索式。可以重复上述步骤,直到完成预期的检索式。

例如,检索 beijing 的 chen r 在期刊 Genome Research 上发表了多少篇文章。检索步骤如下:检索式生成器左侧的下拉菜单中点选"Author"字段,检索框中输入 chen r,单击"ADD";再次点选"Affiliation"字段,然后输入 beijing,选择逻辑运算符"AND";同上,再点选"Journal"字段,输入 Genome Research,选择逻辑运算符"AND",最后在检索栏下的 Query box 中便会生成精准的检索式(图 11-8)。最后单击"Search"按钮将显示检索结果的详细信息,如果用户不满意检索结果,可如上所述继续限定条件。

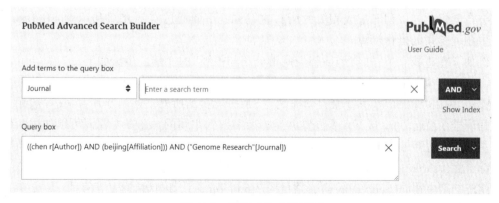

图 11-8 检索式生成器页面

(2)索引

索引(Index)的作用是可以从特定的字段中选择索引的单词,并可以把选择的单词加入到检索式中。索引(Index)可以查看某一个特定字段中的词语列表。例如,选择"Journal"作为检索字段,输入检索词 BMC,单击"Show Index"按钮,将以字母顺序显示该词的所有相关词语(期刊),并且显示每一个词的检索结果(图 11-9)。最后可以选择 bmc

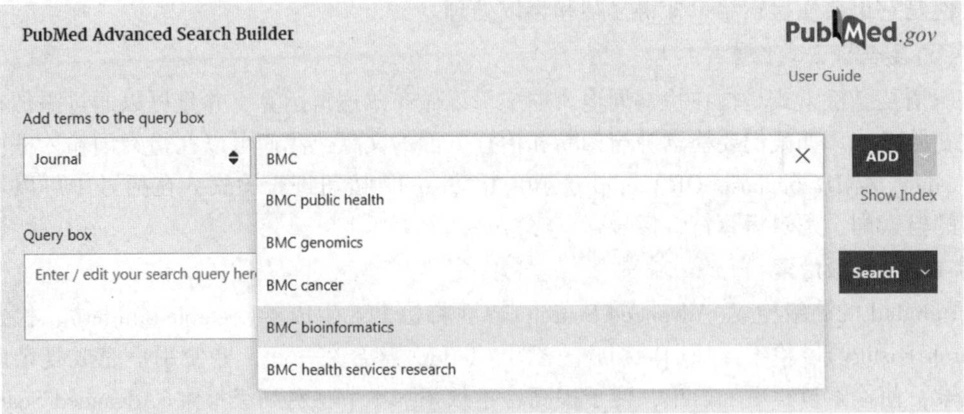

图 11-9 选择"Journal"作为检索字段，输入检索词 BMC 的索引示例

bioinformatics，使用逻辑运算符添加到检索式中。

（3）检索史和检索详情

检索史（History）主要用于查看检索策略，也可以查看检索结果的数量，并进一步编制检索策略的一个辅助工具。在 Search History 下面显示之前所做的所有检索史，每条检索史信息包括检索式序号、检索式、检索时间及检索结果数量。要查看检索到的详细记录，直接单击检索结果数即可。在"Actions"下可以使用逻辑运算符 AND、OR、NOT 对不同的检索式进行组配检索。Details 可以显示每一个检索式在系统进行自动匹配转换的检索词。

PubMed 最多可保留 100 个检索式，超过 100 个将自动删除最早的检索式，检索史最多保留 8h，要清除检索史，单击"Delete"按钮。

（4）主题词数据库检索

在 PubMed 主页面或高级检索页面单击"MeSH Database"进入主题词数据库检索页面。MeSH 词在检索中的重要作用是剔除了大量不相关的文献，强调准确性和专指性。在 MeSH Database 的检索框输入一个词，这个词可能是一个主题词，也可能是一个自由词，系统会自动提供与该词匹配或相关的所有主题词。下面通过实例介绍利用 MeSH Database 实现主题词检索的操作步骤。

例如，想查找有关"非典型性肺炎病毒分离与提纯"的文献，步骤如下：

①正确选择主题词。进入 MeSH Database，在检索框中输入非典型性肺炎病毒的常用缩写 SARS，单击"Search"，系统会自动提供与 SARS 相关的所有主题词及其含义（一般相关度最高的词排在最前面）。接下来要浏览并选择所需要的主题词。选择主题词可以通过两种途径：主题词的解释与树状结构表。本例可确定 SARS 的规范化主题词为 SARS Virus（严重急性呼吸综合症，severe acute respiratory syndrome），单击显示该主题词的详细信息，包括定义、可以组配的副主题词（Subheadings）、款目词（Entry Terms）、树状结构表等信息。

②收集款目词。款目词（Entry Terms）是主题词的同义词或相关词，作用是将自由词引见到主题词。PubMed 检索时款目词可与相应主题词相互转换。因此，款目词只是丰富和增强词表功能的一种方式。因为许多新的文献被 PubMed 收录，但是还没有被标引为主题词，如果只选用主题词检索必然会漏检这类文献，这时需要考虑是否使用款目词进行检索，以防止漏检，从而保证查全。

③选择副主题词。副主题词（Subheadings）是对主题词做进一步限定的词，可以使检索

的内容更为确切。本例中可选择 SARS 的副主题词"isolation and purification", MeSH 词表规定使用的副主题词一共有 83 个, 可以与主题词组配的将在"Subheadings"下列出。

④确定是否限定主要主题词。限定主要主题词(MAJR)检索, 也就意味着只有文章重点讨论的内容符合限定条件才会被检索出来, 主要主题词即为 MEDLINE 格式中主题词前标记为"*"的词。限定主要主题词检索可以缩小检索范围, 提高查准率, 如果以查全为第一要求, 应放弃使用。勾选"Restrict to MeSH Major Topic", 即可限定检索结果为主要主题词。

⑤确定是否要扩展主题词。每一个主题词在其树状结构表中都有相应的位置, 揭示了与其他主题词之间的隶属关系。默认状态下, 系统会对含有下位概念的主题词进行扩展检索, 勾选"Do not include MeSH terms found below this term in the MeSH hierarchy", 则不进行主题词扩展检索。本例中的主题词"SARS virus"在树状结果表中的最底层, 所以扩展与不扩展没有任何意义; 但是如果选择其上位词"Coronavirus"进行扩展检索, 则检索结果为包含"SARS virus"的所有下位概念文献。

操作完以上步骤, 最后单击"Search PubMed"(图 11-10), 可得到检索结果。

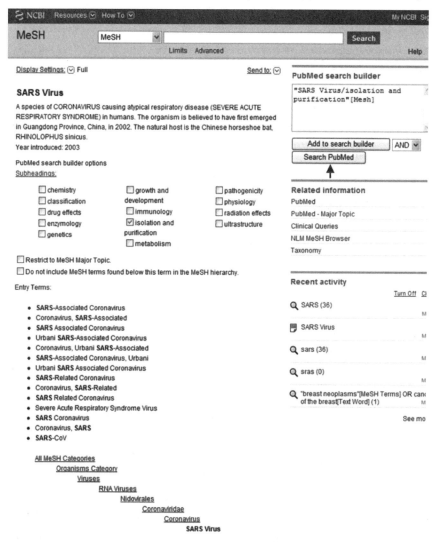

图 11-10　PubMed 主题词的详细信息页面

(5) 期刊数据库检索

在 PubMed 主页面单击"Journals",进入期刊数据库检索页面,在检索框可通过主题(Topic)、刊名全称、刊名 MEDLINE 缩写和 ISSN 进行检索。例如,想了解 NCBI(包括 PubMed)收录了哪些昆虫学方面的期刊,在检索框中输入 Insect,单击"Search",即显示所有刊名中含有 Insect 的相关期刊(图 11-11)。单击刊名全称,可以得到更加详细的期刊信息,包括出版者、期刊缩写、创刊年份、出版频率、语种等。在页面左侧的选框中勾选所查期刊,再单击页面左侧的"Add to search builder",检索式被添加到 PubMed search builder 中,最后单击"Search PubMed",可以检出该期刊被 PubMed 收录的文献情况。当然,前提条件是该期刊已经被 Pubmed/Medline 收录。

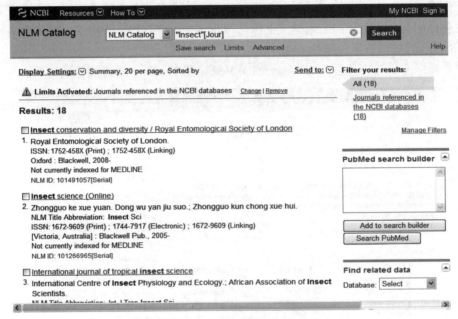

图 11-11 期刊数据库检索结果界面

(6) 单篇引文匹配器

单篇引文匹配器(Single Citation Matcher)主要用于查找某一篇特定文献的准确信息。在 PubMed 主界面的 PubMed Tools 栏目下单击"Single Citation Matcher",即可进入单篇引文匹配器检索页面,在页面中可以输入任何已知的信息,包括期刊名称、出版日期、卷、期、起始页码、作者、标题词。

例如,查找 Hutchins 撰写、1979 年发表、起始页为 745 页的文献。从以上查询条件可以看出,对查询文献所了解的信息较少,可以在 Date 栏输入 1979,First page 栏输入 745,Author 栏输入 Hutchins,单击"Search"(图 11-12),检索结果为 1 篇文献。

(7) 临床查询

临床查询(Clinical Queries)是主要针对临床医生设计的检索服务,其检索结果更贴近临床的需要。在 PubMed 主界面的 Find 栏目下单击"Clinical Queries",即可进入临床查询界面,目前包括 COVID-19 和 Clinical Studies 两类检索(图 11-13)。

Clinical Studies 主要用于过滤检索疾病的 Etiology(病因)、Diagnosis(诊断)、Therapy(治疗)、Prognosis(预后)及 Clinical prediction guides(临床预报指南)临床方面的文献。同时,还可以强调检索结果的范围,包括 Broad(查全率)和 Narrow(查准率)。2020 年年底,

图 11-12　PubMed 单篇引文匹配器检索页面

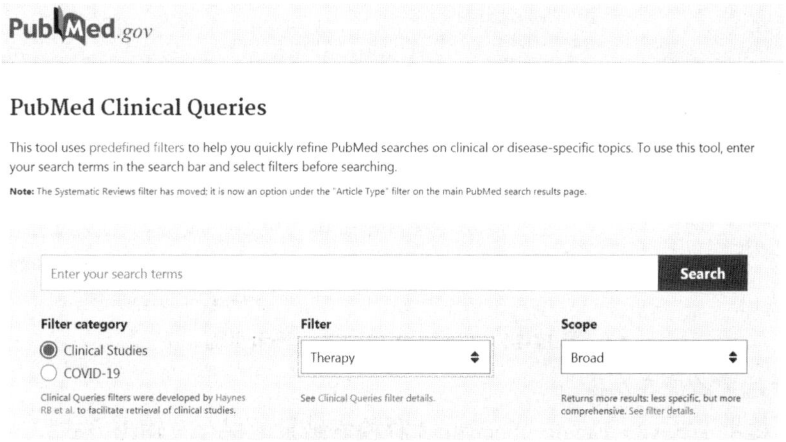

图 11-13　PubMed 临床查询检索页面

PubMed 的临床查询增加提供了对 COVID-19 相关文献的过滤检索服务，包括 COVID-19 的机制、传播、诊断、治疗、预防、病例报告、预测等相关文献。

11.2.1.3　检索结果的处理

（1）检索结果的显示

PubMed 默认显示格式是 Summary 格式，通过"Display options"功能键的下拉菜单可设置所需的显示格式（Format）（图 11-14）。其他显示格式包括：①Abstract，相比 Summary 格式，信息更完整，增加了出版类型、MeSH 主题词、被引和施引文献、基金资助等信息；②PubMed，显示 Medline 记录中的全部字段信息，完整且含有标识符；③PMID，仅显示每条记录的 PMID 号。PubMed 支持直接引用格式，单击"Cite"（在 Abstract 格式才显示）便会出现完整的引文格式，支持 AMA、MLA、APA 及 NLM 不同显示格式，可以选择复制，也可以选择 nbib 格式下载导入至 EndNote 等文献管理软件。

PubMed 默认每页显示记录条数为 10，通过"Display options"功能键的下拉菜单可设置每页显示记录条数（Items per page）为 10、20、50、100 或 200。

PubMed 默认检索结果按 Best match(最佳匹配)排序，通过"Display options"功能键的下拉菜单可设置排序方式(Sort by)为 Most recent(最近匹配)、Publication Date(出版日期)、First Author(第一作者)或 Journal(刊名)。

PubMed 左侧有多个过滤器菜单，可对检索结果做进一步的限定过滤，主要有 Text availability(全文、免费全文、摘要)、Article types(文献类型)、Publication dates(出版日期)、Species(研究对象人/动物)、Languages(语种)、Sex(性别)、Subjects(主题)、Journal(期刊)、Ages(年龄)。最新版的 PubMed 新增了 Results by year，可以通过移动两个小圆点对文献的发表年份进行限定(图 11-14)。

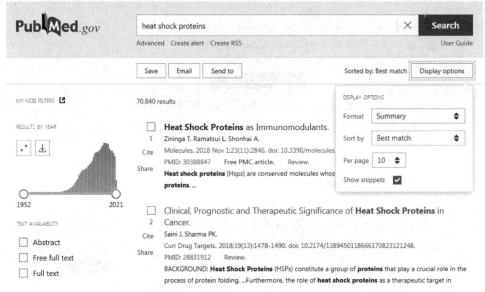

图 11-14 PubMed 检索结果显示页面

(2)检索结果的保存及输出

PubMed 提供了 Save、Email、Send to 3 种检索结果的保存及输出方式。

①Save。可以对需要保存的文献记录进行选择(All results on this page、All results、Selection)，保存的格式为 Summary、PubMed、PMID、Abstract 和 CSV，其中 PubMed 即为旧版的 Medline 格式。

②Email。将检索结果以所选格式发送给指定的 Email，一次最多可发送 200 条文献记录。

③Send to。共有 Clipboard、My Bibliography、Collections、Citation manager 4 个选项。其中 Clipboard 是提供一个临时存放所选文献的空间，可多次检索，暂存每次检索需下载的记录，最后一起保存，最大容量为 500 篇文献，文献将在离开 PubMed 或其他 Entrez 数据库 8h 后消失。My Bibliography 可以利用 My NCBI 可以建立个人文献目录。注册了 My NCBI 的用户，可以选择"Collections"将检索结果存到 My NCBI 中，一次最多保存 5 000 条文献记录。Citation manager 可以直接导出 nbib 格式的文件，最多支持一次输出 10 000 条文献记录，也可以导出选定的文献或页面文献。

11.2.2 BIOSIS Previews

BIOSIS Previews(BP)是世界著名的有关生命科学研究的文摘数据库，由美国生物科学信息服务社 BIOSIS 编辑出版。BIOSIS Previews 是 Biological Abstracts(BA，生物学文摘)与 Biological Abstracts/RRM(BA/Reports、Reviews、Meetings，即生物学文摘/技术报告、综述、会议文献)整合在一起的互联网版本。BP 内容覆盖了来自生命科学领域的近 6 000 种期刊、1 500 多个国际会议及 1999 年至今的美国专利，内容来源于 90 多个国家，涵盖了自 1926 年以来的近 1 800 万条记录，数据每周更新。目前，Web of Science(WOS)平台和 OVID 平台都可作为 BIOSIS Previews 的检索平台。本节以 WOS 平台上的 BP 为例，介绍其检索方法。

BIOSIS Previews(BP)目前是 WOS 的子数据库之一。登录 WOS 平台，在"所有数据库"中选择"BIOSIS Previews"便可进入 BIOSIS Previews 主页面(图 11-15)，默认为基本检索(Basic Search)，也可以选择高级检索(Advanced Search)。BP 采用独特的深加工字段，独有的关联性索引对文献进行标引，能够深入揭示每个字段与索引词表的关联性，从多个字段中迅速准确的找到相关文献。BP 可检索字段共有近 30 个，不同类型文献所包含的字段可能不完全相同，除了主题、标题、作者等基本字段外，还包括许多特色字段，主要包括：

①分类数据。对生物体的分类，按照生物界的自然分类系统，将全部生物体按照类、门、纲、目、科、属、种的顺序排列，大类分为生物体、微生物、植物和动物 4 个大类，每大类分为门、纲、目和科四级类目。

②主要概念。BP 有 168 个主要概念词，来自文献中涵盖的广义学科类别。

③概念代码。570 多个代表来自文献中所论述的生命科学方面的上义学科类别和五位数代码，每一个代码对应着一个学科名称，单击相应的链接可以看到概念代码和相应的名称。

④化学和生化名称。可以实现对化合物、基因名、序列名、化学物质登记号的检索。

⑤分类注释。文献中提及的生物和微生物的上义词组。

⑥地理数据。文献中的内容涉及的地理信息。

关于可检索字段的含义及用法，可以单击主页面右上角的帮助文档查看。

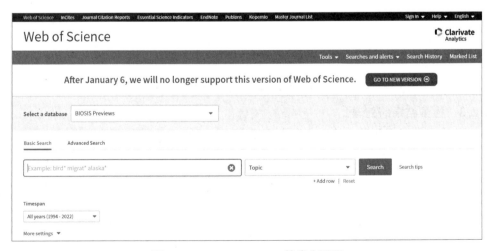

图 11-15　Biosis Previews 检索主页面

11.2.2.1　基本检索

BIOSIS Previews 的默认状态为基本检索(Basic Search)，直接在检索框输入检索词或检索式，选择检索范围，默认为主题（Topic），单击"Search"即可。也可以在多个检索框中输入关键词，通过下拉菜单选择布尔逻辑运算符及检索字段，再单击"Search"进行检索。例如，在检索栏输入"Sudan"，因为该词有苏丹红（化学物质）和苏丹（国家）两个意思，如果我们检索的是化学物质，需要在检索字段限制为化学和生化名称，这样检索结果避免了作为国家/地理概念的文献出现（图11-15）。因此，BP不同的深加工字段可以解决一词多义的检索难题。

11.2.2.2　高级检索

在基本检索页面单击"Advanced Search"（高级检索）便进入高级检索页面（图11-16）。高级检索适合于对检索比较熟悉的用户，检索时必须用两个大写字母表示的字段符（Field Tags），高级检索页面右侧给出了所有可检索字段的标识符进行逻辑运算，以完成复杂课题的检索，也可以直接输入检索式的序号进行逻辑组配检索，还可以对检索年限、语种、文献类型、生物分类注释等进行限定。

此外，高级检索页面下方列出了检索史（Search History），可以对检索史进行逻辑组配，也可以保存检索史（Save History）、创建定题跟踪服务（Create Alert）或打开已保存的检索策略（Open Saved History）。

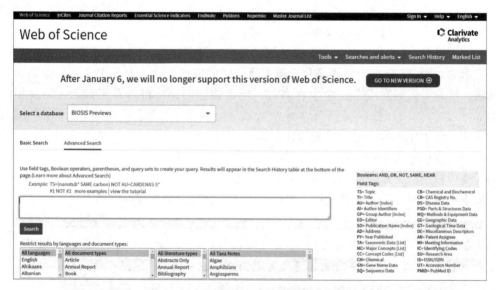

图11-16　Biosis Previews 高级检索页面

11.2.2.3　检索结果的处理

BP的检索结果有两种显示方式，为概要方式（Summary）和全记录方式（Full Record）。如果用户所在机构订购了出版物的电子版全文，则有 Full Text 图标。BP 默认检索结果按日期（Date）排序，也可以选择按照被引频次（Times Cited）、使用次数（Usage Count）、相关性（Relevance）、第一作者（First Author）等排序（图11-17）。BP检索结果的输出、文献管理与分析功能同 WOS 核心合集相同。

11.2.3　国际三大农业文摘数据库

国际农业和生物科学中心（CABI）文摘数据库 CAB Abstracts、联合国粮食及农业组织（FAO）数据库 AGRIS、美国国家农业图书馆（NAL）数据库 AGRICOLA 是目前国际上最著

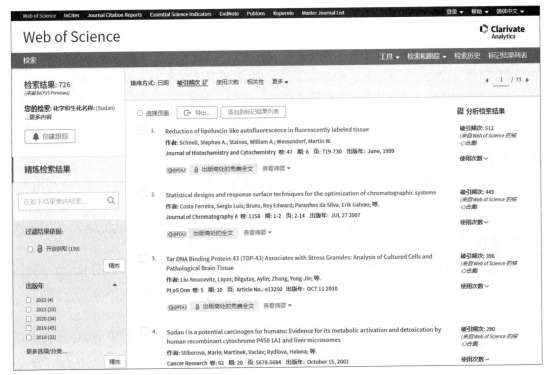

图 11-17　Biosis Previews 检索结果显示

名的农业文摘数据库。三大数据库收录的文献涵盖农业所有学科及其相关学科，三大数据库的数据有重复，但是经过逐步协调分工后，目前重复率已经有所下降。这三大数据库是农业科学研究和教学重要的数据资源。

11.2.3.1　CAB Abstracts

国际农业和生物科学中心文摘数据库（CAB Abstracts）是国际农业和生物科学中心（Centre for Agriculture and Bioscience International，CABI）出版的文摘型数据库。数据来源于世界上 150 多个国家出版的 1.1 万余种期刊、图书、专题报告以及会议录等，语种涉及 70 多种，收录了自 1973 年以来的 500 多万条记录，并以每年 18 万条左右的文摘量增加。内容覆盖了农业科学的各个领域，包括农艺学、生物技术、植物保护、乳品科学、林业、微生物、畜牧兽医、人类健康、经济及自然资源管理等，季度更新。该数据库为现今世界上最具权威性的农业文摘数据库之一。

目前 CAB 的全文增强版 CAB Abstracts Plus 数据库是在 CAB Abstracts 数据库的基础上开发的独特的全文资源，包括难以获取的研究论文、会议论文、综述和分布图，于 2006 年 5 月正式出版，是集 CAB Abstracts 全文版和全球珍贵文献于一体的颇有价值的集合。该数据库面向动物科学、营养学、植物科学、农业和环境等领域，拓展了研究人员对全球化全文在线信息资源的获取。主要包括 CAB Abstracts Full-Text Select（CAB 全文精选）；CAB Reviews（CAB 综述）；Distribution Maps of Plant Pests（植物虫害分布）；Distribution Maps of Plant Diseases（植物病害分布）；Distribution Maps of Fungi and Bacteria（真菌和细菌的描述）。

可通过 OVID 等检索平台进行检索，也可以直接登陆 CABI 平台进行检索，网址：http://cabdirect.org/。

11.2.3.2 AGRIS

国际农业科技信息系统(International Information System for the Agricultural Sciences and Technology, AGRIS)是 FAO 根据各国农业科研和生产发展的需要,于 1975 年建立的农业题录型数据库。该数据库收录了 FAO 编辑出版的全部出版物和 180 多个参加国和地区提供的农业文献信息,特别是第三世界国家农业、林业及相关学科的应用研究方面的文献,1979 年以后部分数据提供了文摘。其主题范围包括农业总论、地理和历史、教育推广与情报、行政与方法、农业经济、发展与农村社会学、植物科学与生产植物保护、收获后技术、林业、动物科学、渔业与水产养殖、农业机械与工程、自然科学与环境、农业产品加工、人类营养、污染等。收录文献类型有期刊、图书、科学技术报告、专论、学会论文、政府出版物。每年该库新增约 13 万个新记录,并配有英文、法文和西班牙文的关键词汇。AGRIS 数据库自 2018 年开始数据不再更新,在 FAO 官网(http://agris.fao.org/)可以继续使用原数据。

可通过 OVID 等检索平台进行检索,也可以直接登陆 AGRIS 平台进行检索,网址:http://agris.fao.org/。

11.2.3.3 AGRICOLA

美国国家农业图书馆书目数据库(AGRICultural OnLine Access, AGRICOLA)是由美国国家农业图书馆编辑的书目型数据库,数据库的文献资料主要由美国农业图书馆(NAL)、食品与营养信息中心(FNIC)、美国农业经济文献中心(AAEDC)等机构提供。早期以题录为主,近年有部分文摘。AGRICOLA 收录了 1970 年至今的重要农业信息,包括美国、加拿大等世界上 40 多个文种 8 000 多种与农业有关的期刊论文、学位论文、专著、专利、软件、视听材料和技术报告等,数据量达到了 380 余万条,季度更新,每年新增近 11 万条记录。其主题范围包括农、林、牧、水产、兽医、园艺、土壤等整个农业科学领域及动物、植物、微生物、昆虫、生态等生命基础科学及环境科学、食品科学。近年来 AGRICOLA 同 AGRIS 分工选用刊物偏重在美国和北美地区,其他国家引用期刊着重于家畜饲养、生物技术、食品与营养、农村情报和青年问题等方面。

可通过 OVID 等检索平台进行检索,也可以直接登陆 AGRICOLA 平台进行检索,网址:http://agricola.nal.usda.gov/。

11.2.4 Scopus

Scopus 是由爱思唯尔出版社(Elsevier)推出的全球最大的、同行评审的文摘和引文数据库。Scopus 涵盖了来自全球 5 000 多个出版商超过 22 000 多种期刊的内容,其中同行评审期刊 20 000 多种,涉及领域包括自然科学、工程技术、医学、社会科学以及艺术人文等学科,另外还有丛书、会议录、专利及网页。Scoupus 数据库含有 75 000 多本图书,500 多套丛书系列,680 多万份会议论文。覆盖的刊物超过 40 多种语言,有 2 800 份开放获取访期刊,3 750 种在编期刊(先于发表 1~4 个月获取),500 多种同行评议的中文期刊。相对于其他单一的文摘数据库而言,Scopus 的内容更加全面,学科更加广泛,特别是在获取欧洲及亚太地区的文献方面,用户可检索出更多的文献数量。通过 Scopus,用户可以检索到最早 1823 年以来的近 7 000 多万条文献信息,其中 1996 年以来的文献有引用信息,数据每日更新约 10 000 条,Scoupus 数据库 100%全覆盖 MEDLINE。

Scopus 提供了文献检索(在对应的字段中输入相应的关键词)、作者检索、归属机构检索和高级检索及多种检索结果精练模式,可以同时检索网络和专利信息(与科技搜索引擎 Scirus 整合)。通过检索主界面的浏览来源出版物,可以浏览 Scopus 收录的所有内容,包括丛书、会议论文等。"限制"可对检索式快速进行出版时间、文献类型及访问类型的限制。"通知"可设置电子邮件通知,包括检索作者、作者引文通知和文献引文通知(图 11-18)。

Scopus 对检索结果的限定(二次检索)、精简、分析、导出、下载、查看引文概览(查看所选文献的被引情况)及导出等功能同本章详细介绍的其他数据库基本相同。

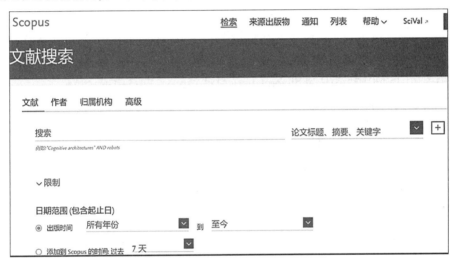

图 11-18　Scopus 检索主页面

11.2.5　F1000

F1000(Faculty of 1000)是由英国 BioMed Central 出版的为生物学及医学研究人员提供评估服务的二次文献数据库。F1000 的原创理念是为了应对生物学及生物医学论文数量的迅速膨胀,通过专家在论文出版后进行评阅、评级、推荐,来进行同行评审与筛选,以达到让科研人员在有限时间内获得更有价值的文献信息,为弥补单纯用影响因子来衡量期刊的不足而推出的一种在线生物及医学文献评估系统。

F1000 最初由 1 000 位专家组成,目前已经发展为 10 000 多名来自全球顶级的生物医学专家(包括诺贝尔奖得主)对 PubMed 收录的论文进行分类及评估,并对推荐论文的阅读必要性进行解释。

11.3　全文数据库检索

文摘数据库一般只能查到文献的摘要,而全文数据库可以提供文献的原文。全文数据库通常是指包括电子图书、电子期刊以及特种电子文献(学位论文、专利、会议文献等)全文的一次数据库。其中数量最多、使用最广的是电子期刊全文数据库。使用全文数据库最大的好处是用户能够直接获取原始文献。

全文数据库按照其收录文献的种类可以划分为综合类全文数据库、期刊全文数据库、学位论文全文数据库、专利全文数据库、会议论文全文数据库等。本节将重点对前3种全文数据库进行介绍。

11.3.1 综合类全文数据库

综合类全文数据库是指大型的检索系统或平台，这类全文数据库通常在一个统一检索平台整合了多个子数据库，这些子数据库分别收录了不同类型的文献。检索文献时可以进行跨库检索或单库检索。常见的国内外综合类全文数据库有Ovid、EBSCO、万方、中国知识资源总库等。

11.3.1.1 Ovid 数据库

Ovid检索平台由美国OVID技术公司(OVID Technologoes INC)提供，该公司创建于1984年，并于1998年11月为Wolters Kluwer(威科)集团收购，成为Kluwer公司的子公司。OVID公司于2001年6月与Silverplatter(银盘)公司合并，组成全球最大的数据库出版公司。OVID公司目前不仅提供全文数据库，还提供二次文献数据库。该系统不仅汇集了重要的数据库资料，并且多种数据库使用统一的检索平台，实现了多个数据库同时检索的功能。目前收录了包括MEDLINE在内300多种人文、社科、科技方面数据库。

登录Ovid时，首先选择数据库资源，可以选择一个或者多个(或一组)数据库资源，方法是单击复选框和选择资源按钮。要添加外部资源，请将Ovid全方位搜索资源包含在内(如果可用的话)。需要注意的是，选择多个资源可能会抑制诸如映射工具之类的独立数据库的特有功能。

Ovid平台检索界面将多种检索方式、限制条件、检索历史及管理工具整合在一起(图11-19)。登录数据库后，默认是基本检索页面，检索窗口显示Ovid检索平台支持的6种检索途径，分别为基本检索(Basic Search)、常用字段检索(Find Citation)、检索工具(Search Tools)、字段检索(Search Fields)、高级检索(Advanced Search)和多个字段检索(Multi-Field Search)。运用底部的语种标识，可自动切换平台显示语言。

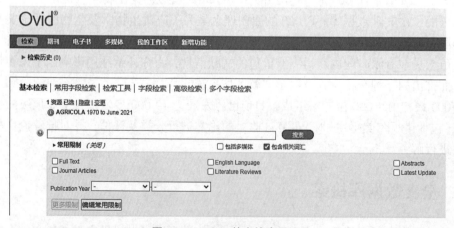

图11-19 Ovid基本检索界面

(1)检索方式

①基本检索。Ovid基本检索使用自然语言的处理功能(natural language processing, NLP)。直接在检索框输入关键词或一个完整的主题语，然后单击"Search"，系统将自动提取检索用词。

勾选检索框下面的"Include Related Terms"（包含相关词汇）可以通过单词的同义词、复数以及不同拼写法等形式扩大检索范围。通过"Limits"可以限定检索年限、文献类型、是否全文等条件进行筛选以缩小检索范围。单击"Edit Limits"可以增加更多限定条件。

②常用字段检索。可以通过输入已知的题录信息，如篇名、刊名、作者姓、出版商、出版年份、卷、期、起始页等，快速查找特定文献。需要注意的是刊名必须输入全称，可以输入刊名的起首部分，勾选"Truncate Name(adds " * ")"进行截词检索。作者姓名的输入格式为：姓（全称）加名（首字母），也可以选择进行截词检索。

③检索工具。可以搜索到数据库词汇。输入主题词或短语，选择下拉工具并单击"Search"。工具根据数据库的不同而有所不同。

④字段检索。可在资源字段中进行搜索或浏览。输入检索词、词组或短语，选择单个或多个字段，随后单击"Search"；也可选择"Display Indexes"（显示索引数据）即可浏览索引条目。"Clear selected"（消除选择）选项可取消字段选择。

⑤高级检索。Ovid 平台为专家级用户提供命令行的精确检索途径，提高查全率和查准率。欲了解有关 Ovid 命令行语法的更多信息，可选择帮助文件按钮并打开高级搜索部分的高级搜索技术即可。Ovid 平台高级检索又包括关键词检索（Keyword）、作者检索（Author）、标题检索（Title）及刊名检索（Journal）。

⑥多个字段检索。可结合使用操作符 AND、OR 或 NOT 在所有字段或指定字段中检索，单击"+Add New Row"（新增字段）即可增加更多的检索框。

（2）检索结果的处理

检索结果默认显示为 Abstract(摘要)格式，通过"View"（查看）菜单可将页面显示更改为标题或题录格式。系统按照检索词命中的次数（Count）、检索词出现的频率（Frequency）、重要性（Importance）等相关算法，按照关联度对文献进行星级评定，其中 5 星级文献相关度最高。摘要的右侧提供了附加查阅与链接的选项，包括摘要参考、完整参考、Ovid 全文等。

检索结果页面的顶部有打印（Print）、发送电子邮件（Email）、输出（Export）和新增到我的项目，需注册（Add to My Projects）选项。选择结果，然后选择一个输出图标即可，可以使用复选框选择独立结果，也可在页面顶部选择所有结果。如果进一步了解 Ovid 数据库的用法，可单击检索主界面右上角的"在线帮助"。

11.3.1.2　EBSCO 数据库

EBSCO 名称来源于"Elton B. Stephens Company"，是一家私营公司名称首字母的缩写，总部在美国，在全球 19 个国家设有分部。EBSCO 是世界上最大的期刊提供、文献订购及出版服务的专业公司之一，能够提供订购、出版、使用和检索一系列完整的服务解决方案。该公司从 1986 年开始出版电子出版物，现提供 50 多个全文期刊数据库和 50 多个文摘数据库，内容涉及自然科学、社会科学、人文和艺术科学等各类学科领域。多数期刊可以回溯到 1965 年或期刊创刊年，最早可追溯至 1886 年，且相当一部分期刊为 SCI、SSCI、AHCI 的来源期刊。

EBSCOhost 是 EBSCO 公司自主研发的数据库网上检索平台，可为全球用户提供 100 多种专业和综合性数据库的在线服务。进入 EBSCOhost 界面后，首先选择数据库，然后选择检索方式。EBSCOhost 提供基本检索（Basic Search）和高级检索（Advanced Search）两种主要检索方式，其中基本检索和高级检索根据选择数据库的不同又提供了出版物（Publications）、参考文献(Cited References)、索引(Indexes)、词典(Thesaurus)、图像(Images)等多种检索途径。

(1)检索方式

①基本检索。EBSCOhost 的基本检索页面只提供一个检索输入框(图 11-20),可直接在检索输入框中输入检索词、词组或检索式进行检索,支持逻辑、截词和位置检索。如果要进行准确的检索,单击输入框下面的"检索选项"(Search Options),可以对检索模式(search modes)、文献类型、出版日期、是否 PDF 全文等进行限定。

图 11-20　EBSCOhost 基本检索页面

②高级检索。高级检索是系统默认的检索方式,即进入 EBSCOhost 检索系统后,系统自动打开并停留在高级检索页面(图 11-21)。该页面提供 3 个检索词输入框,每个检索框后提供可供选择的检索字段,包括全文(All Text)、题名(Title)、作者(Author)等字段,3 个检索框之间可以通过逻辑运算符进行组配检索。若输入框不够使用,可以单击右侧的"+"添加,最多显示 12 个,也可以单击"-"删除。在检索词输入框下方的"Search Options"列表中,系统提供了多种对检索式和检索结果进行限定的选项。

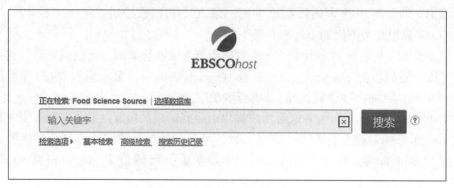

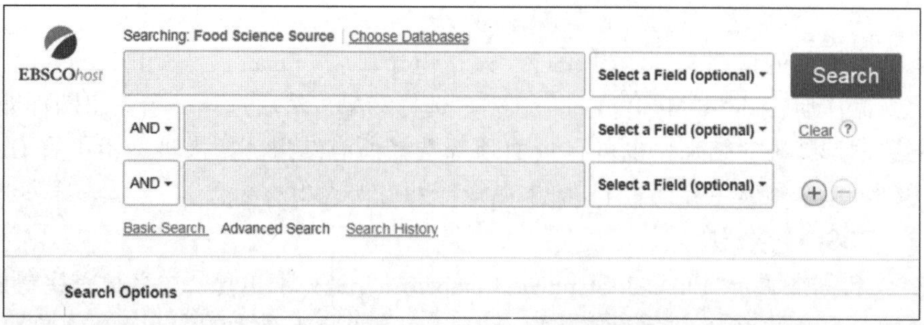

图 11-21　EBSCOhost 高级检索界面

(2)检索结果的处理

检索结果默认显示为 Standard(标准)格式,主要显示题目、作者、出处、数据库来源和摘要(部分)等信息。单击页面上方的"页面选项"(Page Options)按钮,可以将检索结果格式更改为仅限于标题(Title Only)、简介(Brief)和详细(Detailed),还可以对每页的结果数量、页面布局等进行更改设定。系统默认是按照结果相关度排序,可以设定为其他排序方式。鼠标指向文献题目后面的放大镜图标,会弹出窗口显示文献的详细信息。

单击每篇文献的题目可以显示文献的详细信息,同时可以对文献进行添加到文件夹、打印、Email、保存、引用、导出至文献管理软件、添加注释、永久链接、书签及PDF全文等操作，还可以使用智能文本搜索查找该文献的相似文献。另外，也可以在检索结果显示页面，通过单击每篇文献下方的"Add to folder"命令将文献统一存放到文件夹中。选定所需文献并存入文件夹后，可单击界面顶端的"Folder"进入文件夹管理界面，在此文件夹管理界面可以对前面所选文献进行打印、电子邮件、另存为文件和导出到文献管理软件。

11.3.1.3 中国知网(CNKI)

1998年，世界银行提出国家知识基础设施(national knowledge infrastructure)的概念。中国知识基础设施(china national knowledge infrastructure，CNKI)工程是以实现全社会知识资源传播共享与增值利用为目标的信息化建设项目，由清华大学、清华同方发起，始建于1999年6月。

CNKI平台资源基础的《中国知识资源总库》是国家"十一五"重大出版工程项目，是一个大型的动态知识库、知识服务平台和数字化学习平台。中国知网(China National Knowledge Internet，CNKI)是《中国知识资源总库》的核心资源，是中国最权威、资源收录最全、文献量最大的动态资源体系和最先进的知识服务平台与数字化学习平台，收录了1912年至今我国产出的各类文献，且每日更新。CNKI的资源极为丰富，包括期刊、学位论文、会议论文、专利、国标行标、项目成果、国家法律、地方法规、案例、年鉴、报纸、各种字词典、专业百科、专业辞典等，还包括一些职业技能的培训视频及相关资料。

CNKI的全文数据库主要包括：①中国期刊全文数据库(CJFD)，是目前世界上应用最广、功能最全、数据量最大的连续动态更新的中文期刊全文数据库，收录1979年至今的9 000多种中文期刊。②中国博士学位论文全文数据库和中国优秀硕士学位论文全文数据库(已合并为一个库)，是国内目前资源最完备、收录质量最高、更新最快的硕士、博士学位论文全文数据库，也是国务院学位办学位评估唯一指定的参考数据库，收录1999年至今的学位论文。③中国重要会议论文全文数据库，是我国第一个连续出版重要会议论文的全文数据库，覆盖各个学科，收录范围为国内一级学会、协会和各行业协会召开的国际和国内重要会议论文，收录2000年至今的会议论文。④中国重要报纸全文数据库，是我国唯一以重要报纸刊载的学术性、资料性文献为收录对象的连续更新的数据库，收录2000年至今的重要报纸文献。⑤中国年鉴网络出版总库，收录1912年至今全国发行的大部分年鉴。⑥中国工具书网络出版总库，收录了我国200多家出版社正式出版的语言词典、专科辞典、百科全书、医学图谱、图录(鉴)、年表等2 000多部工具书，词条达1 000万条，图片70余万张。⑦中国专利全文数据库，收录从1985年至今的中国专利。

CNKI提供初级检索、高级检索和专业检索3种主要检索方式。首页默认为文献跨库检索，用户可以选择检索范围，能够一框式完成多个数据库的检索。如果只想检索某种资源类型的文献，可以在首页单击该数据库资源，进入单库页面完成检索。检索框左侧可以按照主题、篇关摘、关键词、篇名、全文、作者、单位等不同字段进行限定检索(图11-22)。

11.3.1.4 万方数据库

万方数据库是中国科技信息研究所(国家文献法定收藏单位)控股和科技部唯一直属的高新技术企业。数据库包括：①期刊资源。包括中文期刊和外文期刊，其中中文期刊8 000多种，核心期刊3 200多种，涵盖了自然科学和社会科学各个专业领域，万方的独

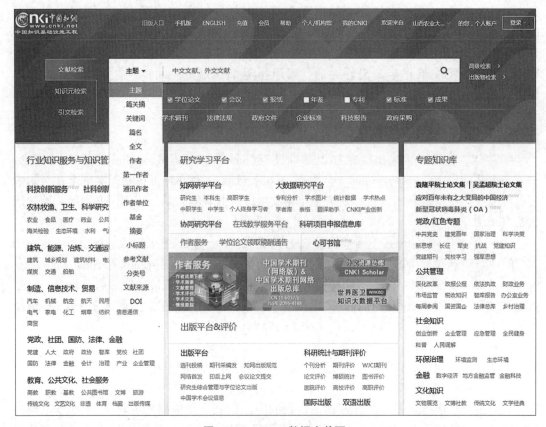

图 11-22　CNKI 数据库首页

特之处是收录了中华医学会的 120 多种医学期刊。②学位论文。万方与国内 500 多所高校和科研院所合作，收录的学位论文占研究生学位授予单位的 90%以上。③专利。万方收录了 11 个国家和 2 个组织（欧洲专利局和世界知识产权组织）的专利。④会议论文。收录了自 1983 年以来的会议论文近 300 万篇，其中外文近 45 万篇。⑤科技成果。收录了自 1980 年以来的国内科技成果及国家科技项目达 90 多万条。⑥标准。收录了中外标准近 45 个。此外，万方还提供了科技论文统计与分析系统。

万方数据库的检索方法与 CNKI 等数据库基本相同。

11.3.2　期刊全文数据库

期刊全文数据库是指出版商将自己版权的电子期刊做成全文数据库。这类全文数据库的期刊（或图书）版权一般属于期刊出版商，不同的期刊来自不同的数据库，属于不同的出版商，彼此没有重复。常见的国内外期刊全文数据库有 Elsevier、Springer Link（斯普林格）、Wiley Online Library（威立）、维普等。

11.3.2.1　ScienceDirect 数据库

Elsevier 公司于 1580 年创立于荷兰，是 Reed Elsevier 集团中的科学、技术部门，世界著名的出版公司，公司总部设立在荷兰的阿姆斯特丹。通过与全球科技和医学机构的合作，Elsevier 公司目前出版 2 500 多种期刊，包括 *Cell*、*Lancet* 等世界著名期刊，出版了 11 000 中数字化图书，包括 Pergamon、Saunders、Mosby 等世界著名出版社，最早可以回溯到 1823 年。

从 1997 年开始，Elsevier 公司将其全部印刷版期刊转换为电子版，推出了 ScienceDirect（简称 SD）全文数据库。SD 是一个全学科的全文数据库，即包括农业和生物学、生物化学/遗传学/分子生物学、化学、计算机科学、数学、医学等所有 24 个学科，并且在数据库中检索到的文献全部为全文。用户使用 SD 数据库，可以通过图书馆资源链接，也可以直接访问其主页（http：//www.sciencedirect.com）（图 11-23）。SD 主要提供快速检索（Quick Search）、高级检索（Advanced Search）两种检索方式。

图 11-23　SD 数据库主页面

(1)检索方式

①快速检索。SD 数据库的快速检索区可对文献或期刊进行快速查找。供选择的字段包括关键词(Key word)、作者姓名(Author name)、期刊/书名称(Journal/Book title)、卷(Volume)、期(Issue)和首页码(Page)（图 11-23），检索时可以对任何一个字段或多个字段进行限定检索，不同字段间的逻辑关系为 AND。

②高级检索。单击主界面"Advanced Search"都可以进入高级检索页面（图 11-24）。SD 的高级检索页面较为简单，直接在不同字段输入检索词即可，包括除参考文献的所有字段(Find articles with these terms)、期刊或书名(Journal or book title)、年(Year)、作者(Author)、作者单位(Author affiliation)、卷(Volume)、期(Issue)和首页码(Page)。

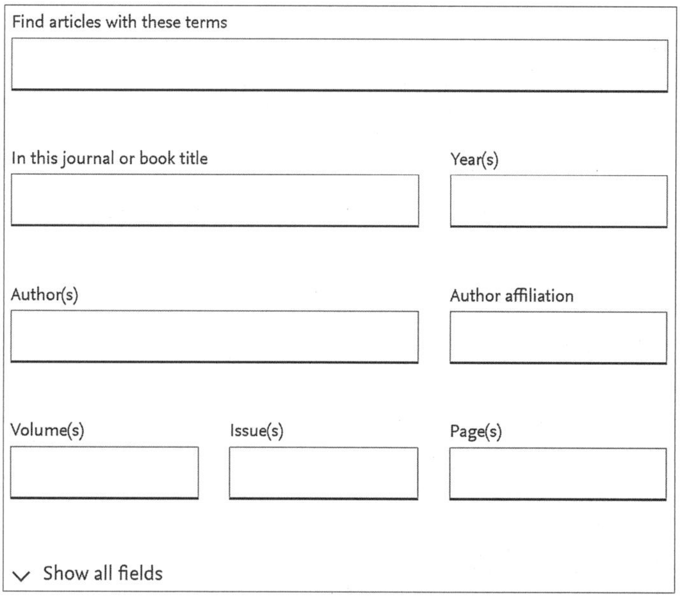

图 11-24　SD 数据库高级检索页面

(2) 检索结果的处理

检索结果(图 11-25)显示了每篇文献的题目、刊名等信息,单击"Download PDF"可以选择下载相应的全文信息,单击"Abstract"可以查看摘要信息,单击"Export"可以选择不同的格式导出文献信息。

检索结果可以选择按照相关度或日期排序,通过页面左侧的年、文献类型、刊名、学科主题、开放权限可以对检索结果做进一步的筛选。

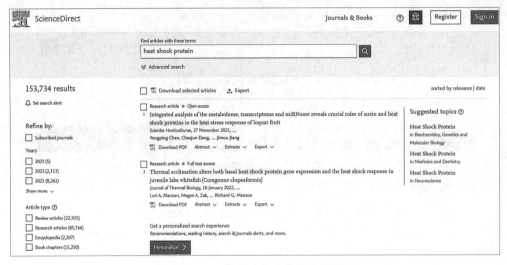

图 11-25　SD 数据库检索结果显示页面

11.3.2.2　Springer 数据库

德国施普林格(Springer-Verlag)是世界上著名的科技出版集团。1996 年推出全文数据库检索平台 Springer Link(https://link.springer.com/),该系统可检索施普林格出版集团出版的所有在线资源,包括期刊、图书、会议论文、参考工具书、实验室指南及视频。Springer Link 的学科范围包括数学、化学和材料科学、计算机科学、地球和环境科学、工程学、物理和天文学、医学、生物医学和生命科学、行为科学、商学和经济学、人文社科和法律。目前,Springer Link 可访问的期刊数量有 2 000 多种,其中 60%以上的期刊被 SCI 和 SSCI 收录。

11.3.2.3　Wiley Online Library 数据库

John Wiley & Sons(约翰威立国际出版公司)于 1807 年创建于美国,是有 200 余年历史的全球知名出版机构,在生命科学、医学、化学及工程技术等学科领域的文献出版方面具有权威性。从 2010 年开始,Wiley Online Library 平台正式启动,完全取代原来的 Wiley InterScience 平台。目前,Wiley Online Library(https://onlinelibrary.wiley.com/)收录 1 600 多种在线期刊,21 000 多种在线图书、参考工具书及实验室指南,学科范围涉及化学、计算机科学、地球与环境科学、教育学、工程学、法律、生命科学、数学与统计学、医学和卫生、物理和天文学、高分子与材料科学、兽医学、食品科学、艺术、人类学、心理学及社会学等,被 SCI 收录的期刊有 1 200 多种。

11.3.2.4　Annual Reviews 数据库

Annual Reviews(http://www.annualreviews.org/)出版社于 1932 年成立于美国加州,是一家致力于向全球科学家提供高度概括、实用信息的非盈利性组织。专注于出版综述期刊，回顾本学科最前沿的进展，为科学研究提供方向性指导。期刊内容涵盖生物学、医学、自然科学、农学和社会科学等多个学科领域。Annual Reviews 所有的综述文章都是特约撰稿，不接受普通投稿，所有议题都经过编辑委员会的遴选，编委会成员均为本学科领域最权威的科学家。

Annual Reviews 系列期刊是引证率最高的出版物。JCR 收录的期刊中，Annual Reviews 系列期刊的影响因子几乎在其相应学科中均排名前 10 位，在生物工程、生物学、免疫学、心理学、神经系统科学、病理学等 20 个学科中，有 18 种期刊的影响因子排名第一。20 种 Annual Reviews 系列期刊的影响因子在不分学科排名的情况下位于前 100 位。

11.3.2.5　PNAS 数据库

美国科学院院报（Proceedings of the National Academy of Sciences of the United States of America，PNAS）（http://www.pnas.org/）于 1914 年创立，是世界上被引最多的综合性、跨学科连续出版物之一。PNAS 主要刊载世界尖端的研究报告、学术评论、学科回顾及前瞻、观点展示、学术论文以及美国科学院学术动态报道等，收录文献涵盖医学、化学、生物、物理、大气科学、生态学和社会科学各领域。期刊在线全文回溯至 1915 年，印本每周出版。PNAS early edition 每日出版，提供文章预印本在线服务，即已确定发表的文章，一旦作者完成最后的修改，将先于印刷版在网络版上发表。

PNAS 与 Nature、Science 并称为全球三大综合性学术期刊。近几年，PNAS 的发文作者中，中国稳居第二位，超越德国、英国、法国、加拿大、荷兰等传统科技出版强国。

11.3.2.6　Cambridge Core 数据库

剑桥大学出版社（CUP）于 1534 年成立，是世界上历史最悠久、规模最大的大学出版社之一，每年出版约 2 500 种学术图书及 380 多种学术期刊，涵盖自然科学、人文科学、社会科学等各个学科领域。

Cambridge Core（http://cambridge.org/core）是剑桥大学出版社于 2016 年 9 月上线的学术在线平台，平台简洁易用，具有增强的检索功能，并且为读者提供个性化的提醒、收藏等服务，也为图书馆管理员提供管理功能。2020 年，Cambridge Core 收录了 38 000 多种电子图书和 410 多种期刊，其中 300 多种期刊被 SCI、SSCI、AHCI 收录。

11.3.2.7　Nature 期刊数据库

Nature 是世界上最早的国际性科技期刊，办刊宗旨是"将科学发现的重要结果介绍给公众，让公众尽早知道全世界自然知识的每一分支中的取得的所有进展"。自 1869 年创刊以来，始终如一地报道和评论全球科技领域里最重要的突破，Nature 已成为当今自然科学界国际影响最大的重要期刊之一。

Nature 期刊数据库由 Nature.com 平台提供电子期刊服务，不仅提供 Nature 周刊电子全文，而且包括研究月刊、评论月刊等刊物，主题涵盖科学、技术、生物技术、化学、基因与进化、免疫、医学、药学、临床医学、神经科学、物理科学等。目前，Nature 已经创立了 51 种不同学科的 Nature 子刊，在各自的学科领域都有巨大的影响力，其中 16 本子刊在一个或多个学科分类中排名第一。

11.3.2.8　维普期刊全文数据库

维普（VIP）期刊全文数据库，又称中文科技期刊数据库，由中国科学院西南信息中心重庆维普资讯有限公司于 1994 年研制开发。期刊收录年限回溯至 1989 年，部分期刊回溯至 1955 年，学科范围涵盖了自然科学与社会科学各个领域，维普支持开放获取，约 800

种期刊可以免费下载全文信息。

维普数据库具有六大功能特色：①智能的文献检索系统：联想式信息检索模式大幅提高检索效率；②灵活的聚类组配方式：任意检索条件下对检索结果进行再次组配；③深入的引文追踪分析：深入追踪研究课题的来龙去脉；④详尽的计量分析报告：快速掌握相关领域内的前沿学术成果；⑤精确的对象数据对比：两两对象之间的知识脉络关联及延伸；⑥完善的全文保障服务：全方面的资源获取渠道。

11.3.3 学位论文全文数据库

学位论文是为表明作者从事科学研究取得创造性成果或有了新的见解，并以此为内容撰写而成，作为提出申请授予相应的学位时评审用的学术论文。更确切地讲，就是高等院校或科研单位的毕业生为取得学位而呈交的体现其研究水平并供审查答辩用的学术性研究论文。学位论文具有专一性、理论性、系统性及阐述详细等特点，是一种重要的文献信息源。

目前常见的国内外学位论文全文数据库有中国学位论文全文数据库、中国博士学位论文全文数据库、中国优秀硕士学位论文全文数据库、ProQuest 等。

11.3.3.1 中国学位论文全文数据库

中国学位论文全文数据库是万方资源数据系统中的一个子数据库。该库由国家法定学位论文收藏机构——中国科技信息研究所提供，并委托万方数据加工建库，收录了自 1980 年以来我国各学科领域的博士、博士后及硕士研究生论文，论文总量已达 190 余万篇，每年增加约 20 万篇。内容涵盖自然科学、天文、地球、生物、医药、卫生、工业技术、航空、环境、社会科学、人文地理等各学科领域。

11.3.3.2 中国博士学位论文全文数据库

中国博士学位论文全文数据库是 CNKI 的全文系列数据库之一，是目前国内相关资源最完备、高质量、连续动态更新的中国博士学位论文全文数据库。收录了 1999 年至今(部分收录 1999 年以前的)全国 380 多家博士培养单位的博士学位论文 15 余万篇。按学科划分为十大专辑：基础科学、工程科技Ⅰ、工程科技Ⅱ、农业科技、医药卫生科技、哲学与人文科学、社会科学Ⅰ、社会科学Ⅱ、信息科技、经济与管理科学。10 个专辑下分为 168 个专题和近 3 600 个子栏目。

11.3.3.3 中国优秀硕士学位论文全文数据库

中国优秀硕士学位论文全文数据库与中国博士学位论文全文数据库相似，收录了 1999 年至今(部分收录 1999 年以前的)全国 530 多家硕士培养单位的优秀硕士学位论文 110 余万篇。

11.3.3.4 ProQuest 学位论文全文数据库

ProQuest 博硕士论文数据库(ProQuest Dissertations & Theses，PQDT，原名 PQDD)由美国 ProQuest 公司(原 UMI)出版，是目前世界上最大且使用最广泛的学位论文数据库，所收录的学位论文几乎涵盖所有的自然科学和社会科学领域，现已收录全球 1 700 多家研究院与综合大学的 300 多万篇学位论文的文摘信息和 88 多万篇全文信息，年度更新论文全文 6 万多篇。1997 年以后发表的大部分论文，既可以查看文摘索引信息，还可以免费预览前 24 页的论文原文，1997 年以后的大部分学位论文都有电子版原文，之前的只有印刷版或缩微胶片形式。

为满足国内高校教学和科研的广泛需求，由中国高等教育文献保障系统(CALIS)文理中心组织，北京中科进出口公司从 2002 年起独家代理，国内部分高校、学术科研机构和公共图书馆每年联合购买一定数量的 ProQuest 学位论文全文，提供网络共享，建立了 ProQuest 学位论文全文检索平台(http://pqdt.calis.edu.cn/)。

11.4 Web of Science 引文数据库

引文数据库是揭示文献之间引证与被引证关系的检索工具，展示了文献内容之间的相互联系。引文数据库不仅使研究人员在检索过程中降低了对不相关内容的检索，而且借助引文索引，还可以不断扩大检索范围，以获取越来越多的相关文献；另外，还可以对研究人员的科研水平和期刊质量进行评估。目前，国内外引文数据库越来越多，例如，中国科学引文数据库(WOS 平台)、中文社会科学引文索引数据库、中国生物医学期刊引文数据库、中国知网引文数据库、中国引文数据库、Web of Science 核心合集数据库、Scopus、Google scholar 等。本节重点介绍 Web of Science 核心合集。

11.4.1 Web of Science 核心合集

Web of Science 核心合集是基于 Web of Science(WOS)平台的综合性国际权威学术文摘索引数据库，收录了 26 000 多种高影响力学术期刊，超过 20 万个国际会议及 12 万多种科技图书的题录信息，内容涵盖自然科学、工程技术、生物医学、社会科学、艺术与人文等 250 多个学科领域，最早回溯至 1900 年。Web of Science 核心合集收录了论文中所引用的参考文献，并按照被引作者、出处和出版年代编成独特的引文索引。通过文献相应的关键词检索，可以了解文献的研究工作、被引与施引情况，从而追踪某一研究内容的历史和最新进展。

11.4.2 数据库组成

Web of Science 核心合集主要由以下 8 个子库组成。

(1) Science Citation Index Expanded(SCI-E)

SCI-E(科学引文索引)数据库收录了涵盖 170 多个自然学科领域的 9 300 多种世界权威期刊，数据最早可回溯至 1900 年，每篇论文都有参考文献信息，1991 年以来的论文还提供作者摘要。涵盖的学科包括数学、物理、化学、生命科学与技术、医学、天文、药理学、植物学、计算机科学、环境、材料科学、农业、兽医学、动物学等。

(2) Social Sciences Citation Index(SSCI)

SSCI(社会科学引文索引)数据库收录了涵盖 50 多个社会科学领域的 3 500 多种世界权威期刊，数据最早可回溯至 1956 年，1992 年以来的论文提供作者摘要。涵盖的学科包括人类学、商业、经济学、教育、语言学、哲学、心理学、历史、图书馆学和信息科学、法律、社会学、城市规划以及女性研究等。近年来，国外学者对中国问题表示出了高度的关注，在 SSCI 中发表了大量关于中国问题的研究论文。

(3) Arts & Humanities Citation Index(A&HCI)

A&HCI(艺术与人文引文索引)数据库收录了涵盖 25 个艺术人文领域的 1 800 多种世

界权威期刊，文献总数超过 500 多万篇，数据最早可回溯至 1975 年，2000 年以来的论文提供作者摘要。涵盖的学科包括考古学、建筑、艺术、亚洲研究、电影/广播/电视、民俗、历史、哲学、语言、语言学、文学评论、文学、音乐、哲学、诗歌、宗教、戏剧等。除常规的引用外，A&HCI 还有独特的"暗引"（Implicit citation）标识，有助于用户检索出论文作者提及的油画、照片、建筑图、乐谱等文献。

（4）Conference Proceedings Citation Index（CPCI）

CPCI（会议论文引文索引）数据库包括 CPCI-S（Conference Proceedings Citation Index-Science，科学会议录引文索引）和 CPCI-SSH（Conference Proceedings Citation Index-Social Science & Humanities，社会科学与人文科学会议录引文索引）。收录自 1990 年以来全球超过 22 万种国际会议的会议文献，涵盖了 250 多个学科领域，总参考文献数超过 7 000 万篇。其中，CPCI-S 库主要收录自然科学与工程技术领域的会议录，CPCI-SSH 库主要收录社会科学、艺术与人文领域的会议录。

（5）Book Citation Index（BKCI）

BKCI（图书引文索引）数据库收录了自然科学、社会科学和人文科学领域超过 111 500 种由编辑选择的图书，并以每年 10 000 种新书的速度递增。BKCI 数据库内容补充和加强了期刊、会议和图书文献之间的引证关系，具有完整的被引和施引信息，对图书和图书章节进行了深入的标引，可以浏览图书包含的各个章节，并可以检索每一图书章节的被引情况。

（6）Emerging Sources Citation Index（ESCI）

ESCI（新兴资源引文索引）数据库包含 SCIE、SSCI 或 A&HCI 尚未涵盖的期刊中的论文，这些期刊符合编辑质量、时效性和影响力方面的最低标准，但由于相对较新，需要经过评估期才能进入 SCIE、SSCI 或 A&HCI 索引。目前 ESCI 收录了 2005 年至今的 254 个学科的 7 800 多种国际性、高影响力的学术期刊，旨在帮助科研人员获取更加丰富、经过严格选刊标准的同行评议期刊资源。

（7）Current Chemical Reactions（CCR）

CCR 数据库提供超过 100 万种化学反应信息，月新增反应 3 000 个，数据最早可回溯至 1986 年，以及 1840—1985 年间的 INPI 文档信息。数据源自重要期刊和 39 个专利授权机构的专利，每一步反应都提供精确的反应式及反应详细信息。

（8）Index Chemicus（IC）

IC 数据库收录 420 万个化合物，每周新增约 3 500 个化合物，数据最早可回溯至 1993 年。包含重要国际期刊中报导的新颖有机化合物结构及重要的相关数据，许多记录具有从原料到最终产物的反应过程，是关于生物活性物质和天然产物新信息的重要来源。

11.4.3 检索方式

Web of Science 核心合集的检索包括基本检索（Basic Search）、作者检索（Author Search）、被引参考文献检索（Cited Reference Search）、高级检索（Advanced Search）和化学结构检索（Structure Search）（图 11-26）。在检索前可以通过"More settings（更多设置）"标题下对检索数据库、出版物名称、检索语言、检索字段数进行选择与设置。

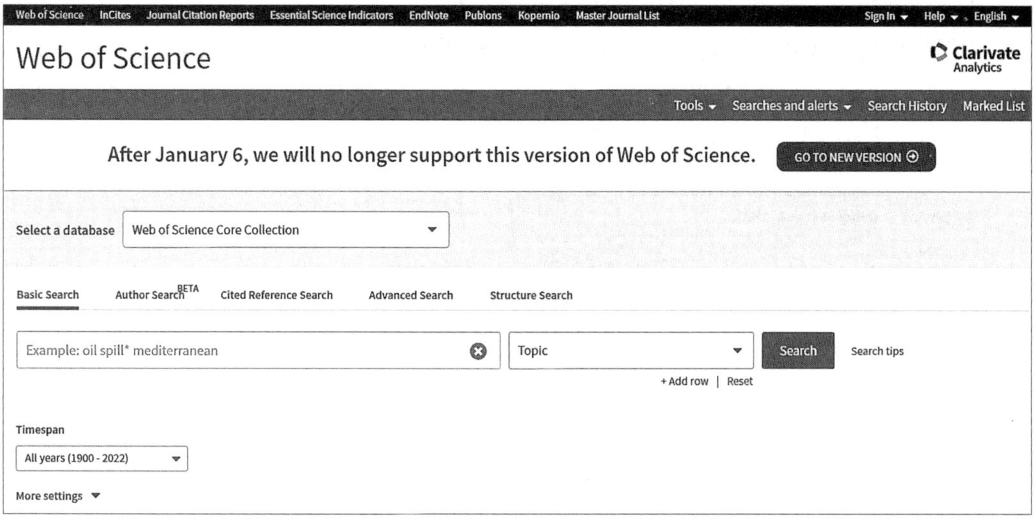

图 11-26　Web of Science 检索主页面

(1) 基本检索

Web of Science 核心合集数据库的默认检索状态为 Search，提供一个检索词输入框，检索输入框后提供可供选择的检索字段，检索字段之间可以通过布尔逻辑运算符进行组配检索。单击"添加行(Add row)"链接可在检索页面中添加新的检索框。Web of Science 核心合集提供的检索字段有主题(Topic)、标题(Title)、作者(Author)、出版物名称(Publication Name)、出版年(Year Published)、基金资助机构(Funding Agency)、机构扩展(Organization-Enhanced)、入藏号(Accession Number)、地址(Address)、作者识别号(Author Identifiers)、会议(Conference)、文献类型(Document Type)、文章 ID(DOI)、编者(Editor)、资助号(Grant Number)、团体作者(Group Author)、语种(Language)、PubMed ID。

Web of Science 的检索规则：不区分大小写，支持使用逻辑运算符、通配符、括号、撇号及连字号，支持强制短语或词组检索(仅适用于主题和标题检索)。逻辑运算符与通配符的使用规则会随着字段的不同而不尽相同，对于各种检索符号的详细使用规则，用户需单击 Web of Science 页面右上角的"Help"查看。

(2) 作者检索

Author Search 可以检索特定作者的所有文献，共有两个检索入口。检索时可以输入作者的姓氏和名字，数据库会给出相匹配的作者及单位信息，选择对应的作者时，Web of Science 核心合集中此作者撰写的所有文献都会显示在出版物列表中。另外，也可以使用 Web of Science Researcher ID 或 ORCID 查找作者的出版物，该方法的作者 ID 都是认证且唯一的，检索结果较为全面并且避免了作者同名的问题。检索结果不仅包括作者的出版物，还包括作者发表文献总的被引次数和 H-index(H 指数)。

(3) 被引参考文献检索

通过被引参考文献检索，可以了解某个已知理念或创新已获得确认、应用、改进、扩展或纠正的过程。被引参考文献检索可以一篇文章、一个作者、一本期刊或一本书作为检索词进行检索，在不了解关键词或难以限定关键词的时候，可以从一篇高质量的文献出发，了解研究课题的全貌。被引参考文献检索可以跟踪未被 WOS 平台收录的文献的后续进展。单击 Web of Science 核心合集的页面标签"Cited Reference Search(被引参考文献检索)"便进入被引参考文献检索界面(图 11-27),该界面默认提供 3 个检索词输入框,每个输入框后可供选择的检索字段有 Cited Author(被引作者)、Cited Work(被引著作)、Cited Year(s)(被引年份)、Cited Volume(被引卷)、Cited Issue(被引期)、Cited Page(被引页码),各字段用布尔逻辑运算符"AND"相组配,如果检索框不够使用,也可以增加检索框。

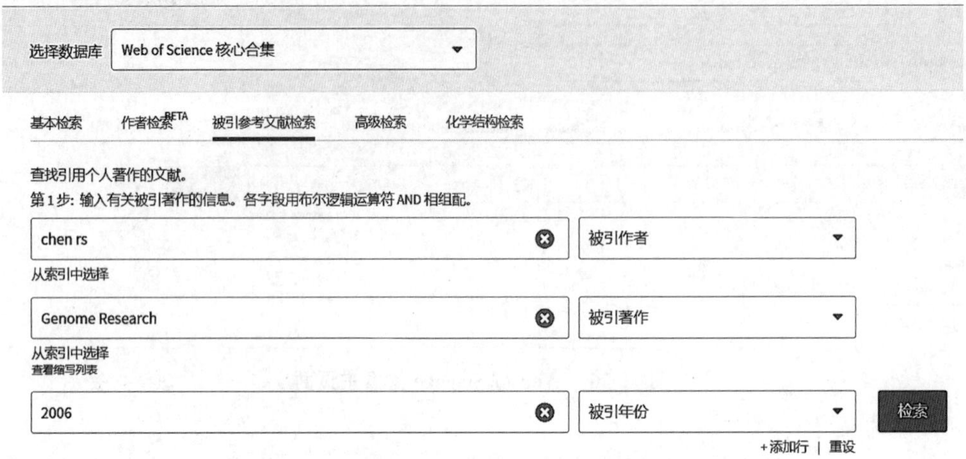

图 11-27 选择字段并在检索词输入框中输入关键词

例如,检索陈润生院士 2006 年在国际著名生物期刊 *Genome Research* 发表的论文 "*Organization of the Caenorhabditis elegans small non-coding transcriptome:Genomic features,biogenesis,and expression*" 被人引用的情况。可按照图 11-27 所示,选择字段,输入关键词,然后单击"Search",便得到被引参考文献索引(图 11-28)。索引条目从左到右分别为被引作者(Cited Author)、被引著作(Cited Word)、标题(Title)、出版年(Year)、卷(Volume)、期(Issue)、页(Page)、文章 DOI(Identifier)、施引文献数(Citing Articles)。勾选索引条目左侧的复选框,单击"完成检索(Finish Search)"得到引文检索的结果。在引文检索结果页面,用户可以选择文献记录进行查看、打印、导出、通过电子邮件发送以及标记等操作。

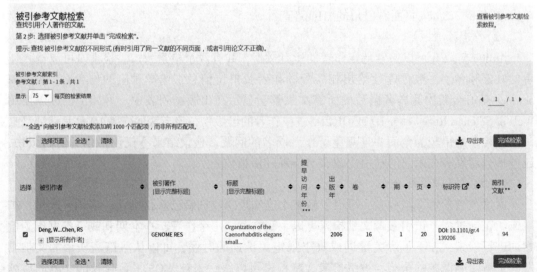

图 11-28 Web of Science 被引参考文献索引

总之，被引参考文献检索在科学研究中发挥着越来越重要的作用，它可以使研究者以高质量的论文作为起点，通过检索发现某篇文章被引用过多少次，某一理论有没有得到进一步的验证，某项研究的最新进展等，可以跨越时间和学科的界限，向前、向后检索，以发现与研究相关的信息。

(4) 化学结构检索

化学结构检索(Structure Search)主要对 CCR(Current Chemical Reactions)和 IC(Index Chemicus)两个数据库进行检索。在化学结构检索界面，用户可以通过 3 种途径进行相关检索：用反应物结构式或其亚结构、产物结构式或其亚结构以及反应式进行检索(Structure Drawing)；化合物参数(Compound Data)检索；反应条件(Reaction Data)检索。绘制和显示反应式或结构式都需要先下载并安装化学结构绘图插件 Chemistry Plugin。

(5) 高级检索

单击 Web of Science 的页面标签"Advanced Search"便进入高级检索页面。高级检索可以使用两个字母的字段标识符、布尔逻辑运算符、通配符、括号和组配检索式来创建新的检索式。熟练掌握字段标识符和检索技术的用户，可以直接在检索输入框中构造检索式。不熟悉的用户可以参照检索页面右上方显示的字段标识符和布尔逻辑运算符构造检索式。

例如，在检索输入框中输入：TS=(Quark*AND Lepton*) AND #1 NOT #3，表示查找包含检索词 quark(quarks)和 lepton(leptons、leptonic)，同时包含检索式#1 中的检索词的记录，但排除包含检索式#3 中的检索词的所有记录。在检索输入框中输入：SO=Nature AND TS=Amphibian*AND PY=2001，表示查找在 2001 年出版的期刊 Nature 中引用检索词 amphibian 的论文记录。

11.4.4 文献管理与分析功能

同 Web of Science 平台上其他数据库一样，Web of Science 核心合集也具有多种文献管理与分析功能。

(1) 输出记录

输出记录(output record)共分为 3 步：第一步选择要输出的记录；第二步选择输出记录包括的数据内容；第三步选择输出记录的方式，包括打印、发送电子邮件、保存到 EndNote 等。输出选项可在"检索结果"和"全记录"页面上使用。

(2) 保存检索史并创建跟踪

单击 Web of Science 的页面标签"Search History"进入检索历史表页面，单击该页面中的"Save History/Create Alert"(保存检索史/创建跟踪，用户需要注册)按钮将转至"Save Search History"页面，在该页面可以将检索史保存到主服务器或本地计算机。跟踪创建成功后，用户设定的邮箱每周或每月都会收到与保存检索式相匹配的最新文献。

(3) 创建引文跟踪

创建引文跟踪(Create Citation Alert)功能可在所选定的文章被引用时收到电子邮件的提示，可以制作一个列表，专门收藏自己喜欢的文献。只要用户注册，在将要跟踪文献的全纪录显示页面，单击右侧的"Create Citation Alert"即可。

(4) 分析检索结果

分析检索结果(analyze results)可以使用户从各个字段中提取数据，进而对结果进行分组和排序。可以帮助用户基于检索式找出在特定的研究领域中最受欢迎的作者、最权威的研究机构、最重要的学术会议、最重要的出版物等。

(5) 创建引文报告

创建引文报告(Create Citation Repote)链接显示在排序方式菜单的下方。单击该链接可转至"引文报告"页面，用户可以在此查看检索结果集的综合引文统计。需要注意的是，检索记录包含 10 000 篇以上论文的检索不显示此链接。

(6) 精炼检索结果

精炼检索结果(Refine Results)将检索出的记录按类集中显示，这样用户就可以快速了解检索主题涉及的学科分类、文献类型、作者、基金资助机构、来源出版物名称、国家/地区、领域中的高被引论文及热点论文等，有助于快速选定所需高质量的文献。

本章小结

本章分类介绍了 Google Scholar、PubMed、BiosisPreviews、Ovid、EBSCO、Elsevier、Springer、Wiley、Web of Science、万方、CNKI 等目前国内外常用的搜索引擎、文摘、全文及引文数据库的基本概况。对于典型和重要的数据库，不仅对其检索方式、检索结果的处理进行了图文并茂的介绍，还举例加以详细说明。由于篇幅有限，对于未展开详细介绍的数据库，希望读者能举一反三和融会贯通。

思考题

1. 结合自己的检索体会，总结 PubMed 自动词语转换匹配功能的优缺点。
2. 如果仅仅知道期刊名称、发表年份及起始页码，请问使用 PubMed 的哪种检索功能可以快速获取文献的详细信息？
3. 通过 Web of Science 核心合集的 Cited Reference Search 检索方式，能否查到未被 Web of Science 核心合集收录期刊中文献的被引用情况？
4. F1000 给你带来的启示有哪些？
5. 国际主要的农业文摘数据库有哪些？它们各有何特点？

推荐参考资料

1. 文献信息检索与论文写作．王细荣，郭培铭，张佳．上海交通大学出版社，2020.
2. 医学文献检索与论文写作．郭继军．人民卫生出版社，2018.
3. 医学文献信息检索．罗爱静，马路，于双成．人民卫生出版社，2010.

第 12 章 EndNote 20 参考文献管理软件

进行一项科学研究或实验设计之前，一般首先要查一些与实验相关的文献资料，以便对自己所要做课题的最新进展有一个基本的了解，从而确定自己的实验策略。当累积较多的资料时，如何充分有效地利用和管理资料就成为一个急需解决的问题。

EndNote 是较受欢迎的专门为管理参考文献而开发的数据库程序之一。使用该软件不仅可以减少整理参考文献资料的时间，而且向不同刊物投稿时，利用 EndNote 可以轻松实现不同格式的参考文献的转换，避免烦琐的格式校正过程。

12.1 EndNote 20 的主要功能

EndNote 软件的主要功能包括数据库的建立、数据库的管理、数据库的应用和文献在线搜索等。可建立的资料夹数没有上限，每个资料夹最多可有 32 000 条记录。提供 7 000 余种参考文献格式，还可自行建立新的参考文献格式。建立本地数据库：可自行输入参考文献，也可将不同来源的文献信息资料下载到本地。将建立的数据库文件(Library)储存成单一压缩文件，便于备份或交流。更方便地管理 PDF 全文档案：可以直接利用拖曳功能将 PDF 档案移至 EndNote 的 Reference 中，系统既可自动建立链接，也可以通过拷贝、粘贴的方式建立链接。

12.2 EndNote 20 数据库的建立

建立数据库就是将不同来源的相关资料放到一个文件中，汇聚成一个数据库文件，同时剔除来源不同的相同文献信息，便于分析、管理和应用。

12.2.1 EndNote 20 主程序简介

单击"开始"→"EndNote"，默认打开上次使用的文献库(图 12-1)。

12.2.2 文献资料库的建立

①运行 EndNote：单击"开始"→"所有程序"→"EndNote"。
②进入 EndNote 后，单击"Flie"→"New"(图 12-2)，弹出建立新的文献库对话框，并为新建的文献库命名(如命名为 jasmonic acid)(图 12-3)。
③单击"保存"按钮→弹出 jasmonic acid 文献库界面(图 12-4)。

12.2.3 将文献信息导入 EndNote 文献库

目前，很多网上电子文献库均支持 Endnoet 文献管理工具，点选相应的工具按钮即可完成文献的自动录入。现以 NCBI PubMed 数据库为例介绍利用 EndNote 自动录入参考文献。如以"jasmonic acid"为关键词进行文献检索的步骤如下：

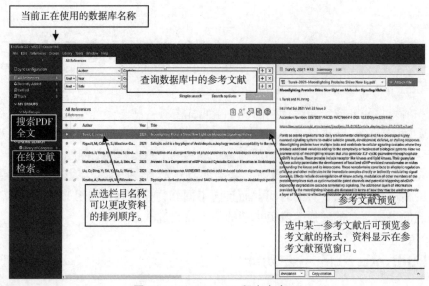

图 12-1　EndNote 20 程序主窗口

图 12-2　建立新的文献数据库

图 12-3　新建文献库对话框

图 12-4　新建 jasmonic acid 文献库窗口

(1) 从 NCBI PubMed 数据库在线查询的文献导入 EndNote

①进入 NCBI 主页(https://www.ncbi.nlm.nih.gov/)→选择 PubMed 数据库→在文本框中输入关键词"jasmonic acid"(图 12-5)。

图 12-5　NCBI 主页

②单击"Search"，弹出检索结果页面，本次以 jasmonic acid 为关键词共检索到 6 199 篇文献(图 12-6)。

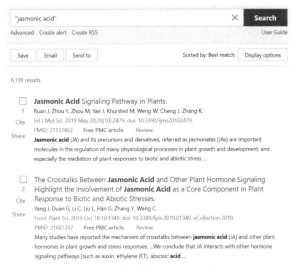

图 12-6　检索结果页面(部分)

③点选感兴趣的文献，如勾选前 3 条文献后单击"Send to"按钮(图 12-7)。

④弹出"Send to"选项对话框→单击"Citation manager"(图 12-8)。

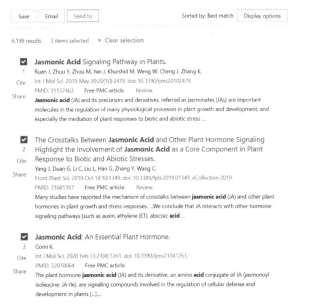

图 12-7　选择感兴趣的文献　　　　图 12-8　"Send to"选项对话框

⑤弹出"Create file"对话框(图12-9)。
⑥单击"Create file"按钮,弹出"下载"对话框(图12-10)。

图12-9 "Create file"对话框　　　　图12-10 "下载"对话框

⑦单击"打开",选中的文献会自动导入jasmonic acid文献库(默认导入当前使用的文献库或上一次最后使用的文献库)(图12-11)。

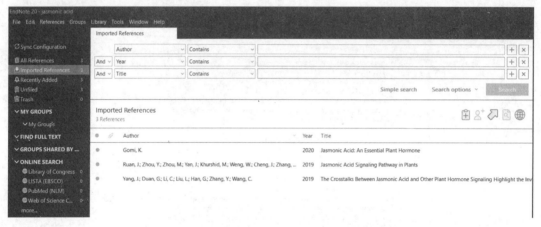

图12-11　选中文献自动导入jasmonic acid文献库

(2)EndNote 20本地自动搜索NCBI PubMed文献

①打开EndNote 20→单击"ONLINE SEARCH"下方的"PubMed(NLM)"→弹出PubMed(NLM)在线文献检索界面(图12-12)。

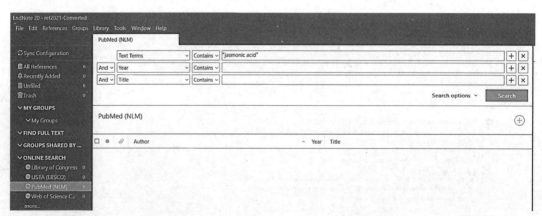

图12-12　弹出PubMed(NLM)在线文献检索界面

②单击检索范围下拉框选择"Title"(图12-13)。
③在Title后的文本框中输入关键词"jasmonate"(图12-14)。
④单击"Search"按钮,弹出检索结果界面,共有1 723条记录(图12-15)。

图 12-13　检索范围下拉框

图 12-14　输入检索的关键词

图 12-15　搜索结果

⑤单击图 12-14 最上方的方框，选中文献（图 12-16）。

图 12-16　选中文献

⑥单击菜单"References"→"Copy References To"→"New Library"（图 12-17）→弹出"新建参考文献库"对话框，命名为 jasmonate→单击"保存"（图 12-18）。

⑦弹出"jasmonate 参考文献库"界面（图 12-19）。

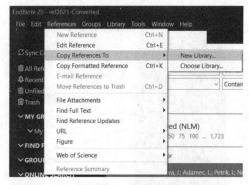

图 12-17　新建参考文献库菜单及子菜单

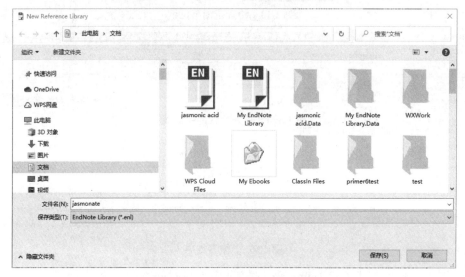

图 12-18　"新建参考文献库"对话框

图 12-19　jasmonate 参考文献库

(3)CNKI 文献导入 EndNote 文献库

①进入 CNKI 主页(www.cnki.net)(图 12-20)。

图 12-20　CNKI 文献检索页面

②单击主题右侧的下拉框，选择篇名，输入关键词"茉莉酸"，检索范围限定为"学术期刊"(图 12-21)。

图 12-21　输入关键词并限定检索范围

③单击 🔍，弹出搜索结果(图 12-22)。

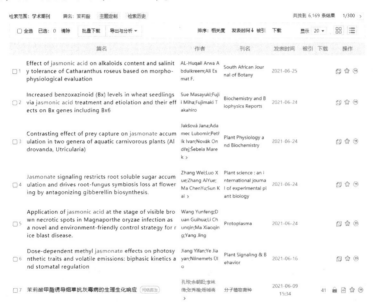

图 12-22　搜索结果页面

④勾选感兴趣的文献，单击"导出与分析"→"导出文献"→"EndNote"(图 12-23)。

图 12-23　导出文献选项

⑤弹出"CNKI EndNote 文献格式"页面(图 12-24)。

图 12-24　CNKI EndNote 文献格式页面

⑥单击 导出→弹出"下载"对话框(图 12-25)。
⑦单击"另存为"按钮→保存为"CNKI-20210626225413522.txt"。
⑧单击菜单"File"→"New"→弹出"新建参考文献库"对话框，命名为 CNKI→单击"保存"(图 12-26)。

图 12-25　"下载"对话框　　　　图 12-26　"新建 CNKI 文献库"对话框

⑨弹出名称为"CNKI 的参考文献库"界面(图 12-27)。

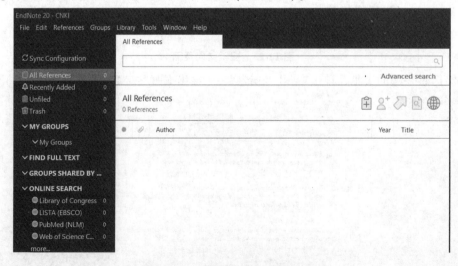

图 12-27　新建立的 CNKI 文献库

⑩单击"File"→"Import"→"File"(图 12-28)。
⑪弹出"Import File"对话框(图 12-29)。

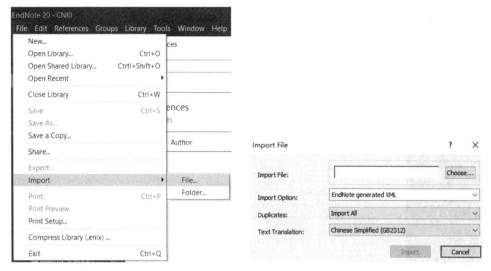

图 12-28　导入文献数据菜单及子菜单　　　图 12-29　"Import File"对话框

⑫弹出"Import File"对话框→单击图 12-29 中的"Choose"按钮→弹出"打开"对话框(图 12-30)。

图 12-30　"打开"对话框

⑬选中⑦保存的"CNKI-20210626225413522.txt"文件→单击"Import"(图 12-31)。

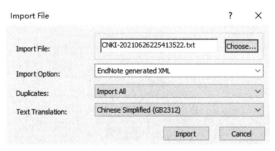

图 12-31　"Import File"对话框

⑭文献自动导入 CNKI 参考文献库(图 12-32)。

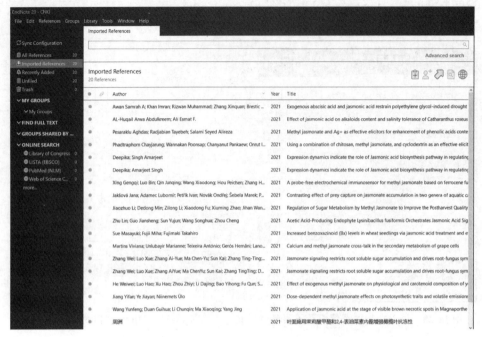

图 12-32　文献自动导入 CNKI 参考文献库

12.3　EndNote 数据库的管理

12.3.1　文献库显示方式的更改

①启动 EndNote 20，单击"Edit"→"Preferences"，弹出"EndNote Preferences"对话框，点选"DisplayFields"（图 12-33）。

②单击图 12-33 Field 栏相应的下拉菜单，即可更改显示设置。

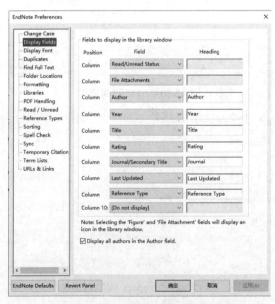

图 12-33　EndNote 20 参数设置对话框

12.3.2 更改文献排列顺序

直接单击图 12-32 相应的字段（Author、Year、Title），即可按该字段字母顺序或时间先后进行排序。如单击"Author"后，文献按作者名排序。

12.4 EndNote 数据库的应用

12.4.1 在 Microsoft Word 中使用 EndNote 20 编辑制作参考文献

①打开 Microsoft Word 和 EndNote 文献管理软件（图 12-34），打开上述新建的 jasmonic acid 文献库。

图 12-34　Microsoft Word 2010 工具栏

②单击 Microsoft Word 右上角 EndNote 20（图 12-34），弹出"EndNote 20"功能区（图 12-35）。单击"Bibliography"（图 12-35），弹出"EndNote 20 FormatBibliograhpy"对话框（图 12-36），单击"With output"下拉菜单，可以设定参考文献输入格式，如图 12-36 中选择 Plant J 格式，单击"确定"按钮完成设置。

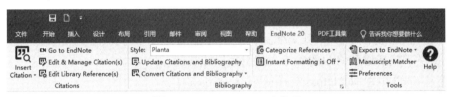

图 12-35　EndNote 20 功能区

图 12-36　选择 Planta 格式

③在 EndNote jasmonic acid 文献库中选取需引用的文献（图 12-37）。

④单击图 12-35 中的"Insert Citation"→"Insert Selected Citation(s)"，即可把所选文献插入 Word 文档（图 12-38）。

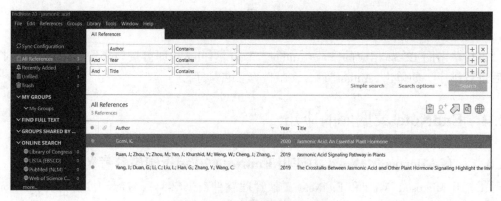

图 12-37　选中需要引用的文献

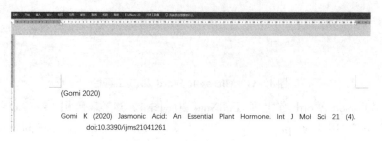

图 12-38　利用 **EndNote 20** 在 **Word** 中插入 **Planta** 格式文献

12.4.2　下载新增引用文献格式

尽管 EndNote 提供了多种引文格式，但仍不能满足所有杂志的引文格式要求，因此 EndNote 提供下载新增和修改的参考文献引用格式功能。

①进入 EndNote 主页（https：//www.endnote.com/）。

②单击"Support"→"Downloads"→选择"output styles"，进入 Output Styles 页面→单击 "Download all styles"→以压缩文件的方式整体下载 Output Styles；也可在 Publisher 处输入要查询的出版商→单击"Search"，查询下载某一具体期刊的 Output Style（图 12-39）。

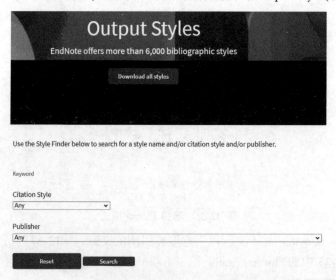

图 12-39　Output Styles 页面

③下载 Output Styles 文件后将期刊引文格式解压后保存至 C:\Program Files\EndNote 20\Styles。

④返回 EndNote20 主界面，单击"Tools"→"Output Styles"→"open style manager"，打开 EndNote Styles 管理窗口。

⑤点选③中保存的相应的期刊名称，单击"Edit"即可查看该期刊的参考文献引用格式。

12.4.3 修改参考文献引用格式

①打开 EndNote 主程序，依次单击"Tools"→"Output Styles"→open style manager，打开引文格式管理窗口（图 12-40）。

②选定要修改的参考文献格式（如选择 Planta），单击"Edit"（图 12-41），弹出"Planta 引文格式编辑"对话框（图 12-42）。

图 12-40　引文格式管理窗口

图 12-41　Plant Cell Environment 引文格式对话框

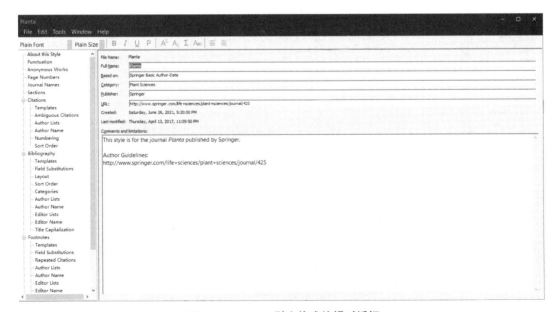

图 12-42　Planta 引文格式编辑对话框

③单击菜单"File"→"save as",将此文献格式另存为新的名称(Planta Copy)并保存(图12-43)。

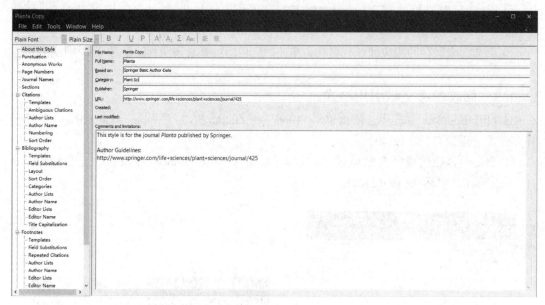

图 12-43　新建 Planta Copy 引文格式

④单击"展开 Bibliograhpy"→单击"Templates"(图 12-44),即可查看并修改该参考文献引用格式。

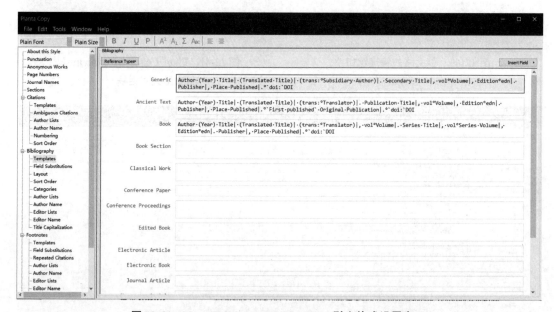

图 12-44　Plant Cell Environment Copy 引文格式设置窗口

⑤修改完成后,单击"File"→"Save"保存。

本章小结

本章主要介绍了 EndNote 20 的常用功能及如何将网络文献资源导入 EndNote 20 文献库。详细介绍了

Highwire 及 CNKI 数据库文献导入 EndNote 20 的方法。

思考题

1. 利用 EndNote 20 建立一个新的文献库(如命名为 New)。
2. 以"低温胁迫"为关键词检索 CNKI 文献库,并将检索结果导入 EndNote 20 New 文献库中。

推荐参考资料

EndNote 20 Training,Thomson Reuters,https://clarivate.com/webofsciencegroup/support/endnote/

参考文献

蔡禄, 2007. 生物信息学教程[M]. 北京: 化学工业出版社.

差异基因 p log2foldchange_ 拟南芥的基因 ID 批量转换[EB/OL]. (2020-11-24)[2022-1-16]. https://blog.csdn.net/weixin_39548832/article/details/111161902.

陈铭, 2018. 生物信息学[M]. 3 版. 北京: 科学出版社.

郭蔼光, 2009. 基础生物化学[M]. 北京: 高等教育出版社.

郭继军, 2018. 医学文献检索与论文写作[M]. 北京: 人民卫生出版社.

韩贻仁, 2001. 分子细胞生物学[M]. 北京: 科学出版社.

郝柏林, 张淑誉, 2000. 生物信息学手册[M]. 上海: 上海科学技术出版社.

胡建, 方慧生, 陈凯先, 2009. 蛋白质结构比较模建的研究进展[J]. 药物生物技术, 16(4): 380-384.

黄继风, 杨晶晶, 王冠, 等, 2008. 拟南芥花药表达基因调控关系的预测[J]. 科学通报, 53(17): 2054-2059.

黄诒森, 张光毅, 2008. 生物化学与分子生物学[M]. 北京: 科学出版社.

吉久明, 孙济庆, 2009. 文献检索与发现知识指南[M]. 上海: 华东理工大学出版社.

蒋彦, 王小行, 曹毅, 等, 2010. 基础生物信息学及应用[M]. 北京: 清华大学出版社.

李军, 张莉娜, 温珍昌, 2008. 生物软件选择与指南[M]. 北京: 化学工业出版社.

李霞, 雷健波, 2018. 生物信息学[M]. 北京: 人民卫生出版社.

李霞, 李亦学, 廖飞, 2010. 生物信息学[M]. 北京: 人民卫生出版社.

李兴玉, 2009. 简明分子生物学[M]. 北京: 化学工业出版社.

李舟军, 陈义明, 刘军万, 等, 2008. 蛋白质相互作用研究中的计算方法综述[J]. 计算机研究与发展, 45(12): 2129-2137.

刘莉, 2001. 动物生物化学[M]. 北京: 中国农业出版社.

罗爱静, 马路, 于双成, 2010. 医学文献信息检索[M]. 北京: 人民卫生出版社.

罗静初, 2019. UniProt 蛋白组数据库简介[J]. 生物信息学, 17(3): 131-144.

罗丽, 张绍武, 陈伟, 等, 2009. 基于分段氨基酸组成成分的蛋白质相互作用预测[J]. 生物物理学报, 25(4): 282-286.

芒特 D, 2001. 生物信息学: 序列与基因组分析[M]. 钟扬, 等译. 北京: 高等教育出版社.

佩夫斯纳 J, 2003. 生物信息学与功能基因组学[M]. 孙之荣, 译. 北京: 化学工业出版社.

孙吉贵, 韩霄松, 卢欣华, 等, 2009. 真核生物启动子的预测技术[J]. 计算机科学, 36(1): 5-9, 33.

孙清鹏, 2012. 生物信息学应用教程[M]. 北京: 中国林业出版社.

孙啸, 陆祖宏, 谢建明, 2005. 生物信息学基础[M]. 北京: 清华大学出版社.

唐焕文, 靳利霞, 计明军, 2002. 蛋白质结构预测的优化模型与方法[J]. 工程数学学报, 19(2): 13-22.

陶士珩, 2010. 生物信息学[M]. 北京: 科学出版社.

王举, 王兆月, 田心, 2014. 生物信息学: 基础及应用[M]. 北京: 清华大学出版社.

王俊, 丛丽娟, 郑洪坤, 2010. 常用生物数据分析软件[M]. 北京: 科学出版社.

王禄山, 高培基, 2008. 生物信息学应用技术[M]. 北京: 化学工业出版社.

王细荣, 郭培铭, 张佳, 2020. 文献信息检索与论文写作[M]. 上海: 上海交通大学出版社.

吴祖建, 高芳銮, 沈建国, 2010. 生物信息学分析实践[M]. 北京: 科学出版社.

许忠能, 2008. 生物信息学[M]. 北京: 清华大学出版社.

薛庆中，等，2010. DNA 和蛋白质序列数据分析工具[M]. 2 版. 北京：科学出版社.
张成岗，贺福初，2002. 生物信息学方法与实践[M]. 北京：科学出版社.
张德阳，2009. 生物信息学[M]. 北京：科学出版社.
张新宇，高燕宁，2004. PCR 引物设计及软件使用技巧[J]. 生物信息学(4)：15-18，46.
赵国屏，等，2002. 生物信息学[M]. 北京：科学出版社.
赵亚华，2009. 分子生物学[M]. 北京：科学出版社.
钟杨，张亮，赵琼，2001. 简明生物信息学[M]. 北京：高等教育出版社.
周慧，2006. 简明生物化学与分子生物学[M]. 北京：高等教育出版社.
朱玉贤，李毅，2002. 现代分子生物学[M]. 北京：高等教育出版社.
朱玉贤，李毅，郑晓峰，2007. 现代分子生物学[M]. 北京：高等教育出版社.
ALLOT A, CHEN Q, KIM S, et al., 2019. LitSense: making sense of biomedical literature at sentence level[J]. Nucleic Acid Research(47)：594-599.
BROOKSBANK C, CAMERON G, THORNTON J, 2010. The European Bioinformatics Institute's data resources[J]. Nucleic Acid Research, 38(Database issue)：D17-25.
CHEN C, HUANG H, WU CH, 2017. Protein Bioinformatics Databases and Resources[J]. Methods Mol Biol, 1558：3-39.
COCHRANE G Y, GALPERIN M Y, 2010. The 2010 Nucleic Acids Research Database Issue and online Database Collection: a community of data resources[J]. Nucleic Acid Research, 38(Database issue)：D1-4.
COCHRANE G R, KARSCH MIZRACHI L, NAKAMURA Y, 2011. The International Nucleotide Sequence Database Collaboration[J]. Nucleic Acid Research, 39(Database issue)：D15-18.
COOK CE, STROE O, COCHRANE G, et al., 2020. The European Bioinformatics Institute in 2020: building a global infrastructure of interconnected data resources for the life sciences[J]. Nucleic Acids Res(48)：D17-23.
DENNIS A B, ILENEl K M, DAVID J L, et al., 2010. GenBank[J]. Nucleic Acid Research, 38(Database issue)：D46-51.
DENNIS A B, ILENEl K M, DAVID J L, et al., 2011. GenBank[J]. Nucleic Acid Research, 39(Database issue)：D32-37.
FLICEK P, AKEN B L, BALLESTER B, et al., 2010. Ensembl's 10th year[J]. Nucleic Acid Research, 38(Database issue)：D557-562.
Frequently Asked Questions[EB/OL]. (2020-12-10)[2022-1-16]. https://david.ncifcrf.gov/content.jsp?file=FAQs.html#25.
GALPERIN M Y, COCHRANE G Y, 2011. The 2011 Nucleic Acids Research Database Issue and the online Molecular Biology Database Collection[J]. Nucleic Acid Research, 39(Database issue)：D1-6.
GALPERIN M Y, FERNÁNDEZ-SUÁREZ X M, RIGDEN D J, 2017. The 24th annual Nucleic Acids Research database issue: a look back and upcoming changes[J]. Nucleic Acids Res(45)：D1-D11.
GOTOH O, 1999. Multiple sequence alignment: algorithms and applications[J]. Adv Biophys(36)：159-206.
GRIFFIITHS-JONES S, GROCOCK R J, DONGEN S V, et al., 2006. MiRBase: microRNA sequences, targets and gene nomenclature[J]. Nucleic Acid Research, 34(Database issue)：D140-144.
HUANG D W, SHERMAN B T, LEMPICKI R A, 2009. Bioinformatics enrichment tools: paths toward the comprehensive functional analysis of large gene lists[J]. Nucleic Acids Res, 37(1)：1-13.
HUANG D W, SHERMAN B T, LEMPICKI R A, 2009. Systematic and integrative analysis of large gene lists using DAVID Bioinformatics Resources[J]. Nature Protoc, 4(1)：44-57.
INVITROGEN, 2011. VECTOR NTI ADVANCE TM11 USER MANUAL [EB/OL]. (2011-9-27)[2021-3-29]. www.invitrogen.com.

JIAO X, SHERMAN B T, HUANG D W, et al., 2012. DAVID-WS: a stateful web service to facilitate gene/protein list analysis[J]. Bioinformatics, 28(13), 1805-1806.

KITTS P A, CHURCH D M, THIBAUD NISSEN F, et al., 2015. Assembly: a resource for assembled genomes at NCBI[J]. Nucleic Acids Research(44): D73-D80.

KOZOMARA A, BIRGAOANU M, GRIFFITHS JONES S, 2018. MiRBase: from microRNA sequences to function[J]. Nucleic Acids Research(47): D155-D162.

LARKIN M, BLACKSHIELDS G, BROWN N, et al., 2007. Clustal W and Clustal X version 2.0[J]. Bioinformatics, 23(21): 2947-2948.

LEE C M, BARBER G P, CASPER J, et al., 2020. UCSC Genome Browser enters 20th year[J]. Nucleic Acids Res(48): D756-D761.

LIU C, BAI B, SKOGERBO G, et al., 2005. An integrated knowledge database of non-codingRNAs[J]. Nucleic Acid Research, 33(Database issue): D112-115.

MAGLOTT D, OSTELL J, PRUITT K D, et al., 2011. Entrez Gene: gene-centered information at NCBI[J]. Nucleic Acid Research, 39(Database issue): D52-57.

MICHAEl I. LOVE, SIMON ANDERS, WOLFGANG HUBER, 2021. Analyzing RNA-seq data with DESeq2 [EB/OL]. (2021-10-26)[2022-1-16]. http://www.bioconductor.org/packages/release/bioc/vignettes/DESeq2/inst/doc/DESeq2.html.

MOUNT DAVID M, 2004. Bioinformatics: Sequence and Genome Analysis[M]. 2nd Edition. New York: Cold Spring Harbor Laboratory Press.

NAVARRO GONZALEZ J, ZWEIG A S, SPEIR M L, et al., 2021. The UCSC Genome Browser database: 2021 update[J]. Nucleic Acids Res(49): D1046-D1057.

PELLEGRINI M, MARCOTTE E M, THOMPSON M J, et al., 1999. Assigning protein functions by comparative genome analysis: protein phylogenetic profiles[J]. Proceedings of the National Academy of Science USA, 96(8): 4285-4288.

PEVSINER J, 2009. Bioinformatics and functional genomics[M]. 2nd Edition. Hoboken: John Wiley & Sons, Inc.

RHEAD B, KAROLCHIK D, KUHN R M, et al., 2010. The UCSC Genome Browser database: update 2010 [J]. Nucleic Acid Research, 38(Database issue): D613-619.

SAYERS E W, BARRETT T, DENNIS A B, et al., 2009. Database resources of the National Center for Biotechnology Information[J]. Nucleic Acid Research, 37(Database issue): D5-15.

SAYERS E W, BARRETT T, BENSON D A, et al., 2011. Database resources of the National Center for Biotechnology Information[J]. Nucleic Acid Research, 39(Database issue): D38-51.

SAYERS E W, BECK J, BOLTON E E, et al., 2021. Database resources of the National Center for Biotechnology Information[J]. Nucleic Acid Research, 49(Database issue): D10-17.

SAYERS E W, CAVANAUGH M, CLARK K, et al., 2020. GenBank[J]. Nucleic Acids Res(48): D84-86.

THE UNIPORT CONSORTIUM, 2010. The Universal Protein Resource(UniProt) in 2010[J]. Nucleic Acid Research, 38(Database issue): D142-148.

UNIPORT CONSORTIUM, 2021. UniProt: the universal protein knowledgebase in 2021[J]. Nucleic Acids Res (49): D480-489.

WIKIPEDIA, 2011. Bioinformatics[EB/OL]. (2011-9-27)[2021-3-27]. http://en.wikipedia.org/wiki/Bioinformatics.

WU C H, NIKOLSKAYA A, HUANG H Z, et al., 2004. PIRSF: family classification system at the Protein Information Resource[J]. Nucleic Acid Research, 32(Database issue): 112-114.

WU C H, YEH L S L, HUANG G Z, et al., 2003. The Protein Information Resource[J]. Nucleic Acid Research, 31(1): 345-347.

YATES A D, ACHUTHAN P, AKANNI W, et al., 2020. Ensembl 2020[J]. Nucleic Acids Res(48): D682-688.

附录　Windows 环境下 R 与 RStudio 的安装

一、Windows 安装 R

1. 进入 www.r-project.org。

2. 单击 download R，进入 CRAN Mirrors 页面。

3. 选择合适的镜像站点，如选择清华大学镜像站（https：//mirrors.tuna.tsinghua.edu.cn/CRAN/），弹出 R 下载界面。

```
The Comprehensive R Archive Network

Download and Install R
Precompiled binary distributions of the base system and contributed packages, Windows and Mac
users most likely want one of these versions of R:

  • Download R for Linux (Debian, Fedora/Redhat, Ubuntu)
  • Download R for macOS
  • Download R for Windows

R is part of many Linux distributions, you should check with your Linux package management system
in addition to the link above.
```

4. 单击"Download R for Windows"，弹出 R for Windows 界面。

```
R for Windows

Subdirectories:
base          Binaries for base distribution. This is what you want to install R for the first time.
contrib       Binaries of contributed CRAN packages (for R >= 2.13.x; managed by Uwe Ligges). There is
              also information on third party software available for CRAN Windows services and
              corresponding environment and make variables.
old contrib   Binaries of contributed CRAN packages for outdated versions of R (for R < 2.13.x; managed by
              Uwe Ligges).
Rtools        Tools to build R and R packages. This is what you want to build your own packages on
              Windows, or to build R itself.

Please do not submit binaries to CRAN. Package developers might want to contact Uwe Ligges directly in case of questions /
suggestions related to Windows binaries.

You may also want to read the R FAQ and R for Windows FAQ.

Note: CRAN does some checks on these binaries for viruses, but cannot give guarantees. Use the normal precautions with
downloaded executables.
```

5. 单击"install R for the first time"，弹出 R-4.1.0 for Windows（32/64 bit）界面。

```
R-4.1.0 for Windows (32/64 bit)

Download R 4.1.0 for Windows (86 megabytes, 32/64 bit)
Installation and other instructions
New features in this version

If you want to double-check that the package you have downloaded matches the package distributed by CRAN, you can compare
the md5sum of the .exe to the fingerprint on the master server. You will need a version of md5sum for windows: both graphical
and command line versions are available.
```

6. 单击"Download R 4.1.0 for Windows"，弹出下载选项，本例中保存在 F:\。

7. 双击"R-4.1.0-win"安装程序，弹出运行对话框。

8. 依次单击"运行"→"是"，选择安装时使用的语言后按照安装向导提示进行安装即可。

二、Windows 安装 RStudio

1. 进入 https://www.rstudio.com/products/rstudio/download/#download 页面。

2. 单击"DOWNLOAD",弹出 RStudio Desktop 1.4.1717 下载页面。

3. 单击  图标,弹出"另存为"对话框,按照自己的需要保存文件。
4. 双击"RStudio-1.4.1717"安装程序,弹出运行对话框。
5. 单击"是",然后按照 RStudio 安装向导提示进行安装即可。